現代数学への入門　新装版

曲面の幾何

現代数学への入門　新装版

曲面の幾何

砂田利一

岩波書店

まえがき

本書は『幾何入門』の続編であり,「曲がった」空間の数学的モデルである曲面と多様体を対象とする，現代幾何学への入門書である.

昨今，曲面の幾何学は数学の専門課程で学ぶ多様体論への接続を見込んで，おおむね学部2年次のカリキュラムに取り入れられている．しかし，曲面論から多様体論への移行は決してスムーズに行われているとは言い難い．それは，豊富な例の宝庫であるとはいえ，直観的な記述に終始しがちな古典微分幾何学と，概念の理論的側面に傾斜する現代微分幾何学の間に，越えるのに容易ではない溝が生じていることによる．本書では，曲面論の中にすでに垣間見られる概念の「内在性」を強調することにより，この「古典」と「現代」の断絶を解消することを第1の目標にした.

多様体とは何か．端的にいえば，それはガウスの曲面論に端を発し，高次元の「曲がった空間」の「内在的」記述についてのリーマンの示唆を経て，20世紀にいたりようやく厳密な形で確立した空間概念である．そしてポアンカレ，ワイル，ホイットニーらの先駆的仕事に刺激されながら発展した，現代幾何学の行われる「場」そのものである.

『幾何入門』では，個々の図形の研究ではなく，むしろその背景にある平面や空間の本質を取り出すことに重きをおいた．その理由は，人類の精神史において幾何学が果たした役割を明らかにしたかったからである．もし，この立場から多様体というものを見るならば，次のようにいえるだろう.

古代ギリシャ以来，平坦な空間を対象にしていた幾何学は，ガウス，ボーヤイ，ロバチェフスキーが「発見した」非ユークリッド幾何学に到達することで，ユークリッド空間がもつと信じられていた先天性のドグマから一挙に解放された．それは，人類の精神の発展を計るのに最も純粋な尺度ともいえる数学が，19世紀を境にして飛躍的に発展したことを意味する．しかし，一方では，我々の目の前に広がる空間自身の非平坦性を(もしそうだとすれば)「内在的」に検証する数学的方法が望まれたともいえる．そして19世紀から20世紀にかけて新たな空間像を模索する中で，数学者が手にした空間概念が多様体なのである．

本書の内容を説明しよう．まず第1章において，曲がった空間のモデルとして，ユークリッド空間の中の曲面について考察する．そして曲面の「曲がり方」を表す量として，ガウス曲率というものを導入し，この一見曲面の外から観察しなければ測ることのできないように見える量が，曲面それ自身に由来することを示す(ガウスの驚異の定理)．これは，曲面そのものを空間から切り離し，空間のモデルとして独立した対象として扱うことの可能性を示唆する．第2章では，この方向を現実化するための準備として，空間概念を徹底的に一般化した位相空間というものを学ぶ．位相空間は現代数学を学ぶときに必須になるものであり，とくにその考え方に習熟してもらいたい．第3章において，「内在性」を表現するのに最もふさわしい空間概念である多様体の一般論に入る．そして，多様体の立場から曲面論を見直し，平行移動，曲率などの概念を再構築する．とくに曲面論における最も美しい定理の1つであるガウス–ボンネの定理の証明を行う．

『幾何入門』から本書まで，一貫した思想のもとに幾何学の源流にまず溯り，それを下って現代幾何学の雄大な河口までたどることを試みたが，それが成功したかどうかは覚束ない．読者の忌憚のない批判を待ちたい．

本書はもともと岩波講座『現代数学への入門』において，同じタイトルで刊行されたものである．その際，岩波書店編集部には終始お世話になった．心からの感謝の意を表するとともに，編集部員の方々の熱意に敬意を表したい．

2004年5月

砂 田 利 一

学習の手引き

「ではみなさんは，そういうふうに川だと言われたり，乳の流れたあとだと言われたりしていた，このぼんやりと白いものがほんとうは何かご承知ですか.」

――宮沢賢治『銀河鉄道の夜』

空間の「形而上学」

遠い昔，文明の暁にはまだ間がある頃，星のみ輝く夜空を見上げて，我々の祖先は何を思ったのだろうか．もし，好奇心に満ちた子供の頃を思い浮かべれば，それは容易に想像がつく．そう，暗黒の空を川床にして流れる天の川の壮麗さに感嘆の声を上げながら，こう自らに問うのだ．天にきらめく無数の星は今立つ大地からどのくらい離れているのか，さらにこの天はどこまで続くのか，もし限りがあるとすれば，その外側には何があるのかと．

古代文明を誕生させた民族は，人知を超越する宇宙の存在に圧倒されつつも，永遠に続くと感じられる恒星の配置に触発されて，彼らの創作した神話の登場人物や動物を星座の中に巧みに想像した．さらに天体の周期的運動に事寄せて暦を作り，人間の運命と星の動きが連動すると信じて占星術まで登場させた．そして，彼ら古代人類が持っていた原始的宇宙観は，地球が天球に囲まれた空間の中心に位置し，無数の恒星たちは一斉に天球を巡り，月と太陽を含むいくつかの惑星は，天球と地球の間を複雑ではあるがおおむね周期的な運動を行うという，「有限で階層構造」をもつ宇宙であった．

古代ギリシャにおいても，プラトン(Platon, 427–347 B.C.)やエウドクソス(Eudoxos, 408?–355? B.C.)のように，哲学者や科学者の多くは地球を中心とする素朴な宇宙観を保持していた．中でも，プラトンの弟子であるアリストテレス(Aristoteles, 384–322 B.C.)は『天体論』において宇宙の形而上学的考察を行い，球面のもつ優れた特性を理由にして「全宇宙は球面で囲まれたものであること」，そして「世界の外側にはどんな物体もどんな場所もどんな空虚な空間もなく，真実まったく何も存在しない」と言明した．これにより天動説と調和する宇宙の有限性についての思想が明確になったといえる．このアリストテレスの宇宙観と，プトレマイオス(Ptolemaios, 85?–165?)により精密に整理された天動説のドグマは，キリスト教神学を通して中世ヨーロッパ人の宇宙観に引き継がれたのである．

時は移り，人間の意識も超越的な目標から内在的な目的に転じていく．

中世末期の思想家であるクサのニコラウス(Nicolaus Cusanus, 1401–64)は，コペルニクス(Copernicus, 1473–1543)に先立ち，思弁的発想から地動説を唱えたが，それはアリストテレスの有限な宇宙観を排斥し，宇宙の一種の無窮性に基礎をおいている．「… 宇宙は無限ではないが，その内部に宇宙を閉じ込める限界を持たないので，有限なものとしても思考できない．それゆえ，中心ではありえない地球がどんな運動をも欠いているということはありえない」とクサのニコラウスはいう．この考え方にも見られるように，もし宇宙が「有限」であればそれが意味するものは，宇宙には「境界」があり，「外側」の世界の存在することなのであった．

しかし，宇宙が「有限」ということは，本当に「外」の世界を必要とするのか．また，「無限」というとき，その意味をどう捉えるのか．この問題はつねに絶対者の存在と関わりを持ちながら，その後多くの哲学者，神学者，科学者によって繰り返し取り上げられた．

幾何学と宇宙

宇宙から幾何学の話に移る．古典幾何学は，古代ギリシャの数学者が数世紀の間に集積してきた様々な図形についての知識である．しかし，『幾何入門』でも強調したように，それら個々の図形の性質は，背景にある空間の構造から導かれるものである．すなわち，空間の諸性質の中で，ア・プリオリ(先天的)なものとして把握される性質をいくつかの公理として，それらを基に論理的推論を積み上げることにより，図形の性質を導いたのである．

ここで幾何学の公理系を思い出そう．ユークリッドの公理系を整理すると，

2つの重要な公理が抽出される．その1つは合同公理というものである．これは，与えられた線分と角が任意の点，任意の方向に合同に移せること，すなわち空間のどの点，どの方向も違いがないこと(等質・等方性)を言明する公理である．もう1つは平行線の公理である．これは，空間の平坦性を担い，無限の広がりをも意味する．こうして，幾何学の公理系を設定することにより，目の前に横たわる物理的空間は，論理の織りなす数学的空間に姿を変えたのである．

カントの哲学が一世を風靡した時代の数学者ガウス(Gauss, 1777–1855)は，彼が発見した非ユークリッド幾何学の存在を公表することを躊躇したといわれる．『幾何入門』において説明したように，非ユークリッド幾何学は，空間の等質・等方性のみを仮定し，平坦性を否定する幾何学である．その矛盾のない存在は何を意味するのか．もし，それが数学上の発見ということのみに限定されるならば，ガウスが世間の目を恐れる必要はなかったはずである．しかしその発見は，数学的空間の多様性を意味すると同時に，物理的空間の平坦な構造に対する「疑い」を抱かせることになる．このような「疑い」をもつことは，当時は異常なことと考えられていたのである．

ガウスは，非ユークリッド幾何学の存在を確認する過程で，一見奇妙な結果がもたらされることに気づいていた．例えば，ユークリッド幾何学では，いくらでも大きい面積をもつ3角形が存在するが，非ユークリッド幾何学では3角形の面積は一定の数よりは大きくはなり得ない．実際，$\triangle ABC$ において $\pi > \angle A+\angle B+\angle C$ が成り立ち，その差 $\pi-(\angle A+\angle B+\angle C)$ は，$\triangle ABC$ の面積に比例するのである．ここで比例定数

$$K = \frac{(\angle A+\angle B+\angle C)-\pi}{\triangle ABC\text{の面積}}$$

を考えて見よう．ユークリッド幾何学では，3角形の内角の和は2直角であるから $K=0$ である．一方，非ユークリッド幾何学では，K は負の定数である．もし，宇宙が非ユークリッド的ならば，この定数 K は一体何を意味するのか．

非ユークリッド幾何学の存在の公表をためらっていたガウスは，他方では

曲面というモデルを通して，間接的に宇宙の実像を見いだそうとした．そして曲面の「曲がり方」を表す量としてガウスが発見した曲率(ガウス曲率)は，曲面における「内在的」概念の存在を初めて明らかにした(1827年)．それは本書の第1章(§1.7(c))で見るように，解析学の長い計算の結果ではあったが，その意味することは単なる計算以上の重要性を帯びていたのである．すなわち，「外の世界」がなくても，我々の宇宙についてその「曲がり方」を語ることができることを強く示唆したのだ．まさに，それはガウスのいうように，「空間の形而上学的」理解が数学により可能になる兆候であった．

さらに，ガウスの発見した曲面の曲率は，次のような形で非ユークリッド幾何学と結び付く．曲面 X を考えよう．X の各点 p におけるガウス曲率 $K(p)$ は，X 上の関数と考えられる．今，X 上の3角形 $\triangle ABC$ を考える．ただし，その辺 AB, BC, CA は，頂点を結ぶ X 上の曲線の中で最短なもの(測地線)とする(第1章§1.8(b)，第3章§3.2(b))．

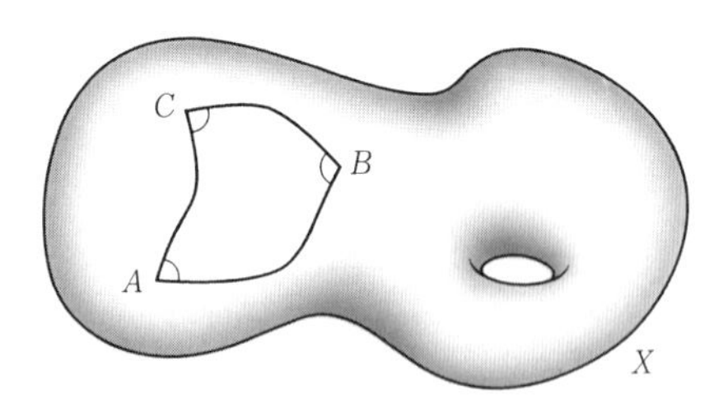

曲面 X 上の $\triangle ABC$

このとき，ガウスが証明したように(第3章§3.3(a))，X の表面積に関する $\triangle ABC$ 上の面積分について

$$\iint K\,dS = (\angle A + \angle B + \angle C) - \pi$$

が成り立つのである(ここで dS は面積要素，角 $\angle A, \angle B, \angle C$ は，各頂点において辺の接線がなす角である)．とくに，K が定数であれば

$$K \times (\triangle ABC \text{ の面積}) = (\angle A + \angle B + \angle C) - \pi$$

となる．この式から，前に述べた比例定数が，何らかの意味で非ユークリッド空間の「曲がり方」に関連があることが示唆される．

ガウスは，このことを念頭におき，地球上の3地点をとることにより，それらを頂点とする3角形の内角を測量したといわれる．実際の空間が平坦か否かを調べようとしたのである．結果はどうだったか．もちろん，3角形の内角の和が2直角に等しいことを確かめるには，測定誤差が大きすぎた．宇宙の構造を知るには地球は余りにも小さいのである．しかし，時代を超越したガウスの思想は，数学，物理学の双方で新たな展開を見せることになる．

リーマンによる空間概念

19世紀中葉の疾風怒涛の時代を，まさに急いで駆け抜けていった一人の数学者がいる．それは，彼が提起した問題とその数学精神を通じて20世紀末の今日まで影響を与え続けているリーマン(Riemann, 1826–66)である．

1854年6月10日，ドイツのゲッチンゲン大学の私講師であった27歳のリーマンは，「幾何学の基礎をなす仮説について」という題目のもとで就職講演(Habilitationsschrift)を行った．このような講演には数学者以外の教官も多く参加することもあって，数学の知識の少ない聴衆にも理解しやすい形で講演するのが習わしである．普段から生活苦と病弱な身体に悩むリーマンは，健康を気遣いながらも可能な限りの時間を割き，細心の注意を払ってこの日のための講演の原稿を用意した．そして，今リーマンによる幾何学史上記念すべき講演が始まったのである．

ほとんどの聴衆は，そのよく準備された講演を静かにしかも好意的に聞いていた．しかし，数学のみならず物理学にも決定的なインパクトを与えることになるその内容の重大性に気づいたものはほんの僅かであった．その聴衆の中に，リーマンの講演を隅々まで理解し，その意味することを真に悟った一人の老数学者がいた．彼は講演の後も興奮を抑えることができない様子でその素晴らしさを同僚に語りかけるのであった．この人こそ，その年77歳になるガウスである．

実は，リーマンが提出した3つの講演題目(第1番目は3角級数論)の中から，それまでの習慣を破って最後のトピックである幾何学を選んだのは外ならぬガウスである．この若き数学徒が最も困難な主題をどのように扱うのかに興味があったからだが，予想を越えたその素晴らしさに，めったなことでは感激の様子を見せないガウスが最上級の評価を下したのである．一体ガウスは何に感動したのだろうか．それは，ガウス自身の長年の懸案であった「空間の形而上学」の数学的理論がまさに，このリーマンの講演の中に実現されるのを見たからである．

リーマンは，講演の冒頭で幾何学の公理系が先天的なものなのかどうかに疑問を呈し，測り得ないほど大きい範囲とそれとは逆に小さい範囲において，この空間についての経験から得られる確信が維持されるのかを問題にする．そして，この等質・等方的な空間像から一旦離れ，大きい範囲を扱うのに適した空間のモデルとして,「多重に拡がったもの」を最初に据えることを提唱する．我々の空間は，3 重に拡がったものの特別な場合に過ぎないというわけである．

n 重に拡がる空間とは,「局所的」には n 個の数の組 $(x_1, x_2, \cdots, x_n)$ により表されるものである．この数の組は，n 重に拡がる空間に対する一般化された座標系と考えることもできる．3 次元のユークリッド空間における斜交座標系は，その特別なものである．とくに直交座標の場合は，ピタゴラスの定理により，2 点 $(x_1, x_2, x_3), (x_1+\Delta x_1,\ x_2+\Delta x_2,\ x_3+\Delta x_3)$ の間の距離 Δs の 2 乗が

$$(\Delta x_1)^2 + (\Delta x_2)^2 + (\Delta x_3)^2$$

と表されることを思い出そう．一般の n 重に拡がる空間に対する座標系に対しては，成分が $(x_1, x_2, \cdots, x_n)$ の関数である n 次の正値対称行列 (g_{ij}) が存在して，無限小に近接した 2 点 $(x_1, x_2, \cdots, x_n), (x_1+dx_1,\ x_2+dx_2,\ \cdots,\ x_n+dx_n)$ の間の距離 ds は

$$(ds)^2 = \sum_{i,j=1}^{n} g_{ij} dx_i \cdot dx_j$$

により与えられると考えるのが自然である．リーマンは，講演の中で，このような考え方にいたる発見的な道筋を説明し，ユークリッド距離をもつ数空間としてユークリッド空間が完全に特徴づけられるように，この「線素」ds が「n 重に拡がった」空間の枠組みを決定する基本的「量」であると言い切

る．そして，ガウスの曲面論を $n=2$ の場合の理論として位置づけ，基本量 $\{g_{ij}\}$ を用いて n 重に拡がる空間の「曲がり方」を表す曲率の概念(リーマンの曲率テンソル)を導入する．それは，定義そのものから「内在的」な「量」であることがわかる．

リーマンは最後に物理的空間への応用に言及し,「ここで述べたような一般的な概念から出発する研究は，概念の制限に妨げられず，また事物間の関係の認識の進歩が，伝統的な偏見に妨げられることはないという点で役立つことであろう」という言葉で講演を締めくくる．その自信に満ちた言葉は，その後の数学の発展の仕方を見通していたかのようである．

それから50年後，リーマンの天才的な着想は，リッチ(Ricci, 1853–1925)とレヴィ・チヴィタ(Levi-Civita, 1873–1941)により，絶対微分学という形で実現する．絶対微分学は，一般化された座標変換の下で不変な形式をもつ解析学である．空間の幾何学的「量」はテンソルという概念で表され，微分幾何学(リーマン幾何学)はその性質を研究する分野として確立した．そして，絶対微分学の方法は，アインシュタイン(Einstein, 1879–1955)による一般相対性理論に決定的な影響を与えることになる．

多様体の概念の誕生

絶対微分学は，リーマンの提出したアイディアを一応完全なものにしたが,「多重に拡がる空間」の大域的構造を扱うには未成熟な点が多かった．しかしその後，数学者はカントルの集合論を自家薬籠中のものにし，その基礎の上で空間の「内在性」と大域的構造を最も適切に表現できる位相空間の概念を生み出した(ハウスドルフ，クラトウスキ)．

位相空間とは何か．それを説明するには，古典的空間から，一挙に抽象的空間へと大きな飛躍を行わなければならない(第2章参照)．すると，空間を形作る残された構造とは何なのかが問題になる．最も極端な空間像は，遠近の概念(位相構造)だけが残された空間である．この2点間の「距離」さえ考えることのできない裸の空間こそ位相空間とよばれるものである．

この裸の空間を基礎にして「多重に拡がる」空間を厳密に定義するのは容

易である．すなわち，局所的には数空間$\mathbb{R}_n$と「同じ」位相構造をもった位相空間として,「多重に拡がる」空間を定義するのである．現在，それは「多様体」という言葉で表される(第3章§3.1(a))．

このようにして20世紀の前半には，リーマンの示唆した空間像を明確化した多様体の概念が確固としたものになる．その途上には，ポアンカレ(Poincaré, 1854–1912)の「位置解析」(位相幾何学)についてのパイオニア的仕事がある．さらに，リーマンの学位論文(1851年)において扱われた代数関数の多価性を制御するものとしての「2重に拡がる面」(リーマン面)の概念の基礎づけを行ったワイル(Weyl, 1885–1955)の仕事(1913年)がある．そして，1936年に始まり，十数年にわたって発表されたホイットニー(Whitney, 1907–89)の論文により，多様体の基本概念は大方確立された．こうして1950年以降，多様体とその上の幾何学は急速な発展を見ることになるのである．

幾何学の未来

古代ギリシャの幾何学を集大成したユークリッドに始まり，デカルト，ガウス，リーマンという巨星が作り上げてきた幾何学は，今や多様体という概念に到達した．それにいたる道は，一方では，幾何学的対象の形式化の歴史であり，他方では目の前にある空間に対する直観に根差した具象化の歴史であった．形式化と具象化，それらは互いに矛盾するものではない．むしろ，互いに補い合って幾何学を高次の段階に押し上げ進展させてきたのである．

読者はこう問うだろう．次の時代には幾何学に何が起こるのか．リーマンの残したもう1つの問題である，ミクロの世界での幾何学は射程範囲にあるといえるのか．残念ながら，現状ではこの問いに答えることはできない．しかし，リーマンのいうように,「概念の制限に妨げられず，また事物間の関係の認識の進歩が，伝統的な偏見に妨げられることがなければ」近い将来解決されることであろう．だがそれは，次の世代に課せられた問題である．

目　次

数学記号

$\mathbb{N}$	自然数の全体
$\mathbb{Z}$	整数の全体
$\mathbb{Q}$	有理数の全体
$\mathbb{R}$	実数の全体
$\mathbb{C}$	複素数の全体

ギリシャ文字

大文字	小文字	読み方	大文字	小文字	読み方
A	α	アルファ	N	ν	ニュー
B	β	ベータ	Ξ	ξ	クシー
Γ	γ	ガンマ	O	o	オミクロン
Δ	δ	デルタ	Π	π, ϖ	パイ
E	ϵ, ε	イプシロン	P	ρ, ϱ	ロー
Z	ζ	ゼータ	Σ	σ, ς	シグマ
H	η	イータ	T	τ	タウ
Θ	θ, ϑ	シータ，テータ	Υ	υ	ユプシロン
I	ι	イオタ	Φ	ϕ, φ	ファイ
K	κ	カッパ	X	χ	カイ
Λ	λ	ラムダ	Ψ	ψ	プサイ
M	μ	ミュー	Ω	ω	オメガ

1 曲面の微分幾何学

pauca sed matura(狭くとも深く)
——ガウスが用いた印章の句

『幾何入門』において，平坦ではない面としての非ユークリッド平面を考えたが，その構造をもっと一般的な観点から考察するには微分幾何学に立ち入らなければならない．微分幾何学は，幾何学の研究に解析学を応用する分野であり，その出発点となるのはガウスが完成したユークリッド空間の中の曲面の理論である．

この章では，まず空間の中の曲面とは何か，そしてその「曲がり方」をどう捉えるかについて，発見的な方法で探求していく．そして，曲面の「曲がり方」を表す量として，**ガウス曲率**というものを取り出し，その**内在性**を確立することを目標とする．

本章では「内在性」という言葉が多用される．それは，量あるいは概念が「曲面内部に存在する」ということである．最初は，その意味を少々曖昧な形で使い，読み進むにつれてその本性が次第に明らかになるようにした．

§1.1から§1.6までは曲面についての一般的事柄とガウス曲率の導入にあてられる．本章の目標であるガウス曲率の「内在性」は§1.7において確立される．さらに最終節(§1.8)では，曲面の幾何学において重要な概念である**曲線に沿う平行移動**と**測地線**の理論を扱う．

§1.1　曲面の曲がり方

曲面とは何か．それは文字通り「曲がった」面である(平坦な平面は「曲がって」はいないが，曲面の1つと考えることにする)．では「曲がっている」ということは，数学的にはどのようなことか．これを明確にするため，まず特別な場合から始めよう．

$\mathbb{R}_2 = \mathbb{R}\times\mathbb{R}$ により2次元数空間，$\mathbb{R}_3 = \mathbb{R}\times\mathbb{R}\times\mathbb{R}$ により3次元数空間を表す．ユークリッド平面や空間は，直交座標系(xy-座標系，xyz-座標系)を選ぶことにより，それぞれ $\mathbb{R}_2, \mathbb{R}_3$ と同一視される(座標平面，座標空間)．

誰もが思いつく曲面として，滑らかな2変数関数 $z=f(x,y)$ のグラフ

$$X = \{(x,y,f(x,y)) \in \mathbb{R}_3 \mid (x,y) \in \mathbb{R}_2\}$$

を考える(ここで関数 f が**滑らか**(smooth)とは，それが何回でも偏微分できることをいう)．簡単のため，この曲面 X が数空間の原点 $o=(0,0,0)$ を通り，しかも xy-平面に接しているとする．この条件を関数 f の言葉で表せば

$$f(0,0)=0, \quad \frac{\partial f}{\partial x}(0,0) = \frac{\partial f}{\partial y}(0,0) = 0$$

である．

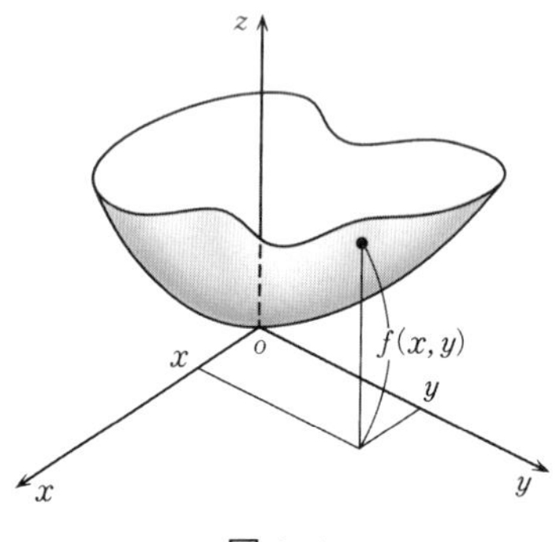

図1.1

原点における X の「曲がり方」を見るため，f を原点においてテイラー展開すると

$$f(x,y) = \frac{1}{2}\left\{x^2\frac{\partial^2 f}{\partial x^2}(0,0)+2xy\frac{\partial^2 f}{\partial x\partial y}(0,0)+y^2\frac{\partial^2 f}{\partial y^2}(0,0)\right\}$$
$$+(3\text{次以上の項})$$

と表される．3次以上の項は，$|x|, |y|$ が小さければ2次の項に比べて非常に小さいから，x, y の2次の多項式(整式)

$$f_0(x,y) = \frac{1}{2}\left\{\frac{\partial^2 f}{\partial x^2}(0,0)x^2+2\frac{\partial^2 f}{\partial x\partial y}(0,0)xy+\frac{\partial^2 f}{\partial y^2}(0,0)y^2\right\}$$

は関数 f を近似している．したがって，X の代わりに f_0 が定めるグラフ X_0 により，もとの X の「曲がり方」をおおむね表すことができると考えられる．簡単のため

$$a = \frac{\partial^2 f}{\partial x^2}(0,0),\quad b = \frac{\partial^2 f}{\partial x\partial y}(0,0),\quad c = \frac{\partial^2 f}{\partial y^2}(0,0)$$

とおこう．2次式

$$f_0(x,y) = \frac{1}{2}\{ax^2+2bxy+cy^2\}$$

において，とくに $b=0$ の場合，曲面 X_0 の形状は，ac の符号に応じて大きく分類される:

(1) $ac>0$,　(2) $ac<0$,　(3) $ac=0$.

(3)の場合については，さらに

(3–i) $a\neq 0,\ c=0$,　(3–ii) $a=c=0$,　(3–iii) $a=0,\ c\neq 0$

のように分けられる．必要ならば，x と y の役割を代えることにより，(3–i)と(3–ii)の場合のみを考えればよい．さらに必要に応じて，z を $-z$ で置き換えることにより，$a\geqq 0$ と仮定して差し支えない(このような座標変換では曲面の形状は変わらない)．

上のそれぞれの場合に対応する曲面 X_0 を図示すると次のようになる．

(1)　この曲面は**楕円放物面**とよばれる(図1.2(a))．

(2)　この曲面は**双曲放物面**とよばれる(図1.2(b))．

(3–i)　この曲面は，**放物柱面**とよばれる(図1.2(c))．

(3–ii)　この場合は，X_0 は xy-平面に一致する(図1.2(d))．

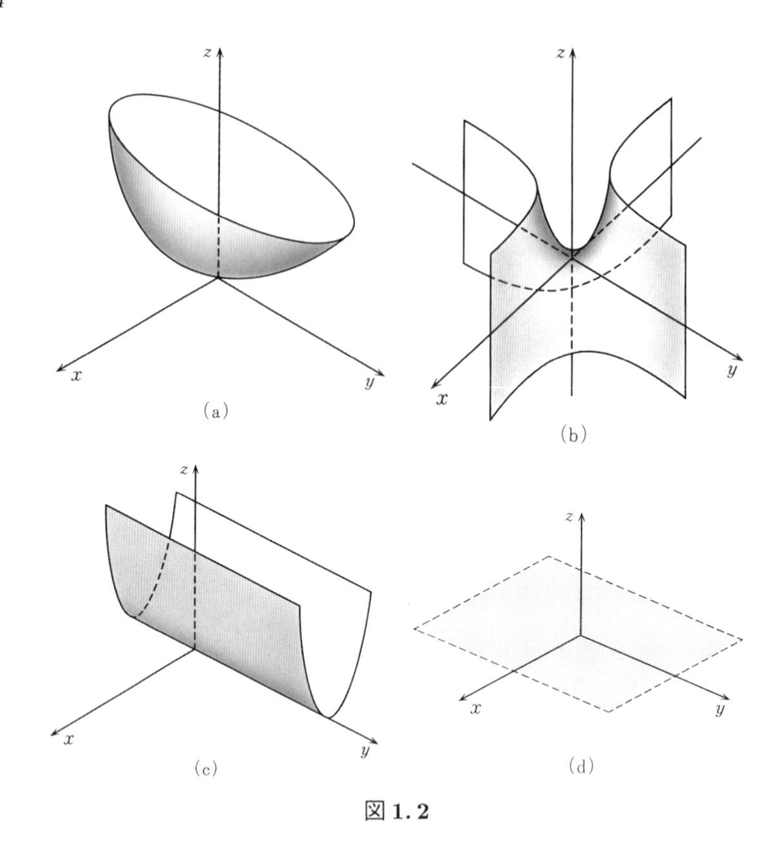

図 1.2

$b \neq 0$ の場合にも，xyz-座標系を z-軸のまわりに適当に回転させて新しい $x'y'z'$-座標系をとることにより

$$f_0 = \frac{1}{2}\{\lambda x'^2 + \mu y'^2\}$$

とできることに注意しよう．ここで，λ, μ は 2 次方程式

$$t^2 - (a+c)t + ac - b^2 = 0$$

の 2 根である(判別式は，$(a+c)^2 - 4(ac-b^2) = (a-c)^2 + 4b^2$ であるから，解は実数である)．実際，z-軸のまわりの回転を表す座標変換

$$\begin{cases} z = z' \\ x = x'\cos\theta - y'\sin\theta \\ y = x'\sin\theta + y'\cos\theta \end{cases}$$

を考えれば,

$$\begin{aligned} 2f_0(x,y) &= 2f_0(x'\cos\theta - y'\sin\theta,\ x'\sin\theta + y'\cos\theta) \\ &= (a\cos^2\theta + 2b\cos\theta\sin\theta + c\sin^2\theta)x'^2 \\ &\quad + 2\{-a\cos\theta\sin\theta + b(\cos^2\theta - \sin^2\theta) + c\sin\theta\cos\theta\}x'y' \\ &\quad + (a\sin^2\theta - 2b\sin\theta\cos\theta + c\cos^2\theta)y'^2 \end{aligned}$$

を得る．ここで $x'y'$ の係数を 0 とする方程式

$$-a\cos\theta\sin\theta + b(\cos^2\theta - \sin^2\theta) + c\sin\theta\cos\theta = 0$$

において，両辺を $\cos^2\theta$ で割れば

$$-a\tan\theta + b(1-\tan^2\theta) + c\tan\theta = 0$$

となる．これを $\tan\theta$ について解けば

$$\tan\theta = \frac{c-a\pm\sqrt{(a-c)^2+4b^2}}{2b}$$

となるから，これから θ を求め,

$$\lambda = a\cos^2\theta + 2b\cos\theta\sin\theta + c\sin^2\theta,$$

$$\mu = a\sin^2\theta - 2b\sin\theta\cos\theta + c\cos^2\theta$$

とおくことにより

$$f_0(x,y) = \frac{1}{2}\{\lambda x'^2 + \mu y'^2\}$$

となる．簡単な計算により，$\lambda+\mu = a+c$, $\lambda\mu = ac-b^2$ となることが確かめられる．

$$A = \begin{pmatrix} a & b \\ b & c \end{pmatrix} = \begin{pmatrix} \dfrac{\partial^2 f}{\partial x^2}(0,0) & \dfrac{\partial^2 f}{\partial y\partial x}(0,0) \\ \dfrac{\partial^2 f}{\partial x\partial y}(0,0) & \dfrac{\partial^2 f}{\partial y^2}(0,0) \end{pmatrix}$$

とおくと，λ, μ は対称行列 A の固有値である：実際，A の特性多項式は

$$\det(tI_2 - A) = t^2 - (a+c)t + ac - b^2$$

である．行列 A を f の原点における**ヘッシアン**(Hessian)または**ヘッセ行列**といい，$\mathrm{Hess}_o(f)$ により表す．

さて，新しい $x'y'z'$-座標系で X_0 を見ると，前に述べた場合に帰着されるから，X_0(したがって X)の形状は積 $\lambda\mu = ac - b^2$ で判別できることがわかる．そこで，次のような定義を行う．

定義 1.1　$K = ac - b^2$ を，曲面 X の点 $o = (0,0,0)$ における**ガウス曲率**(Gaussian curvature)という．　□

f の偏微分係数を使えば，K に対する次のような公式を得る．

$$\begin{aligned} K = ac - b^2 &= \frac{\partial^2 f}{\partial x^2}(0,0) \cdot \frac{\partial^2 f}{\partial y^2}(0,0) - \left(\frac{\partial^2 f}{\partial x \partial y}(0,0)\right)^2 \\ &= \det(\mathrm{Hess}_o(f))\,. \end{aligned}$$

$\mathrm{Hess}_o(f)$ の固有値 λ, μ を，曲面 X の点 $o = (0,0,0)$ における**主曲率**(principal curvature)という．

「外在的」曲がり方を表す量として，**平均曲率** H が

$$H = \lambda + \mu = \mathrm{tr}(\mathrm{Hess}_o(f))$$

(tr は正方行列の跡(トレース)を表す)として定義される．この曲率は，極小曲面(局所的に表面積を最小にする曲面)の研究に現れる重要な概念である．

ガウス曲率は，xy-平面の座標のとり方に一見よっているように見える．しかし実はそうではない．実際，z-軸が一致するような直交座標の座標変換

$$\begin{cases} z = z_1 \\ x = x_1 \cos\theta - y_1 \sin\theta \\ y = \pm x_1 \sin\theta \pm y_1 \cos\theta \quad (\text{複号同順}) \end{cases}$$

に対して，

$$f_1(x_1, y_1) = f(x_1 \cos\theta - y_1 \sin\theta,\ \pm x_1 \sin\theta \pm y_1 \cos\theta)$$

とおくとき，関数 $z_1 = f_1(x_1, y_1)$ が定めるグラフ(X と一致する)について，f_1 を用いて計算したガウス曲率は K に等しいことがわかる．これを示すの

に，もっと一般の座標変換

$$\begin{cases} z = z_1 \\ x = \alpha x_1 + \beta y_1 \\ y = \gamma x_1 + \delta y_1 \end{cases}$$

を行おう．$f_1(x_1, y_1) = f(\alpha x_1 + \beta y_1,\ \gamma x_1 + \delta y_1)$ のテイラー展開における2次の項を $\dfrac{1}{2}(a_1 x_1^2 + 2b_1 x_1 y_1 + c_1 y_1^2)$ とすると，

$$a_1 = \alpha^2 a + 2\alpha\gamma b + \gamma^2 c,$$
$$b_1 = \alpha\beta a + (\alpha\delta + \gamma\beta) b + \gamma\delta c,$$
$$c_1 = \beta^2 a + 2\beta\delta b + \delta^2 c.$$

これを行列の言葉で表せば

$$\mathrm{Hess}_o(f_1) = \begin{pmatrix} \alpha & \gamma \\ \beta & \delta \end{pmatrix} \mathrm{Hess}_o(f) \begin{pmatrix} \alpha & \beta \\ \gamma & \delta \end{pmatrix} \tag{1.1}$$

となる．両辺の行列式を考えれば

$$\det(\mathrm{Hess}_o(f_1)) = K(\alpha\delta - \beta\gamma)^2 \tag{1.2}$$

を得る．特に $\alpha = \cos\theta$, $\beta = -\sin\theta$, $\gamma = \pm\sin\theta$, $\delta = \pm\cos\theta$ の場合には $(\alpha\delta - \beta\gamma)^2 = 1$ となって，$\det(\mathrm{Hess}_o(f_1)) = K$ を得る．さらに定義から，z-軸の向きを逆にする変換 $z = -z'$ に対しても，K は不変であることに注意しよう(実際，$\det(\mathrm{Hess}_o(-f)) = \det(\mathrm{Hess}_o(f))$ である)．

例 1.2　$R > 0$ とする．中心の座標が $(0, 0, R)$，半径 R の球面 X は方程式

$$x^2 + y^2 + (z - R)^2 = R^2$$

で表される．これを z について解けば

$$z = R \pm \sqrt{R^2 - x^2 - y^2}$$

である．ここで，$x^2 + y^2 < R^2$ とする．とくに下半球は，関数

$$f(x, y) = R - \sqrt{R^2 - x^2 - y^2}$$

のグラフで表される(図1.3)．級数展開

$$(1+t)^{1/2} = 1 + \frac{1}{2}t - \frac{1}{8}t^2 + \cdots$$

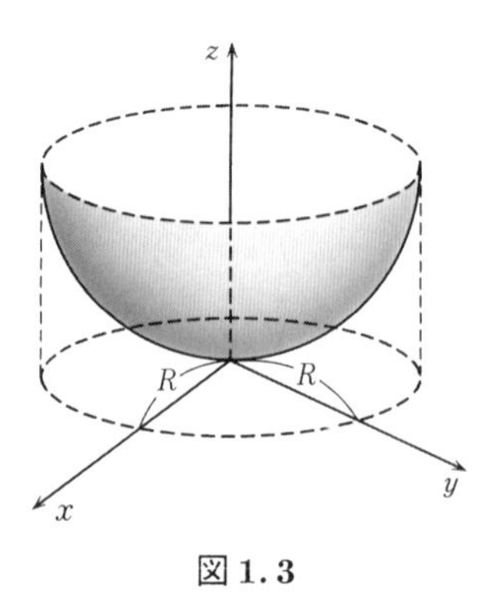

図 1.3

を適用すれば

$$\begin{aligned}\sqrt{R^2-x^2-y^2} &= R\sqrt{1-R^{-2}(x^2+y^2)} \\ &= R-\frac{1}{2}R^{-1}(x^2+y^2)+\cdots\end{aligned}$$

であるから

$$f_0=\frac{1}{2}R^{-1}(x^2+y^2).$$

よって，球面 X の点 $(0,0,0)$ におけるガウス曲率は R^{-2} である． □

注意 1.3 $K=0$ のとき，すなわち主曲率 λ,μ について $\lambda\mu=0$ となる場合，曲面 X_0 の形は $\lambda=\mu=0$ のとき(平面)とそうでないとき(放物柱面)で「曲がり方」がまったく異なると読者は主張するかもしれない．実は，ガウス曲率の「内在性」についての問題は，この疑問にどう答えるかにその核心がある．その答えは後で与えることにして，ここでは，放物柱面の特性として，「伸び縮み」なしに平面に変形できることを注意しよう(図 1.4)．すなわち，放物柱面を外から見ると曲がっているが，「内在的」には曲がっていないと考えてよいのである．この「内在的」および「伸び縮みのない変形」の厳密な意味と，ガウス曲率が「内在的曲がり方」を表すことは，後の節で詳しく論じることになる．

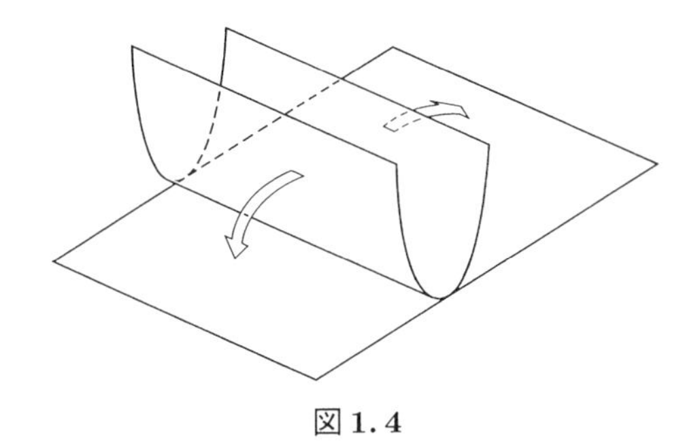

図 1.4

§1.2 ユークリッド幾何学からの準備

これから先で必要な記号や結果をまとめておこう.

(a) 幾何ベクトル

ユークリッド空間を表すのに記号 $\boldsymbol{E}$ を用いることにする(E は Euclid の頭文字である). また, $\boldsymbol{E}$ の点を表すのに, 小文字 p,q,r などを用いる. $\boldsymbol{E}$ の有向線分で, その位置を問題にせず方向と大きさだけできまる量を**(幾何)ベクトル**という. $\boldsymbol{E}$ の 2 点 p,q に対して, p を始点とし q を終点とする有向線分の定める幾何ベクトルを $q-p$ で表す(通常の記号では $\overrightarrow{pq}$ と表すが, ここでは点の引き算として表す). 一般に幾何ベクトルの記号として, $\boldsymbol{a},\boldsymbol{x}$ などの太文字を使うことにする. 幾何ベクトルの定義から

$$p-p=\mathbf{0} \quad (\mathbf{0}\text{ は零ベクトルを表す})$$

$$q-p=-(p-q)$$

であることは明らかであろう.

幾何ベクトルのなす線形空間を $\boldsymbol{L}$ で表すことにする. したがって, 点の差 $q-p$ は $\boldsymbol{L}$ の元である. また, 点 $p\in\boldsymbol{E}$ とベクトル $\boldsymbol{x}\in\boldsymbol{L}$ に対して, 点 $p+\boldsymbol{x}\in\boldsymbol{E}$ が $\boldsymbol{x}=q-p$ を満たす点 q として定義される. 点 p,q,r とベクトル $\boldsymbol{x},\boldsymbol{y}$ について, 次の関係式が成り立つことは容易に確かめることができる(図 1.5):

$$(r-q)+(q-p)=r-p,$$

$$(p+\boldsymbol{x})+\boldsymbol{y} = p+(\boldsymbol{x}+\boldsymbol{y}), \tag{1.3}$$
$$p+(q-r) = q+(p-r),$$
$$(p-q)+\boldsymbol{x} = (p+\boldsymbol{x})-q.$$

(1.3)により，$(p+\boldsymbol{x})+\boldsymbol{y}$ を $p+\boldsymbol{x}+\boldsymbol{y}$ と書いても差し支えない．

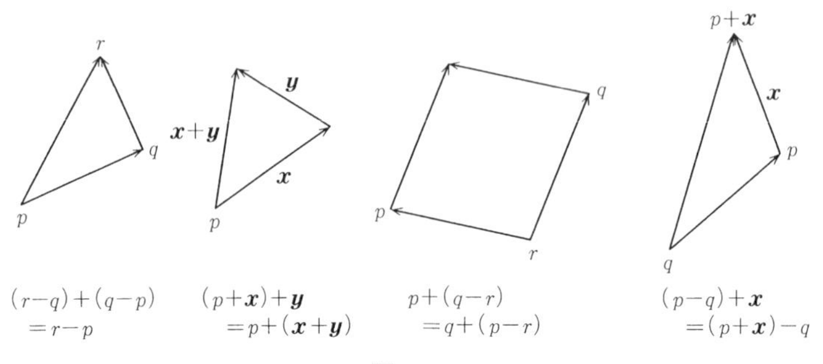

図 1.5

幾何ベクトルのなす線形空間 $\boldsymbol{L}$ は**内積**

$$\langle \boldsymbol{x}, \boldsymbol{y} \rangle = \|\boldsymbol{x}\| \|\boldsymbol{y}\| \cos\theta$$

により，**実ユニタリ空間**となることを学んだ(『行列と行列式』参照)．ここで，θ は $\boldsymbol{x}, \boldsymbol{y}$ のなす角であり，$\|\boldsymbol{x}\|$ はベクトル $\boldsymbol{x}$ の大きさである．

$\boldsymbol{E}$ の**斜交座標系**は，原点 o と $\boldsymbol{L}$ の基底 $\{\boldsymbol{e}_1, \boldsymbol{e}_2, \boldsymbol{e}_3\}$(順序も考慮する)を選ぶことにより定まる．点 p の座標は

$$p-o = x_1\boldsymbol{e}_1 + x_2\boldsymbol{e}_2 + x_3\boldsymbol{e}_3$$

を満たす実数の組 $(x_1, x_2, x_3) \in \mathbb{R}_3$ として定められる．座標系を決めたときには，記号上 $p = (x_1, x_2, x_3)$ と書くこともある．斜交座標系が定める空間の向きが**右手系**であるとき，$\{\boldsymbol{e}_1, \boldsymbol{e}_2, \boldsymbol{e}_3\}$ を右手系の基底という(『幾何入門』§2.5参照)．

基底 $\{\boldsymbol{e}_1, \boldsymbol{e}_2, \boldsymbol{e}_3\}$ が正規直交基底であるとき，すなわち

$$\langle \boldsymbol{e}_i, \boldsymbol{e}_j \rangle = \delta_{ij} \quad (\delta_{ij} \text{ はクロネッカーの記号})$$

を満たすとき，この基底により定められる斜交座標系をとくに**直交座標系**とよぶ．

幾何ベクトル $\boldsymbol{x}=x_1\boldsymbol{e}_1+x_2\boldsymbol{e}_2+x_3\boldsymbol{e}_3$ に対して，3項列ベクトル

$$\begin{pmatrix} x_1 \\ x_2 \\ x_3 \end{pmatrix}$$

を対応させ，これを $\boldsymbol{x}$ の成分表示という．印刷上の便宜を考えて，列ベクトルを ${}^t(x_1,x_2,x_3)$ により表す(^{t} は転置を表す)．座標系を固定しているときは，略して幾何ベクトル $\boldsymbol{x}$ とその成分表示を同一視して

$$\boldsymbol{x}={}^t(x_1,x_2,x_3)$$

と表すことがある．

3項列ベクトルのなす線形空間を $\mathbb{R}^3$ により表そう：

$$\mathbb{R}^3=\{{}^t(x_1,x_2,x_3)\mid x_i\in\mathbb{R}\ (i=1,2,3)\}.$$

幾何ベクトルにその成分表示を対応させる写像は，$\boldsymbol{L}$ から $\mathbb{R}^3$ への線形同型写像である．直交座標系を考えたときには，この写像はユニタリ同型写像(内積を保つ線形同型写像)である．ここで，$\mathbb{R}^3$ は自然な内積

$$\langle\boldsymbol{x},\boldsymbol{y}\rangle=x_1y_1+x_2y_2+x_3y_3\quad(\boldsymbol{x}={}^t(x_1,x_2,x_3),\ \boldsymbol{y}={}^t(y_1,y_2,y_3))$$

をもつ実ユニタリ空間と考える(『行列と行列式』を参照せよ)．

これまで述べたことは，ユークリッド平面に対しても成り立つ($\mathbb{R}^3$ の代わりに $\mathbb{R}^2$ を考えればよい)．

注意1.4　読者は，わざわざ列ベクトルの空間 $\mathbb{R}^3$ を導入した理由が理解できないかもしれない．実際，すでに座標空間として数空間 $\mathbb{R}_3$ を使っている．そして $\mathbb{R}_3$ は行ベクトルのなす線形空間そのものであり，しかも $\mathbb{R}^3$ と $\mathbb{R}_3$ は転置を考えることにより，線形空間としても同型なのである．$\mathbb{R}^3$ と $\mathbb{R}_3$ を使い分ける理由は，機能の違いを明確にするところにある．$\mathbb{R}_3$ は点の位置(座標)を考えるときに用い，$\mathbb{R}^3$ はベクトルを表すときに用いるのである．読者には，この区別が煩わしいかもしれないが，理論上の整合性を保つためと思ってほしい．

例題1.5　$\boldsymbol{E}$ の点 o を通る平面 H と，H に垂直な単位ベクトル $\boldsymbol{n}$ を考える．

(1)　点 p から H に下ろした垂線の足を q とするとき，

$$p=q+\langle p-q,\boldsymbol{n}\rangle\boldsymbol{n}=q+\langle p-o,\boldsymbol{n}\rangle\boldsymbol{n}$$

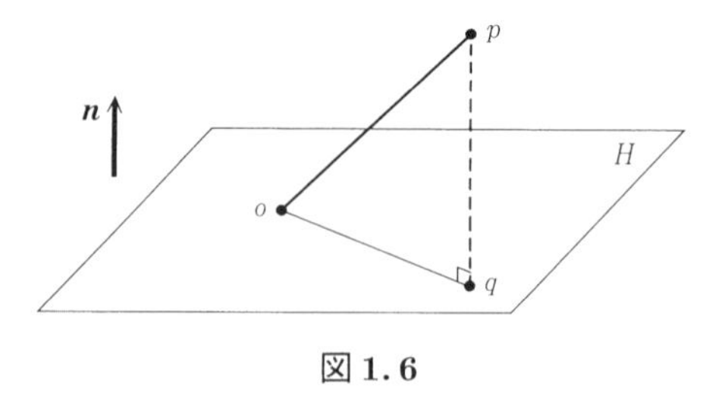

図 1.6

であることを示せ.

q は点 p を平面 H に**直交射影**した点とよばれる(図 1.6).

(2) $\boldsymbol{M}$ を平面 H の幾何ベクトルのなす線形空間とすると, $\boldsymbol{M}$ は $\boldsymbol{L}$ の部分空間であり, $P\colon \boldsymbol{L} \longrightarrow \boldsymbol{M}$ を直交射影作用素とすると,

$$P(\boldsymbol{x}) = \boldsymbol{x} - \langle \boldsymbol{x}, \boldsymbol{n} \rangle \boldsymbol{n},$$

$$P(p-o) = q-o$$

であることを示せ($P(\boldsymbol{x})$ は, $\boldsymbol{x}$ を H(あるいは $\boldsymbol{M}$)に直交射影したベクトルといわれる).

[解] (1) $p-q$ は H に垂直なベクトルであるから, $p-q=a\boldsymbol{n}$ となる $a\in\mathbb{R}$ が存在する. この両辺と $\boldsymbol{n}$ の内積を考えれば, $\langle p-q, \boldsymbol{n}\rangle = a\langle \boldsymbol{n}, \boldsymbol{n}\rangle = a$ である. さらに, $p-q=(p-o)-(q-o)$ であり, $\langle q-o, \boldsymbol{n}\rangle = 0$ であることから, $\langle p-q, \boldsymbol{n}\rangle \boldsymbol{n} = \langle p-o, \boldsymbol{n}\rangle \boldsymbol{n}$ となる.

(2) 主張の前半は明らか. $\boldsymbol{x}=\boldsymbol{y}+\boldsymbol{z}$, $\boldsymbol{y}\in\boldsymbol{M}$, $\boldsymbol{z}\in\boldsymbol{M}^{\perp}$ ($\boldsymbol{M}^{\perp}$ は $\boldsymbol{M}$ の直交補空間 $\{\boldsymbol{z}\in\boldsymbol{L} \mid \langle \boldsymbol{z}, \boldsymbol{y}\rangle = 0,\ \boldsymbol{y}\in\boldsymbol{M}\}$ を表す)とすると, $\boldsymbol{z}=a\boldsymbol{n}$ と表され, (1)と同様に, $a=\langle \boldsymbol{x}-\boldsymbol{y}, \boldsymbol{n}\rangle = \langle \boldsymbol{x}, \boldsymbol{n}\rangle - \langle \boldsymbol{y}, \boldsymbol{n}\rangle = \langle \boldsymbol{x}, \boldsymbol{n}\rangle$. 一方, 直交射影作用素の定義により, $P(\boldsymbol{x})=\boldsymbol{y}$ であるから,

$$P(\boldsymbol{x}) = \boldsymbol{x}-\boldsymbol{z} = \boldsymbol{x} - \langle \boldsymbol{x}, \boldsymbol{n}\rangle \boldsymbol{n}$$

となる. 今証明したことと, (1)を使えば

$$P(p-o) = (p-o) - \langle p-o, \boldsymbol{n}\rangle \boldsymbol{n} = (p-o)-(p-q) = q-o$$

である. ∎

例題 1.6 $\boldsymbol{E}$ の 3 点 o, p, q を頂点とする 3 角形 $\triangle$ について $\boldsymbol{a}=p-o$, $\boldsymbol{b}=q-o$ とするとき, $\triangle$ の面積は

$$\frac{1}{2}\{\|\boldsymbol{a}\|^2\|\boldsymbol{b}\|^2-\langle\boldsymbol{a},\boldsymbol{b}\rangle^2\}^{1/2}$$

に等しいことを示せ.

［解］　3角形の面積についてのよく知られた公式

$$\triangle\text{の面積}=\frac{1}{2}\|\boldsymbol{a}\|\|\boldsymbol{b}\|\sin\theta\quad(\theta\text{ は }\boldsymbol{a},\boldsymbol{b}\text{ のなす角})$$

において

$$\begin{aligned}\|\boldsymbol{a}\|^2\|\boldsymbol{b}\|^2\sin^2\theta &= \|\boldsymbol{a}\|^2\|\boldsymbol{b}\|^2(1-\cos^2\theta)\\ &= \|\boldsymbol{a}\|^2\|\boldsymbol{b}\|^2-\|\boldsymbol{a}\|^2\|\boldsymbol{b}\|^2\cos^2\theta\\ &= \|\boldsymbol{a}\|^2\|\boldsymbol{b}\|^2-\langle\boldsymbol{a},\boldsymbol{b}\rangle^2\end{aligned}$$

に注意すればよい. ∎

(b)　ベクトル積

空間内の曲面の研究には，ベクトル積の概念を導入すると便利である.

2つの幾何ベクトル $\boldsymbol{a},\boldsymbol{b}$ が平行でない(線形独立)とする. このとき，次の性質をもつベクトル $\boldsymbol{c}$ がただ1つ存在する(図1.7).

（1）　$\boldsymbol{c}$ は，$\boldsymbol{a},\boldsymbol{b}$ の両者に垂直である. とくに $\boldsymbol{a},\boldsymbol{b},\boldsymbol{c}$ は $\boldsymbol{L}$ の基底である.

（2）　$\boldsymbol{a},\boldsymbol{b},\boldsymbol{c}$ はこの順で右手系である.

（3）　$\boldsymbol{c}$ の大きさは，$\sqrt{\|\boldsymbol{a}\|^2\|\boldsymbol{b}\|^2-\langle\boldsymbol{a},\boldsymbol{b}\rangle^2}$ に等しい(これは $\boldsymbol{a},\boldsymbol{b}$ の張る平行4辺形の面積に等しい; 例題1.6参照).

このような $\boldsymbol{c}$ を $\boldsymbol{a}$ と $\boldsymbol{b}$ の**ベクトル積**または**外積**といい，$\boldsymbol{a}\times\boldsymbol{b}$ により表す. $\boldsymbol{a},\boldsymbol{b}$ が平行なときは，$\boldsymbol{a}\times\boldsymbol{b}=\boldsymbol{0}$ と定める.

例題1.7　$\boldsymbol{E}$ の直交座標系(右手系)を選んだとき，$\boldsymbol{a}={}^t(x_1,y_1,z_1)$，$\boldsymbol{b}={}^t(x_2,y_2,z_2)$ に対して

$$\boldsymbol{a}\times\boldsymbol{b}={}^t(y_1z_2-y_2z_1,\ z_1x_2-z_2x_1,\ x_1y_2-x_2y_1)\qquad(1.4)$$

となることを示せ.

［解］　(1.4)の右辺を成分とする幾何ベクトルを $\boldsymbol{c}$ とおき，この $\boldsymbol{c}$ が上の

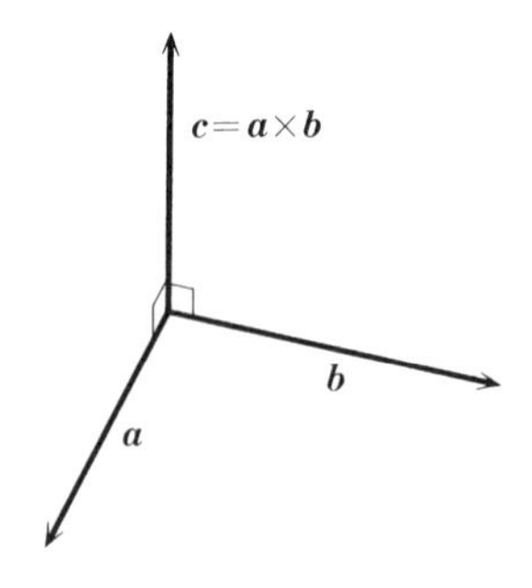

図 1.7

3つの条件を満たすことをみればよい．簡単な計算により，$\boldsymbol{c}$ が $\boldsymbol{a},\boldsymbol{b}$ と直交することが確かめられるので，(2)と(3)を示そう．(3)は単なる計算である：

$$\begin{aligned}\|\boldsymbol{c}\|^2 &= (y_1z_2-y_2z_1)^2+(z_1x_2-z_2x_1)^2+(x_1y_2-x_2y_1)^2\\ &= (x_1^2+y_1^2+z_1^2)(x_2^2+y_2^2+z_2^2)-(x_1x_2+y_1y_2+z_1z_2)^2\\ &= \|\boldsymbol{a}\|^2\|\boldsymbol{b}\|^2-\langle\boldsymbol{a},\boldsymbol{b}\rangle^2.\end{aligned}$$

(2)を示すには，$\{\boldsymbol{e}_1,\boldsymbol{e}_2,\boldsymbol{e}_3\}$ を座標を定める正規直交基底として，まず $\boldsymbol{a}=\boldsymbol{e}_1$，$\boldsymbol{b}=\boldsymbol{e}_2$ とすると，(1.4)の右辺は $\boldsymbol{e}_3$ の成分表示 ${}^t(0,0,1)$ となり，一方定義により，左辺も $\boldsymbol{e}_3$ になることに注意する．一般の場合，$\boldsymbol{a},\boldsymbol{b},\boldsymbol{c}$ が右手系でないと仮定すると，$\boldsymbol{a},\boldsymbol{b}$ の線形独立性を保ちながら連続的に $\boldsymbol{a},\boldsymbol{b}$ を $\boldsymbol{e}_1,\boldsymbol{e}_2$ に移したとき，$\boldsymbol{c}$ はその途上で $\boldsymbol{0}$ になり($\boldsymbol{0}$ にならなければ，$\boldsymbol{a},\boldsymbol{b},\boldsymbol{c}$ は変形過程で，つねに線形独立であり，$\boldsymbol{a},\boldsymbol{b},\boldsymbol{c}$ が $\boldsymbol{e}_1,\boldsymbol{e}_2,\boldsymbol{e}_3$ に独立性を保ったまま連続変形できることになる)，$\boldsymbol{a},\boldsymbol{b}$ が線形独立であることに反する．よって $\boldsymbol{a},\boldsymbol{b},\boldsymbol{c}$ は右手系である． ∎

定義あるいは上の例題の結果から，

$$\boldsymbol{a}\times\boldsymbol{b}=-\boldsymbol{b}\times\boldsymbol{a},$$

$$\boldsymbol{a}\times(\boldsymbol{b}+\boldsymbol{c})=\boldsymbol{a}\times\boldsymbol{b}+\boldsymbol{a}\times\boldsymbol{c},\quad (\boldsymbol{a}+\boldsymbol{b})\times\boldsymbol{c}=\boldsymbol{a}\times\boldsymbol{c}+\boldsymbol{b}\times\boldsymbol{c}.$$

注意 1.8 一般には $(\boldsymbol{a}\times\boldsymbol{b})\times\boldsymbol{c}\neq\boldsymbol{a}\times(\boldsymbol{b}\times\boldsymbol{c})$．すなわちベクトル積については結合律は成り立たない．

例題 1.9　$\boldsymbol{z}=a\boldsymbol{x}+b\boldsymbol{y}$, $\boldsymbol{w}=c\boldsymbol{x}+d\boldsymbol{y}$ であるとき

$$\boldsymbol{z}\times\boldsymbol{w}=(ad-bc)\boldsymbol{x}\times\boldsymbol{y}$$

であることを示せ.

[解]

$$\begin{aligned}\boldsymbol{z}\times\boldsymbol{w} &= (a\boldsymbol{x}+b\boldsymbol{y})\times(c\boldsymbol{x}+d\boldsymbol{y})\\ &= ac\boldsymbol{x}\times\boldsymbol{x}+bc\boldsymbol{y}\times\boldsymbol{x}+ad\boldsymbol{x}\times\boldsymbol{y}+bd\boldsymbol{y}\times\boldsymbol{y}\\ &= -bc\boldsymbol{x}\times\boldsymbol{y}+ad\boldsymbol{x}\times\boldsymbol{y}\\ &= (ad-bc)\boldsymbol{x}\times\boldsymbol{y}.\end{aligned}$$

∎

(c)　合同変換

空間の合同変換について調べよう.

全単射 $\varphi\colon \boldsymbol{E}\longrightarrow\boldsymbol{E}$ に対して,

$$d(\varphi(p),\varphi(q))=d(p,q)$$

がすべての点 p,q に対して成り立つとき, φ は $\boldsymbol{E}$ の**合同変換**といわれる(『幾何入門』). ここで, d はユークリッド距離 $d(p,q)=\|q-p\|$ を表す. $\boldsymbol{E}$ の合同変換は, $\boldsymbol{L}$ の直交変換と密接な関係があることをみよう. $T\colon \boldsymbol{L}\longrightarrow\boldsymbol{L}$ を直交変換とする. すなわち T は, すべてのベクトル $\boldsymbol{x},\boldsymbol{y}$ に対して $\langle T(\boldsymbol{x}),T(\boldsymbol{y})\rangle=\langle\boldsymbol{x},\boldsymbol{y}\rangle$ が成り立つような線形変換である(T の随伴変換を T^* で表せば, $T^*T=I$ ($\boldsymbol{L}$ の恒等変換)が成り立つことと同値; 『行列と行列式』参照). $\boldsymbol{E}$ の点 o と幾何ベクトル $\boldsymbol{a}$ が与えられたとき, 写像 $\varphi\colon \boldsymbol{E}\longrightarrow\boldsymbol{E}$ を次のように定義する:

$$\varphi(p)=o+T(p-o)+\boldsymbol{a}.$$

このようにして定義された φ は $\varphi(o)=o+\boldsymbol{a}$ を満たす $\boldsymbol{E}$ の合同変換である. 実際, $\|T(\boldsymbol{x})\|=\|\boldsymbol{x}\|$ が成り立つから,

$$\begin{aligned}d(\varphi(p),\varphi(q)) &= \|\varphi(p)-\varphi(q)\|\\ &= \|(\varphi(p)-\varphi(o))-(\varphi(q)-\varphi(o))\|\\ &= \|T(p-o)-T(q-o)\|\\ &= \|T((p-o)-(q-o))\|\end{aligned}$$

$$\begin{aligned} &= \|(p-o)-(q-o)\| \\ &= \|p-q\| \\ &= d(p,q)\,. \end{aligned}$$

逆を示そう．すなわち，合同変換 φ と $\boldsymbol{E}$ の点 o に対して，次のような直交変換 $T\colon \boldsymbol{L} \longrightarrow \boldsymbol{L}$ が存在する:

$$\varphi(p) = \varphi(o) + T(p-o), \quad p \in \boldsymbol{E}\,.$$

このため，写像 $T\colon \boldsymbol{L} \longrightarrow \boldsymbol{L}$ を

$$T(\boldsymbol{x}) = \varphi(o+\boldsymbol{x}) - \varphi(o)$$

とおいて定義する．この T が直交変換であることを示せば十分である．T の定義の仕方から，明らかに $T(\boldsymbol{0}) = \boldsymbol{0}$ である．$\boldsymbol{x} = p-o$, $\boldsymbol{y} = q-o$ とすると

$$\begin{aligned} \|T(\boldsymbol{x}) - T(\boldsymbol{y})\| &= \|(\varphi(p) - \varphi(o)) - (\varphi(q) - \varphi(o))\| \\ &= \|\varphi(p) - \varphi(q)\| \\ &= \|p-q\| \\ &= \|(p-o)-(q-o)\| \\ &= \|\boldsymbol{x} - \boldsymbol{y}\|, \end{aligned}$$

すなわち，

$$\|T(\boldsymbol{x}) - T(\boldsymbol{y})\| = \|\boldsymbol{x} - \boldsymbol{y}\|$$

がすべての $\boldsymbol{x}, \boldsymbol{y} \in \boldsymbol{L}$ に対して成り立つ．T が線形変換であることを示そう．このため，次の一般的補題を使う．

補題 1.10　有限次元実ユニタリ空間 $\boldsymbol{L}$ の写像 $T\colon \boldsymbol{L} \longrightarrow \boldsymbol{L}$ について

$$\begin{aligned} &T(\boldsymbol{0}) = \boldsymbol{0}, \\ &\|T(\boldsymbol{x}) - T(\boldsymbol{y})\| = \|\boldsymbol{x} - \boldsymbol{y}\|, \quad \boldsymbol{x}, \boldsymbol{y} \in \boldsymbol{L} \end{aligned}$$

が成り立つとき，T は直交変換である．

［証明］　任意の $\boldsymbol{x}, \boldsymbol{y} \in \boldsymbol{L}$ に対して

$$\langle T(\boldsymbol{x}), T(\boldsymbol{y}) \rangle = \langle \boldsymbol{x}, \boldsymbol{y} \rangle$$

が成り立つ．実際，

$$2\langle T(\boldsymbol{x}), T(\boldsymbol{y}) \rangle = \|T(\boldsymbol{x})\|^2 + \|T(\boldsymbol{y})\|^2 - \|T(\boldsymbol{x}) - T(\boldsymbol{y})\|^2$$

$$= \|\boldsymbol{x}\|^2 + \|\boldsymbol{y}\|^2 - \|\boldsymbol{x}-\boldsymbol{y}\|^2$$
$$= 2\langle \boldsymbol{x}, \boldsymbol{y}\rangle.$$

後は，T が線形変換であることを示せば十分である．

$$\begin{aligned}
&\|T(a\boldsymbol{x}+b\boldsymbol{y}) - aT(\boldsymbol{x}) - bT(\boldsymbol{y})\|^2 \\
&= \langle T(a\boldsymbol{x}+b\boldsymbol{y}) - aT(\boldsymbol{x}) - bT(\boldsymbol{y}),\, T(a\boldsymbol{x}+b\boldsymbol{y}) - aT(\boldsymbol{x}) - bT(\boldsymbol{y})\rangle \\
&= \langle T(a\boldsymbol{x}+b\boldsymbol{y}),\, T(a\boldsymbol{x}+b\boldsymbol{y})\rangle - a\langle T(\boldsymbol{x}),\, T(a\boldsymbol{x}+b\boldsymbol{y})\rangle \\
&\quad - b\langle T(\boldsymbol{y}),\, T(a\boldsymbol{x}+b\boldsymbol{y})\rangle - a\langle T(a\boldsymbol{x}+b\boldsymbol{y}),\, T(\boldsymbol{x})\rangle \\
&\quad + a^2\langle T(\boldsymbol{x}),\, T(\boldsymbol{x})\rangle + ab\langle T(\boldsymbol{y}),\, T(\boldsymbol{x})\rangle \\
&\quad - b\langle T(a\boldsymbol{x}+b\boldsymbol{y}),\, T(\boldsymbol{y})\rangle + ab\langle T(\boldsymbol{x}),\, T(\boldsymbol{y})\rangle + b^2\langle T(\boldsymbol{y}),\, T(\boldsymbol{y})\rangle \\
&= \langle a\boldsymbol{x}+b\boldsymbol{y},\, a\boldsymbol{x}+b\boldsymbol{y}\rangle - a\langle \boldsymbol{x},\, a\boldsymbol{x}+b\boldsymbol{y}\rangle - b\langle \boldsymbol{y},\, a\boldsymbol{x}+b\boldsymbol{y}\rangle \\
&\quad - a\langle a\boldsymbol{x}+b\boldsymbol{y},\, \boldsymbol{x}\rangle + a^2\langle \boldsymbol{x}, \boldsymbol{x}\rangle + ab\langle \boldsymbol{y}, \boldsymbol{x}\rangle - b\langle a\boldsymbol{x}+b\boldsymbol{y},\, \boldsymbol{y}\rangle \\
&\quad + ab\langle \boldsymbol{x}, \boldsymbol{y}\rangle + b^2\langle \boldsymbol{y}, \boldsymbol{y}\rangle \\
&= 0.
\end{aligned}$$

よって，$T(a\boldsymbol{x}+b\boldsymbol{y}) = aT(\boldsymbol{x}) + bT(\boldsymbol{y})$ となり，T は確かに線形変換である．∎

補題 1.11　合同変換 φ に対して，

$$T(\boldsymbol{x}) = \varphi(o+\boldsymbol{x}) - \varphi(o), \quad \boldsymbol{x} \in \boldsymbol{L}$$

は点 o のとり方にはよらない．言い換えれば直交変換 T は φ のみにより定まる．

T を合同変換 φ の**線形部分**という．

［証明］　$T(p-q) = \varphi(p) - \varphi(q)$ であるから，任意の $o' \in \boldsymbol{E}$ に対して

$$\varphi(o'+\boldsymbol{x}) - \varphi(o') = T((o'+\boldsymbol{x}) - o') = T(\boldsymbol{x})$$

である．∎

合同変換 φ の線形部分 T が恒等変換 I であるときは，

$$\varphi(p) = \varphi(o) + (p-o) = p + \boldsymbol{a} \quad (\boldsymbol{a} = \varphi(o) - o)$$

となる．φ をベクトル $\boldsymbol{a}$ による**平行移動**という．このベクトル $\boldsymbol{a}$ は原点 o のとり方にはよらないことに注意しよう．

§1.3　解析学からの準備

平面や空間(あるいは数平面や数空間)の部分集合 U は，次の性質をもつとき，**開集合**であるといわれる：U の各点 p に対して，p を中心とする十分小さい半径をもつ円(または球)の内部は U に含まれる(開集合については，もっと一般の観点から第3章で扱われる)．点 p の**近傍**とは，p を中心とする，ある円(または球)の内部を含む集合のことを意味する．近傍の概念は，与えられた点に「近い」点の集まりを表すときに使われる．

記号の簡略化のため，滑らかな関数 $f=f(x,y)$ の偏微分について，次のような記号を使う．

$$f_x = \frac{\partial f}{\partial x}, \quad f_y = \frac{\partial f}{\partial y}, \quad f_{xy} = (f_x)_y = \frac{\partial^2 f}{\partial y \partial x}, \quad \cdots$$

(場合によっては，添字を偏微分以外の記号に対しても使うことがあるから，そのときはいちいち注意する)．$f_{xy}=f_{yx}$ に注意しよう．この微分の順序の可換性は，後で重要な役割を担う．

ベクトル値関数

$$\boldsymbol{f}(x,y) = {}^t(f_1(x,y), f_2(x,y), f_3(x,y))$$

についても，各成分についての偏微分を行って得られるベクトルを $\boldsymbol{f}_x$，$\boldsymbol{f}_y$，$\boldsymbol{f}_{xy}=\boldsymbol{f}_{yx}$ などで表す．行列値関数についても同様である．

2つのベクトル値関数 $\boldsymbol{f}=\boldsymbol{f}(x,y)$，$\boldsymbol{g}=\boldsymbol{g}(x,y)$ について，その内積 $\langle \boldsymbol{f}, \boldsymbol{g} \rangle$ は (x,y) の関数となるが，内積の定義と関数の積に対する微分の公式(ライプニッツ則)により

$$\langle \boldsymbol{f}, \boldsymbol{g} \rangle_x = \langle \boldsymbol{f}_x, \boldsymbol{g} \rangle + \langle \boldsymbol{f}, \boldsymbol{g}_x \rangle, \quad \langle \boldsymbol{f}, \boldsymbol{g} \rangle_y = \langle \boldsymbol{f}_y, \boldsymbol{g} \rangle + \langle \boldsymbol{f}, \boldsymbol{g}_y \rangle$$

が成り立つ．$A=A(x,y)$，$B=B(x,y)$ が行列値関数の場合にも行列の積の微分について

$$(AB)_x = A_x B + A B_x, \quad (AB)_y = A_y B + A B_y$$

が成り立つ．

2つの滑らかな関数 $x=x(u,v)$，$y=y(u,v)$ に対して，次のような行列(**ヤコビ行列**)を考えよう．

$$\frac{D(x,y)}{D(u,v)} = \begin{pmatrix} x_u & x_v \\ y_u & y_v \end{pmatrix}$$

これは変数 u, v の行列値関数である．ここで，左辺は単なる記号であり，分数ではないことを注意しておく．$p=(u,v)$ におけるこの行列値を表すのに，

$$\frac{D(x,y)}{D(u,v)_p}$$

と記す．$u=u(t)$, $v=v(t)$ としたとき，合成関数

$$x(t) = x(u(t), v(t)), \quad y(t) = y(u(t), v(t))$$

の微分は

$$\dot{x} = x_u\dot{u} + x_v\dot{v}, \quad \dot{y} = y_u\dot{u} + y_v\dot{v}$$

により与えられる．ここで，$\dot{x} = \dfrac{dx}{dt}$ とする（ニュートンの記号）．行列と列ベクトルを使えば

$$\begin{pmatrix} \dot{x} \\ \dot{y} \end{pmatrix} = \begin{pmatrix} x_u & x_v \\ y_u & y_v \end{pmatrix} \begin{pmatrix} \dot{u} \\ \dot{v} \end{pmatrix} = \frac{D(x,y)}{D(u,v)} \begin{pmatrix} \dot{u} \\ \dot{v} \end{pmatrix}$$

となる．

例題 1.12　$u=u(z,w)$, $v=v(z,w)$ としたとき

$$\frac{D(x,y)}{D(z,w)} = \frac{D(x,y)}{D(u,v)} \frac{D(u,v)}{D(z,w)} \tag{1.5}$$

となることを示せ．ただし，左辺は合成関数

$$x = x(u(z,w), v(z,w)), \quad y = y(u(z,w), v(z,w)) \tag{1.6}$$

のヤコビ行列である．

［解］　(1.6)の両辺を z, w により偏微分すれば，合成関数の微分公式より

$$x_z = x_u u_z + x_v v_z, \quad x_w = x_u u_w + x_v v_w,$$
$$y_z = y_u u_z + y_v v_z, \quad y_w = y_u u_w + y_v v_w$$

を得るが，これを行列の等式で表せば

$$\begin{pmatrix} x_z & x_w \\ y_z & y_w \end{pmatrix} = \begin{pmatrix} x_u & x_v \\ y_u & y_v \end{pmatrix} \begin{pmatrix} u_z & u_w \\ v_z & v_w \end{pmatrix}$$

となり，これは(1.5)にほかならない．∎

合成関数

$$g(u,v) = f(x(u,v), y(u,v))$$

を考えると，合成関数の微分法則により

$$g_u = f_x x_u + f_y y_u, \quad g_v = f_x x_v + f_y y_v\,. \tag{1.7}$$

行列と列ベクトルを使えば，(1.7)は次のように書ける:

$$\begin{pmatrix} g_u \\ g_v \end{pmatrix} = \begin{pmatrix} x_u & y_u \\ x_v & y_v \end{pmatrix} \begin{pmatrix} f_x \\ f_y \end{pmatrix} = {}^t\!\left(\frac{D(x,y)}{D(u,v)} \right) \begin{pmatrix} f_x \\ f_y \end{pmatrix}.$$

ヤコビ行列 $\dfrac{D(x,y)}{D(u,v)}$ が，ある点 $p=(u_0,v_0)$ で可逆，すなわち

$$\det \frac{D(x,y)}{D(u,v)_p} \neq 0$$

であれば，$(x(u_0,v_0), y(u_0,v_0))$ のある近傍で定義された関数 $u=u(x,y)$，$v=v(x,y)$ で，

$$x(u(x,y), v(x,y)) = x, \quad y(u(x,y), v(x,y)) = y,$$
$$u(x(u,v), y(u,v)) = u, \quad v(x(u,v), y(u,v)) = v$$

となるものが存在する(**逆関数定理**)．言い換えれば，写像 φ, ψ を

$$\varphi(u,v) = (x(u,v), y(u,v)), \quad \psi(x,y) = (u(x,y), v(x,y))$$

により定義すれば，φ, ψ は互いの逆写像である．

例題 1.13　$\varphi(u,v) = (x(u,v), y(u,v))$，$\psi(x,y) = (u(x,y), v(x,y))$ が互いに逆写像であり，$q=\varphi(p)$ であるとき

$$\frac{D(u,v)}{D(x,y)_q} = \left(\frac{D(x,y)}{D(u,v)_p} \right)^{-1}$$

が成り立つことを示せ．

［解］　例題 1.12 により

$$\frac{D(u,v)}{D(x,y)_q} \cdot \frac{D(x,y)}{D(u,v)_p} = \frac{D(u,v)}{D(u,v)_p} = \begin{pmatrix} 1 & 0 \\ 0 & 1 \end{pmatrix}.$$

■

補題 1.14　(0,0) の近傍で定義された滑らかな関数 $f(x,y)$ が，$f(0,0)=0$ を満たせば，(0,0) の近傍で定義された滑らかな関数 $g(x,y)$，$h(x,y)$ により，$f(x,y) = xg(x,y) + yh(x,y)$ と表すことができる．さらに，このような

$g(x,y)$, $h(x,y)$ について，$f_x(0,0)=g(0,0)$, $f_y(0,0)=h(0,0)$ が成り立つ.

[証明]

$$f(x,y)=\int_0^1 \frac{d}{dt}f(tx,ty)dt=\int_0^1 \{xf_x(tx,ty)+yf_y(tx,ty)\}dt$$

と表されるから，

$$g(x,y)=\int_0^1 f_x(tx,ty)dt, \quad h(x,y)=\int_0^1 f_y(tx,ty)dt$$

とおけばよい．後半は明らか. ∎

補題 1.15 $(0,0)$ の近傍で定義された滑らかな関数 $f(x,y)$ に対して，

$$f(x,y)=f(0,0)+xf_x(0,0)+yf_y(0,0)+x^2g(x,y)+xyh(x,y)+y^2k(x,y) \tag{1.8}$$

を満たすような，$(0,0)$ の近傍で定義された滑らかな関数 $g(x,y), h(x,y)$, $k(x,y)$ が存在する.

[証明]

$$F(x,y)=f(x,y)-f(0,0)-xf_x(0,0)-yf_y(0,0)$$

とおくと，$F(0,0)=F_x(0,0)=F_y(0,0)=0$ である．F に上の補題を適用すれば，$(0,0)$ の近傍で定義された滑らかな関数 $G(x,y), H(x,y)$ により，

$$F(x,y)=xG(x,y)+yH(x,y) \tag{1.9}$$

と表すことができる．$G(0,0)=F_x(0,0)=0$, $H(0,0)=F_y(0,0)=0$ であるから，再び上の補題を利用して

$$G(x,y)=xg(x,y)+yh_1(x,y), \quad H(x,y)=xh_2(x,y)+yk(x,y)$$

と表し，これを(1.9)に代入すれば

$$F(x,y)=x^2g(x,y)+xy(h_1(x,y)+h_2(x,y))+y^2k(x,y)$$

となるから，求める主張を得る. ∎

注意 1.16 今まで述べた事柄は，変数の数が 2 より多い場合の関数に対しても，ほとんど変更することなく成り立つ.

逆関数定理の背後にある思想

高校で学ぶ関数 $y=f(x)$ の性質の 1 つに，微分係数 $f'(x_0)$ が正であるとき，$f(x)$ は x_0 の近くで増加し，$f'(x_0)$ が負であるときは減少するということがある．言い換えれば，$f'(x_0)\neq 0$ であるとき，$y=f(x)$ は x_0 の近くで逆関数をもつということにほかならない．ここで述べた逆関数定理は，この性質の 2 変数版である．

1 変数の場合は，微分係数は接線の傾きを表すが，接線という「線形」なもの(直線)が，非線形な関数の性質を反映しているわけである．2 変数の場合も，ヤコビ行列は非線形な関数から「線形」なもの(行列)を取り出したものである(線形化)．そして，ヤコビ行列の線形写像としての可逆性が，もとの非線形な写像の局所的可逆性を保証しているのである．

この「線形化」の考え方は，現代数学では重要な指導原理である．第3章で述べるように，幾何学においても，多様体という「非線形」な空間や多様体の間の写像に対して，その接空間や微分写像というもので「線形化」することにより，もとの非線形なものの性質を調べることが行われる．また，偏微分方程式の理論でも，非線形な方程式を「線形化」することにより，解の性質を知るための手段が得られる．

なお，曲面の曲率を考えるとき，関数の 2 次の近似を行ったが，これも「線形化」思想の延長上にある．実際，2 次の多項式は，対称な行列に付随する 2 次形式にほかならない．

§1.4 一般の曲面の曲率

§1.1 では，グラフで表される曲面について考えた．もっと一般の曲面については曲率をどのように定義すればよいだろうか．以下，この問題を考える．

曲率を定義する前に，一般の曲面とは何かをはっきりさせる必要がある．直観的に思い浮かぶ曲面 X の 1 つの性質は，X の各点 p でそれに「接する」平面をもつことである．さらに p を原点とし，この平面を xy-平面とするような xyz-直交座標系と，滑らかな関数 $z=f(x,y)$ が存在して，点 p の近く

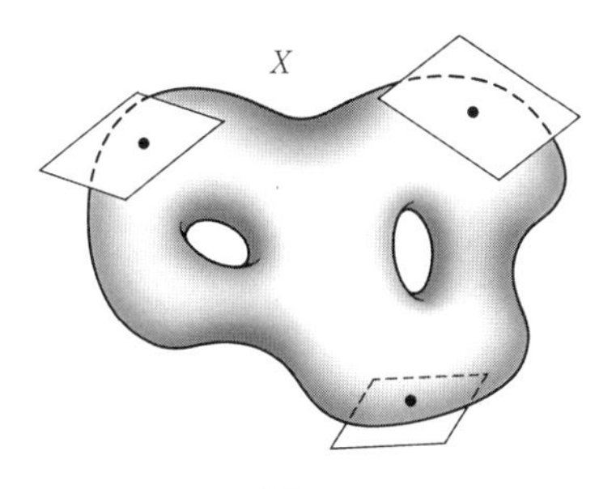

図 1.8

では X がそのグラフとして表されるものを曲面として考えてよいだろう．

もっと正確な定義を与えておこう．

定義 1.17 $\boldsymbol{E}$ の部分集合 X の各点 p に対して，p を通る平面 X_p と，X_p における点 p の近傍 $V\,(\subset X_p)$ 上で定義された滑らかな関数 f で，次の性質をもつものが存在するとき，X を**曲面**(surface)という：

（i） p を原点とし，X_p を xy-平面とするような xyz-直交座標に関して，関数 f を $z=f(x,y)$ と表したとき，

$$f(0,0)=0, \quad f_x(0,0)=f_y(0,0)=0\,.$$

（ii） $\boldsymbol{E}$ における点 p の十分小さい近傍 U が存在して

$$X\cap U=\{(x,y,f(x,y))\mid (x,y)\in V\}\,. \qquad \square$$

$\boldsymbol{E}$ の開集合と X の共通部分として表される X の部分集合を，X の開集合という．曲面 X の開集合は，明らかに曲面である．

平面 X_p と関数 f は(ただし f については，定義域と符号を除いて)一意に決まることに注意しよう．これを示すため，平面 Y_p と関数 h が上の(i),(ii)の性質をもつとする．それに対応する uvw-直交座標ともとの xyz-座標の間の座標変換を，

$$\begin{cases} u=a_1x+a_2y+a_3z \\ v=b_1x+b_2y+b_3z \\ w=c_1x+c_2y+c_3z \end{cases}$$

とする．条件(ii)から，$z=f(x,y)$ を満たす任意の (x,y,z) に対して $w=$

$h(u,v)$ が成り立つ(ただし，$(x,y),(u,v)$ は $(0,0)$ に十分近いとする)．よって任意の (x,y) に対して

$$c_1x+c_2y+c_3f(x,y)=h(a_1x+a_2y+a_3f(x,y),\ b_1x+b_2y+b_3f(x,y))$$

となる．両辺を x,y で偏微分すると，合成関数の微分法則により

$$c_1+c_3f_x=(a_1+a_3f_x)h_u+(b_1+b_3f_x)h_v=0,$$
$$c_2+c_3f_y=(a_2+a_3f_y)h_u+(b_2+b_3f_y)h_v=0.$$

ここで $(x,y)=(0,0)$ とおくと，$f_x=f_y=0$, $h_u=h_v=0$ であるから

$$c_1=c_2=0$$

となる．よって，$w=c_3z$ であるが，xyz-座標，uvw-座標ともに直交座標であることから，$c_3=\pm1$, $w=\pm z$ である．これは uv-平面 Y_p と xy-平面 X_p が一致し，$a_3=b_3=0$ となることを意味する．そして

$$\pm f(x,y)=h(a_1x+a_2y,\ b_1x+b_2y)$$

となるから，$h=\pm f$ である．

これからは X_p を $T_p(X)$ により表して，曲面 X の点 p における**接平面**(tangent plane)という．

定義 1.18　点 p における曲面 X のガウス曲率 $K(p)$ を，上で述べた関数 $z=f(x,y)$ により定まるグラフの，点 $p=(0,0,0)$ における(前に定義した)**ガウス曲率**として定義する．　□

注意 1.19　前に述べたことから，ガウス曲率 $K(p)$ は $T_p(X)$ を xy-平面とする任意の xyz-直交座標に関して同じ値になる．

例 1.20　半径 R の球面のガウス曲率がいたるところ R^{-2} であることは明らかであろう．同様に，平均曲率は $2R^{-1}$ である．　□

§1.5　曲面の径数表示

曲面の表示法の1つとして，径数表示という方法を与える．その原型となる考え方が，曲線の径数表示である．

(a)　曲線の径数表示

ユークリッド空間 $\boldsymbol{E}$ の中の曲線を考える．正確にいえば，$\boldsymbol{E}$ の中の曲線は，数直線 $\mathbb{R}$ 上のある区間 $I=[a,b]$ で定義された写像 $c\colon I\longrightarrow\boldsymbol{E}$ のことである(閉区間 $[a,b]$ の代わりに，開区間 (a,b) や半開区間 $[a,b),(a,b]$ などを考えることもある)．曲線のこのような表し方を曲線の**径数表示**(parametric representation)という．

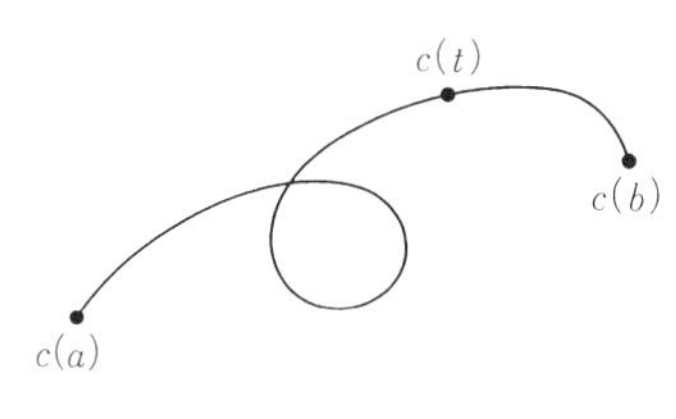

図 1.9

この定義では，曲線を $\boldsymbol{E}$ の部分集合と考えるのではなく，時刻 a から b まで時間が進むにつれ運動する(質)点をイメージしている．このような観点から，径数 t を時間変数ということがある．これからの議論でも，このような物理的イメージを使うことがたびたびある．

空間 $\boldsymbol{E}$ に直交座標系を1つ選んでおく．位置 $c(t)$ の座標表示を

$$c(t)=(x_1(t),x_2(t),x_3(t))$$

としよう．以下，$c=c(t)$ は $x_i(t)$ $(i=1,2,3)$ が t の滑らかな関数(何回でも微分可能)という意味で**滑らかな曲線**(smooth curve)とする．

問1　$c=c(t)$ の滑らかさは，座標系のとり方にはよらない概念であることを示せ．(ヒント．座標変換を考えればよい．)

$[t_0,t]$ を I に含まれる区間とするとき，ベクトル

$$\frac{1}{t-t_0}(c(t)-c(t_0))$$

を $[t_0,t]$ における**平均速度ベクトル**という(2点の差は幾何ベクトルを表すこ

とを思い出そう)．このベクトルの成分表示は

$$\frac{1}{t-t_0}\,{}^t(\,x_1(t)-x_1(t_0),\,x_2(t)-x_2(t_0),\,x_3(t)-x_3(t_0))$$

である．

t を t_0 に近づけたとき，平均速度ベクトルは，成分が ${}^t(\dot{x}_1(t_0),\dot{x}_2(t_0),\dot{x}_3(t_0))$ により与えられる幾何ベクトルに収束する．このベクトルを $\dot{c}(t_0)$ あるいは $\dfrac{dc}{dt}(t_0)$ と書いて，c の t_0 における**速度ベクトル**(velocity vector)あるいは**接ベクトル**という．

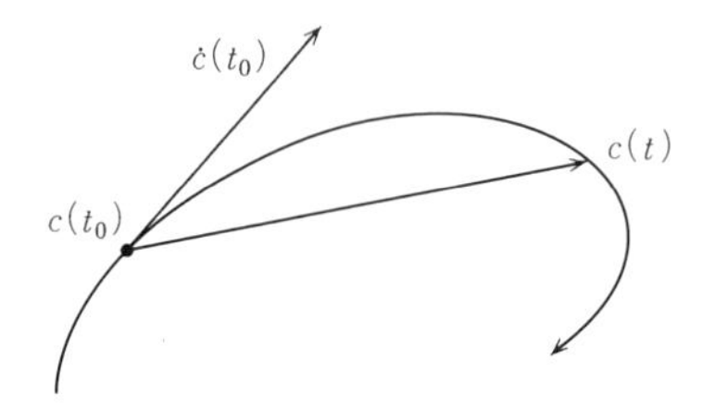

図 1.10

速度ベクトル $\dot{c}(t)$ の大きさ

$$\|\dot{c}(t)\| = \{(\dot{x}_1(t))^2+(\dot{x}_2(t))^2+(\dot{x}_3(t))^2\}^{1/2}$$

を t における c の**速度**(絶対値速度)という．

一般に，区間 I 上で定義された幾何ベクトルに値をもつ写像 $\boldsymbol{a}=\boldsymbol{a}(t)$ に対しても，ベクトル

$$\frac{1}{t-t_0}(\boldsymbol{a}(t)-\boldsymbol{a}(t_0))$$

の，$t\to t_0$ としたときの極限として $\dot{\boldsymbol{a}}(t_0)$ を定義する．

問 2　滑らかなベクトル値関数 $\boldsymbol{a}=\boldsymbol{a}(t)$，$\boldsymbol{b}=\boldsymbol{b}(t)$ に対して，$\boldsymbol{c}(t)=\boldsymbol{a}(t)\times\boldsymbol{b}(t)$ とおくと

$$\dot{\boldsymbol{c}}(t) = \dot{\boldsymbol{a}}(t)\times\boldsymbol{b}(t)+\boldsymbol{a}(t)\times\dot{\boldsymbol{b}}(t)$$

となることを示せ．(ヒント．外積の成分表示を使う．)

$\boldsymbol{a}(t)=\dot{c}(t)$ としたとき，$\dot{\boldsymbol{a}}(t)$ を曲線 c の**加速度ベクトル**(acceleration vector)といい，$\ddot{c}(t)$ により表す．その成分は，${}^t(\ddot{x}_1(t),\ddot{x}_2(t),\ddot{x}_3(t))$ である．

加速度ベクトルは，ニュートンの力学法則の中で最も重要な概念である．この法則によれば，与えられた力 $\boldsymbol{F}$ のもとで，質点が運動する軌道が曲線 $c=c(t)$ であるとき，それは微分方程式

$$m\ddot{c}(t) = \boldsymbol{F} \tag{1.10}$$

を満たす(m は質量を表す)．これがニュートンの運動方程式とよばれるものである．$\boldsymbol{F}$ が具体的に与えられれば，運動の軌道を求めるには微分方程式(1.10)を解けばよい．

例題 1.21　$\varphi\colon \boldsymbol{E}\longrightarrow\boldsymbol{E}$ を合同変換とし，T をその線形部分とする．曲線 $c_0\colon [a,b]\longrightarrow\boldsymbol{E}$ に対して，$c(t)=\varphi(c_0(t))$ とおくとき，

$$\dot{c}(t) = T(\dot{c}_0(t))$$

であることを示せ．

［解］

$$\varphi(p) = o+T(p-o)+\boldsymbol{a}, \quad p\in\boldsymbol{E}$$

と表したとき

$$c(t) = \varphi(c_0(t)) = o+T(c_0(t)-o)+\boldsymbol{a}$$

であるから，

$$c(t+s)-c(t) = T(c_0(t+s)-c_0(t))$$

となる．この両辺を s で割り，$s\to 0$ とすればよい．∎

(b)　曲線の長さ

曲線 $c\colon [a,b]\longrightarrow\boldsymbol{E}$ の**長さ**(length)を

$$L(c) = \int_a^b \|\dot{c}(\tau)\|d\tau$$

により定義する．曲線の長さの根元的意味については，第2章で考える．

補題 1.22　$s\colon [a_1,b_1]\longrightarrow[a,b]$ を滑らかな関数とし，さらに滑らかな逆関数 $s^{-1}\colon [a,b]\longrightarrow[a_1,b_1]$ が存在するものとする．曲線 $c\colon [a,b]\longrightarrow\boldsymbol{E}$ に対し

て，曲線 $c_1\colon [a_1,b_1]\longrightarrow \boldsymbol{E}$ を $c_1(t)=c(s(t))$ とおいて定義するとき，$L(c_1)=L(c)$ である(**径数の変更に対する，曲線の長さの不変性**).

［証明］ $\dot{c}_1(t)=\dot{s}(t)\dot{c}(s(t))$ であるから，

$$L(c_1)=\int_{a_1}^{b_1}\|\dot{c}_1(\tau)\|d\tau=\int_{a_1}^{b_1}\|\dot{c}(s(t))\|\,|\dot{s}(t)|dt\,.$$

$[a_1,b_1]$ 上で，$\dot{s}>0$ または $\dot{s}<0$ であることに注意. $\dot{s}>0$ のときは $s(a_1)=a$，$s(b_1)=b$ であるから

$$L(c_1)=\int_{a_1}^{b_1}\|\dot{c}(s(t))\|\frac{ds}{dt}dt=\int_a^b\|\dot{c}(s)\|ds=L(c)\,.$$

$\dot{s}<0$ のときは $s(a_1)=b$，$s(b_1)=a$ であるから

$$L(c_1)=-\int_{a_1}^{b_1}\|\dot{c}(s(t))\|\frac{ds}{dt}dt=-\int_b^a\|\dot{c}(s)\|ds=L(c)\,.$$

∎

曲線 $c\colon [a,b]\longrightarrow \boldsymbol{E}$ に対して，$s\colon [a,b]\longrightarrow [0,L(c)]$ を

$$s(t)=\int_a^t\|\dot{c}(\tau)\|d\tau$$

により定義する．任意の $t\in[a,b]$ について $\|\dot{c}(t)\|\neq 0$ であれば，s は全単射であり，s,s^{-1} ともに滑らかである．この s^{-1} により径数変更を行ったものを，c の**弧長径数表示**という.

$c\colon [0,L]\longrightarrow \boldsymbol{E}$ を弧長径数表示した曲線とするとき，$\|\dot{c}(t)\|\equiv 1$ となること，および逆が成り立つことは明らかであろう.

(c) 曲面の径数表示

$\mathbb{R}_2$ の開集合 U から空間 $\boldsymbol{E}$ への写像 $S\colon U\longrightarrow \boldsymbol{E}$ を考えよう．直交座標系を使い，

$$S(u,v)=(x_1(u,v),x_2(u,v),x_3(u,v))$$

と表す．以下，$x_i=x_i(u,v)$ $(i=1,2,3)$ は滑らかな関数と仮定する.

$v=v_0$ (あるいは $u=u_0$)を固定して，$S(u,v_0)$ $(S(u_0,v))$ を u の関数(v の関数)と考えれば，これは $\boldsymbol{E}$ の中の曲線である．よって，それらの速度ベクトルは $\boldsymbol{E}$ の幾何ベクトルであるが，これをそれぞれ S_u,S_v と表す．その成

分表示は

$$S_u = {}^t\!\left(\frac{\partial x_1}{\partial u}, \frac{\partial x_2}{\partial u}, \frac{\partial x_3}{\partial u}\right), \quad S_v = {}^t\!\left(\frac{\partial x_1}{\partial v}, \frac{\partial x_2}{\partial v}, \frac{\partial x_3}{\partial v}\right)$$

により与えられる．

さて，曲面の定義1.17(§1.4)を思い出そう．曲面Xの各点pに対して，pを原点とし，接平面$T_p(X)$をxy-平面とするようなxyz-直交座標系について，$(x,y)=(0,0)$の十分小さい近傍U上で定義された関数fにより，pの近くではXをグラフ$\{(x,y,f(x,y)) \mid (x,y) \in U\}$により表すことができた．言い換えれば

$$S(u,v) = (u,v,f(u,v))$$

とおいて定義されたUから$\boldsymbol{E}$への写像Sは単射であり，しかも像$S(U)$はpのある近傍に含まれるXの点の集合を覆う．さらにこのSに対して，

$$S_u = {}^t(1,0,f_u), \quad S_v = {}^t(0,1,f_v)$$

であるから，任意の$(u,v) \in U$においてベクトルS_u, S_vは線形独立である．実際，$aS_u + bS_v = {}^t(a,b,af_u + bf_v)$となるから

$$aS_u + bS_v = 0 \quad \Longrightarrow \quad a = b = 0\,.$$

このことを念頭において，一般に次の性質を満足する写像$S\colon U \longrightarrow \boldsymbol{E}$を考えよう．

(1)　Sは単射，

(2)　ベクトルS_u, S_vはすべての$(u,v) \in U$について線形独立．

像$X = S(U)$が前に与えた定義の意味で曲面になることは容易に想像される．実際，次の定理が成り立つ．

定理1.23　$X = S(U)$は曲面であり，しかも，各$p = S(u_0,v_0) \in X$に対して，接平面$T_p(X)$の幾何ベクトルの全体は$S_u(u_0,v_0), S_v(u_0,v_0)$の張る2次元線形部分空間

$$\langle\!\langle S_u(u_0,v_0), S_v(u_0,v_0) \rangle\!\rangle = \{aS_u(u_0,v_0) + bS_v(u_0,v_0) \mid a,b \in \mathbb{R}\}$$

に一致する：

$$T_p(X) = \{p + aS_u(u_0,v_0) + bS_v(u_0,v_0) \mid a,b \in \mathbb{R}\}\,. \qquad \square$$

写像Sを曲面$X = S(U)$の**径数表示**という．

定理を証明するため，$H_p=\{p+aS_u(u_0,v_0)+bS_v(u_0,v_0)\,|\,a,b\in\mathbb{R}\}$ とおこう．ベクトル $S_u(u_0,v_0), S_v(u_0,v_0)$ は，平面 H_p における p を原点とする斜交座標系を定める：

$$q-p=aS_u(u_0,v_0)+bS_v(u_0,v_0) \quad\Longleftrightarrow\quad q=(a,b)\,.$$

この座標系を H_p の ab-座標系とよぼう．

次の記号を導入する．

$$E=\langle S_u,S_u\rangle=\left(\frac{\partial x_1}{\partial u}\right)^2+\left(\frac{\partial x_2}{\partial u}\right)^2+\left(\frac{\partial x_3}{\partial u}\right)^2,$$

$$F=\langle S_u,S_v\rangle=\frac{\partial x_1}{\partial u}\frac{\partial x_1}{\partial v}+\frac{\partial x_2}{\partial u}\frac{\partial x_2}{\partial v}+\frac{\partial x_3}{\partial u}\frac{\partial x_3}{\partial v},$$

$$G=\langle S_v,S_v\rangle=\left(\frac{\partial x_1}{\partial v}\right)^2+\left(\frac{\partial x_2}{\partial v}\right)^2+\left(\frac{\partial x_3}{\partial v}\right)^2.$$

U 上で定義されたこれらの関数 E,F,G は**第1基本形式の係数**とよばれ，本章を通じてきわめて重要な役割を果たす．まず $EG-F^2>0$ が成り立つことに注意．実際，

$$EG-F^2=\langle S_u,S_u\rangle\langle S_v,S_v\rangle-\langle S_u,S_v\rangle^2=\|S_u\times S_v\|^2$$

であり，S_u,S_v は線形独立であるから $EG-F^2>0$．

$g=EG-F^2$, $\boldsymbol{n}=\dfrac{S_u\times S_v}{\|S_u\times S_v\|}$ とおこう．$\boldsymbol{n}=\boldsymbol{n}(u,v)$ は，S_u,S_v に垂直な単位ベクトルである．以下，点 $p=S(u_0,v_0)$ において，

$$E_0=E(u_0,v_0),\quad F_0=F(u_0,v_0),\quad G_0=G(u_0,v_0),$$

$$g_0=g(u_0,v_0)=E_0G_0-F_0^2,$$

$$\boldsymbol{n}_0=\boldsymbol{n}(u_0,v_0),\quad \boldsymbol{z}_0=S_u(u_0,v_0),\quad \boldsymbol{w}_0=S_v(u_0,v_0)$$

と表す．$\boldsymbol{n}_0$ は平面 $H_p=p+\langle\langle\boldsymbol{z}_0,\boldsymbol{w}_0\rangle\rangle$ に垂直である．

定理の証明のアイディアは単純である．H_p を xy-平面とするような xyz-直交座標系を考える．ただし，z-軸の正の方向は $\boldsymbol{n}_0$ が定める方向と一致するようにする．この座標系に関する点 $S(u,v)$ の座標を $(x(u,v),y(u,v),z(u,v))$ とすれば，$x(u_0,v_0)=y(u_0,v_0)=z(u_0,v_0)=0$, $z(u,v)=\langle S(u,v)-p,\ \boldsymbol{n}_0\rangle$ である．

$(x,y)=(0,0)$ の近傍で定義された関数 $f=f(x,y)$ を

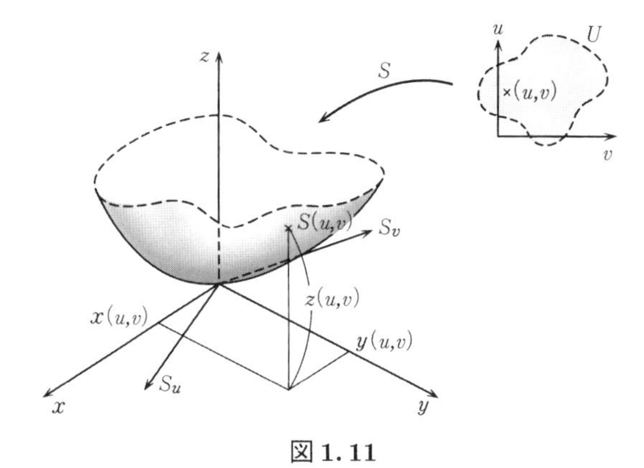

図 1.11

$z=f(x,y) \quad \Longleftrightarrow$

$x=x(u,v),\ y=y(u,v),\ z=z(u,v)$ となる (u,v) が(ただ1つ)存在

となるように定めることができれば，X は p の近傍で関数 f のグラフとして表されることになる.

このため，まず $S(u,v)$ を平面 H_p に直交射影した点の ab-座標を求めよう．一般にベクトル $\boldsymbol{x}$ を部分空間 $\langle\!\langle \boldsymbol{z}_0, \boldsymbol{w}_0 \rangle\!\rangle$ に直交射影したベクトルを $\boldsymbol{y}$ とすると，$\boldsymbol{y}=\boldsymbol{x}-\langle \boldsymbol{x}, \boldsymbol{n}_0\rangle \boldsymbol{n}_0$ である(例題 1.5)．$\boldsymbol{y}=a\boldsymbol{z}_0+b\boldsymbol{w}_0$ と表したとき，$\langle \boldsymbol{z}_0, \boldsymbol{n}_0\rangle=\langle \boldsymbol{w}_0, \boldsymbol{n}_0\rangle=0$ であることを使えば，$\boldsymbol{x}-\langle \boldsymbol{x}, \boldsymbol{n}_0\rangle \boldsymbol{n}_0=a\boldsymbol{z}_0+b\boldsymbol{w}_0$ の両辺と $\boldsymbol{z}_0, \boldsymbol{w}_0$ との内積をとることにより，

$$\langle \boldsymbol{x}, \boldsymbol{z}_0\rangle = a\|\boldsymbol{z}_0\|^2+b\langle \boldsymbol{w}_0, \boldsymbol{z}_0\rangle = aE_0+bF_0,$$
$$\langle \boldsymbol{x}, \boldsymbol{w}_0\rangle = a\langle \boldsymbol{z}_0, \boldsymbol{w}_0\rangle+b\|\boldsymbol{w}_0\|^2 = aF_0+bG_0$$

を得る．これを a,b について解いて

$$a = g_0^{-1}\{G_0\langle \boldsymbol{x}, \boldsymbol{z}_0\rangle - F_0\langle \boldsymbol{x}, \boldsymbol{w}_0\rangle\},$$
$$b = g_0^{-1}\{E_0\langle \boldsymbol{x}, \boldsymbol{w}_0\rangle - F_0\langle \boldsymbol{x}, \boldsymbol{z}_0\rangle\}$$

を得る．とくに，$\boldsymbol{x}=S(u,v)-p$ をこれらに代入して得られる a,b をそれぞれ $a(u,v), b(u,v)$ とおこう：

$$\begin{aligned} a(u,v) &= g_0^{-1}\{G_0\langle S(u,v)-p, \boldsymbol{z}_0\rangle - F_0\langle S(u,v)-p, \boldsymbol{w}_0\rangle\}, \\ b(u,v) &= g_0^{-1}\{E_0\langle S(u,v)-p, \boldsymbol{w}_0\rangle - F_0\langle S(u,v)-p, \boldsymbol{z}_0\rangle\} \end{aligned} \tag{1.11}$$

$(a(u,v), b(u,v))$ は点 $S(u,v)$ を平面 H_p に直交射影した点の ab-座標系による

座標である．$a(u_0,v_0)=b(u_0,v_0)=0$ であることに注意．

補題 1.24

$$\frac{D(a,b)}{D(u,v)_p}=I_2 \quad (I_2 \text{ は 2 次の単位行列}).$$

［証明］ (1.11)の両辺を (u_0,v_0) において u,v により偏微分すれば

$$\begin{aligned}
a_u &= g_0^{-1}\{G_0\langle \boldsymbol{z}_0,\boldsymbol{z}_0\rangle - F_0\langle \boldsymbol{z}_0,\boldsymbol{w}_0\rangle\} = 1,\\
a_v &= g_0^{-1}\{G_0\langle \boldsymbol{w}_0,\boldsymbol{z}_0\rangle - F_0\langle \boldsymbol{w}_0,\boldsymbol{w}_0\rangle\} = 0,\\
b_u &= g_0^{-1}\{E_0\langle \boldsymbol{z}_0,\boldsymbol{w}_0\rangle - F_0\langle \boldsymbol{z}_0,\boldsymbol{z}_0\rangle\} = 0,\\
b_v &= g_0^{-1}\{E_0\langle \boldsymbol{w}_0,\boldsymbol{w}_0\rangle - F_0\langle \boldsymbol{w}_0,\boldsymbol{z}_0\rangle\} = 1
\end{aligned}$$

を得る． ∎

逆関数定理により，$(a,b)=(0,0)$ の近傍で定義され，次の性質を満たす関数 $u=u(a,b)$，$v=v(a,b)$ が存在する．

$$\begin{gathered}
a(u(a,b),v(a,b))=a, \quad b(u(a,b),v(a,b))=b,\\
u(a(u,v),b(u,v))=u, \quad v(a(u,v),b(u,v))=v.
\end{gathered}$$

さらに

$$\frac{D(u,v)}{D(a,b)_o}=I_2 \quad (o=(0,0))$$

であることに注意(例題 1.13)．

ab-斜交座標から xy-直交座標に移るため，それらの間の座標変換を

$$a=\alpha x+\beta y, \quad b=\gamma x+\delta y$$

とする．このとき，

$$\frac{D(a,b)}{D(x,y)_o}=\begin{pmatrix}\alpha & \beta\\ \gamma & \delta\end{pmatrix}$$

である．関数 $u=u(x,y)$，$v=v(x,y)$ を改めて

$$u(x,y)=u(\alpha x+\beta y,\gamma x+\delta y), \quad v(x,y)=v(\alpha x+\beta y,\gamma x+\delta y)$$

とおいて定義しよう．例題 1.12 を適用すれば

$$\frac{D(u,v)}{D(x,y)_o}=\frac{D(u,v)}{D(a,b)_o}\frac{D(a,b)}{D(x,y)_o}=\begin{pmatrix}\alpha & \beta\\ \gamma & \delta\end{pmatrix}, \quad \alpha\delta-\beta\gamma\neq 0$$

であるから，再び逆関数定理により，$(x,y)=(0,0)$ の近傍で定義され，次の性質を満たす関数 $x=x(u,v)$, $y=y(u,v)$ が存在する：

$$x(u(x,y),v(x,y))=x, \quad y(u(x,y),v(x,y))=y,$$
$$u(x(u,v),y(u,v))=u, \quad v(x(u,v),y(u,v))=v.$$

$(x,y)=(0,0)$ の近傍で関数 $f=f(x,y)$ を

$$f(x,y)=\langle S(u(x,y),v(x,y))-p,\, \boldsymbol{n}_0\rangle \tag{1.12}$$

により定義する．xyz-座標系に関して，原点 $(0,0,0)$ の近傍で

$$\begin{aligned} z=f(x,y) \quad &\Longleftrightarrow \quad z=\langle S(u(x,y),v(x,y))-p,\, \boldsymbol{n}_0\rangle \\ &\Longleftrightarrow \quad z=z(u(x,y),v(x,y)) \end{aligned}$$

である．$z=z(u(x,y),v(x,y))$ において，$x=x(u,v)$, $y=y(u,v)$ とすれば，$z=z(u,v)$ であり，$x=x(u,v)$, $y=y(u,v)$ となる (u,v) は (x,y) によりただ1つ決まるから，

$$z=f(x,y) \quad \Longleftrightarrow$$
$$x=x(u,v),\ y=y(u,v),\ z=z(u,v) \text{ となる } (u,v) \text{ が(ただ1つ)存在} \tag{1.13}$$

が成り立つ．よって，X は p の近くで関数 f のグラフとして表される．

(1.12)の両辺を x,y により偏微分して

$$f_x=\langle u_xS_u+v_xS_v,\, \boldsymbol{n}_0\rangle, \quad f_y=\langle u_yS_u+v_yS_v,\, \boldsymbol{n}_0\rangle$$

を得る．とくに

$$f(0,0)=f_x(0,0)=f_y(0,0)=0$$

となる．

こうして，$X=S(U)$ は，各 $p\in X$ における接平面が H_p であるような曲面であることが証明された． ∎

$\boldsymbol{n}=\boldsymbol{n}(u,v)=\dfrac{S_u\times S_v}{\|S_u\times S_v\|}$ を，曲面 $X=S(U)$ 上の径数表示 S に関する**単位法ベクトル場**(unit normal vector field)という．一般に，滑らかなベクトル値関数 $\boldsymbol{x}=\boldsymbol{x}(u,v)$ が $p=S(u,v)$ において接平面 $T_p(X)$ に垂直であるとき，$\boldsymbol{x}$ を**法ベクトル場**といい，$T_p(X)$ に属するとき，**接ベクトル場**(tangent vector field)という．$\boldsymbol{x}$ が法ベクトル場であるとき，$\boldsymbol{x}(u,v)=k(u,v)\boldsymbol{n}(u,v)$ となる滑らかな関数 $k=k(u,v)$ が存在する(X の各点で法ベクトルの方向は符号を除いてただ1つであることによる)．

次に $X=S(U)$ のガウス曲率を計算しよう．

上で使った記号について，まず

$$(\alpha\delta-\beta\gamma)^2=(E_0G_0-F_0^2)^{-1} \tag{1.14}$$

であることに注意する．実際，xy-座標系に関する座標 $(1,0),(0,1)$ に対する ab-座標はそれぞれ $(\alpha,\gamma),(\beta,\delta)$ であるから，ベクトル

$$\alpha S_u+\gamma S_v,\quad \beta S_u+\delta S_v$$

は互いに直交する単位ベクトルである．よって

$$\begin{aligned}
1&=\|\alpha S_u+\gamma S_v\|^2=\alpha^2E_0+2\alpha\gamma F_0+\gamma^2G_0,\\
1&=\|\beta S_u+\delta S_v\|^2=\beta^2E_0+2\beta\delta F_0+\delta^2G_0,\\
0&=\langle\alpha S_u+\gamma S_v,\,\beta S_u+\delta S_v\rangle=\alpha\beta E_0+(\gamma\beta+\alpha\delta)F_0+\gamma\delta G_0
\end{aligned}$$

を得る．これは

$$\begin{pmatrix}\alpha&\gamma\\ \beta&\delta\end{pmatrix}\begin{pmatrix}E_0&F_0\\ F_0&G_0\end{pmatrix}\begin{pmatrix}\alpha&\beta\\ \gamma&\delta\end{pmatrix}=\begin{pmatrix}1&0\\ 0&1\end{pmatrix}\quad(=I_2)$$

を意味する．この両辺の行列式をとれば

$$(\alpha\delta-\beta\gamma)^2(E_0G_0-F_0^2)=1$$

となるから，(1.14)を得る．

次に $\det(\mathrm{Hess}_o(f))$ を計算しよう．f の定義式(1.12)を2回偏微分すると

$$\begin{aligned}
f_{xx}&=\langle u_{xx}S_u+u_x^2S_{uu}+u_xv_xS_{uv}+v_{xx}S_v+v_xu_xS_{vu}+v_x^2S_{vv},\,\boldsymbol{n}_0\rangle,\\
f_{xy}&=f_{yx}=\langle u_{xy}S_u+u_xu_yS_{uu}+u_xv_yS_{uv}+v_{xy}S_v+v_xu_yS_{vu}+v_xv_yS_{vv},\,\boldsymbol{n}_0\rangle,\\
f_{yy}&=\langle u_{yy}S_u+u_y^2S_{uu}+u_yv_yS_{uv}+v_{yy}S_v+v_yu_yS_{vu}+v_y^2S_{vv},\,\boldsymbol{n}_0\rangle
\end{aligned}$$

となる．$(x,y)=(0,0)$ において，$u_x=\alpha$，$u_y=\beta$，$v_x=\gamma$，$v_y=\delta$ と直交性 $\langle S_u,\boldsymbol{n}_0\rangle=\langle S_v,\boldsymbol{n}_0\rangle=0$ が成り立つから，

$$f_{xx}(0,0)=\alpha^2\langle S_{uu},\boldsymbol{n}_0\rangle+2\alpha\gamma\langle S_{uv},\boldsymbol{n}_0\rangle+\gamma^2\langle S_{vv},\boldsymbol{n}_0\rangle,$$

$$f_{xy}(0,0) = \alpha\beta\langle S_{uu}, \boldsymbol{n}_0\rangle + (\alpha\delta+\gamma\beta)\langle S_{uv}, \boldsymbol{n}_0\rangle + \gamma\delta\langle S_{vv}, \boldsymbol{n}_0\rangle,$$
$$f_{yy}(0,0) = \beta^2\langle S_{uu}, \boldsymbol{n}_0\rangle + 2\beta\delta\langle S_{uv}, \boldsymbol{n}_0\rangle + \delta^2\langle S_{vv}, \boldsymbol{n}_0\rangle$$

を得る．古典微分幾何学では (u,v) の関数 $\langle S_{uu}, \boldsymbol{n}\rangle, \langle S_{uv}, \boldsymbol{n}\rangle, \langle S_{vv}, \boldsymbol{n}\rangle$ をそれぞれ L, M, N と表し，**第 2 基本形式の係数**という：

$$L = \langle S_{uu}, \boldsymbol{n}\rangle, \quad M = \langle S_{uv}, \boldsymbol{n}\rangle, \quad N = \langle S_{vv}, \boldsymbol{n}\rangle.$$

こうして，$(x,y)=(0,0)$ において $\mathrm{Hess}_o(f) = \begin{pmatrix} \alpha & \gamma \\ \beta & \delta \end{pmatrix}\begin{pmatrix} L & M \\ M & N \end{pmatrix}\begin{pmatrix} \alpha & \beta \\ \gamma & \delta \end{pmatrix}$ となるから，

$$K(p) = \det(\mathrm{Hess}_o(f)) = (LN-M^2)(\alpha\delta-\beta\gamma)^2$$
$$= \frac{LN-M^2}{EG-F^2} \quad (p = S(u_0, v_0))$$

が成り立つ．まとめると次の定理を得る．

定理 1.25　X を $S\colon U \longrightarrow \boldsymbol{E}$ により径数表示された曲面とする．点 $p \in X$ におけるガウス曲率は，

$$K(p) = \frac{LN-M^2}{EG-F^2} \quad (p = S(u,v))$$

により与えられる．　□

例 1.26　ユークリッド空間 $\boldsymbol{E}$ の中の平面 X を考えよう．X における幾何ベクトルの全体のなす部分空間 $\boldsymbol{M}$ の基底 $\boldsymbol{x}, \boldsymbol{y}$ と X の点 p を選び，

$$S(u,v) = p + u\boldsymbol{x} + v\boldsymbol{y}$$

とおく．S は平面 X の径数表示を与える．

$$S_u \equiv \boldsymbol{x}, \quad S_v \equiv \boldsymbol{y}$$

であるから，$E = \langle \boldsymbol{x}, \boldsymbol{x}\rangle$, $F = \langle \boldsymbol{x}, \boldsymbol{y}\rangle$, $G = \langle \boldsymbol{y}, \boldsymbol{y}\rangle$, $S_{uu} = S_{uv} = S_{vv} \equiv \boldsymbol{0}$ となり，$K \equiv 0$．とくに $\boldsymbol{x}, \boldsymbol{y}$ を $\boldsymbol{M}$ の正規直交基底とすると

$$E = 1, \quad F = 0, \quad G = 1$$

である．　□

例 1.27　球面の(一部分の)径数表示を行い，第 1 基本形式の係数 E, F, G を計算してみよう．中心が原点，半径が 1 の球面(単位球面) $S^2(1) = \{(x,y,z);$

$x^2+y^2+z^2=1\}$ を考える．

$$U=\{(u,v);\ u^2+v^2<1\},\quad S(u,v)=(u,v,\{1-u^2-v^2\}^{1/2})$$

とおくと，S は $S^2(1)$ の上半球面の径数表示である．

$$S_u={}^t\!\left(1,0,\frac{-u}{\{1-u^2-v^2\}^{1/2}}\right),\quad S_v={}^t\!\left(0,1,\frac{-v}{\{1-u^2-v^2\}^{1/2}}\right)$$

であるから，

$$E=1+\frac{u^2}{1-u^2-v^2},\quad F=\frac{uv}{1-u^2-v^2},\quad G=1+\frac{v^2}{1-u^2-v^2},$$

$$EG-F^2=\frac{1}{1-u^2-v^2}.$$

□

例 1.28　$0<r<R$ とする．xz-平面において，$(R,0)$ を中心とする半径 r の円を考え，これを z-軸のまわりに回転させてできる面 X を考える(図1.12)．これを**標準的トーラス面**という．

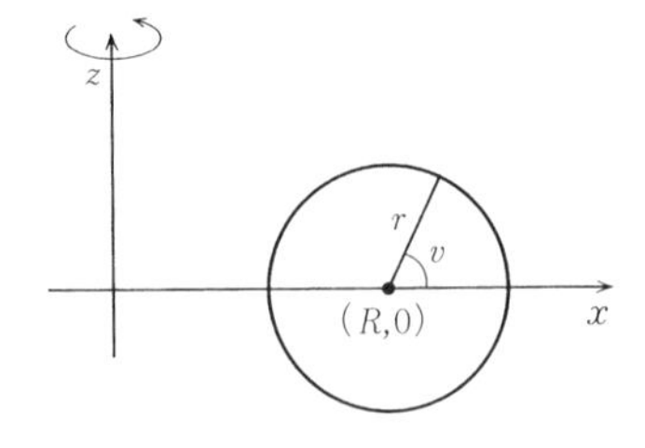

図 1.12

X の径数表示として，次のようなものを考える．

$$x=(R+r\cos v)\cos u,\quad y=(R+r\cos v)\sin u,\quad z=r\sin v.$$

ここで，$0\leqq u<2\pi$, $0\leqq v<2\pi$ である．

$$\begin{aligned} x_u&=-(R+r\cos v)\sin u, & x_v&=-r\sin v\cos u,\\ y_u&=(R+r\cos v)\cos u, & y_v&=-r\sin v\sin u,\\ z_u&=0, & z_v&=r\cos v \end{aligned}$$

であるから

$$E=(R+r\cos v)^2,\quad F=0,\quad G=r^2.$$

さらに

$$x_{uu} = -(R+r\cos v)\cos u, \quad x_{uv} = r\sin u\sin v, \quad x_{vv} = -r\cos v\cos u,$$
$$y_{uu} = -(R+r\cos v)\sin u, \quad y_{uv} = -r\cos u\sin v, \quad y_{vv} = -r\cos v\sin u,$$
$$z_{uu} = 0, \quad z_{uv} = 0, \quad z_{vv} = -r\sin v,$$
$$S_u \times S_v = r(R+r\cos v)\cdot {}^t(\cos u\cos v,\ \sin u\cos v,\ \sin v),$$
$$\boldsymbol{n} = {}^t(\cos u\cos v,\ \sin u\cos v,\ \sin v)$$

となるから

$$L = -(R+r\cos v)(\cos^2 u\cos v+\sin^2 u\cos v) = -(R+r\cos v)\cos v,$$
$$M = 0,$$
$$N = -r(\cos^2 u\cos^2 v+\sin^2 u\cos^2 v+\sin^2 v) = -r\,.$$

ゆえに

$$K = \frac{\cos v}{r(R+r\cos v)}\,.$$

よって，K は u にはよらず，

（a） $0 \leqq v < \pi/2$ または $3\pi/2 < v < 2\pi$ のときは $K > 0$,

（b） $\pi/2 < v < 3\pi/2$ のときは $K < 0$,

（c） $v = \pi/2$ または $v = 3\pi/2$ のときは $K = 0$

となる．これは，図1.13による直観からも理解されることである． □

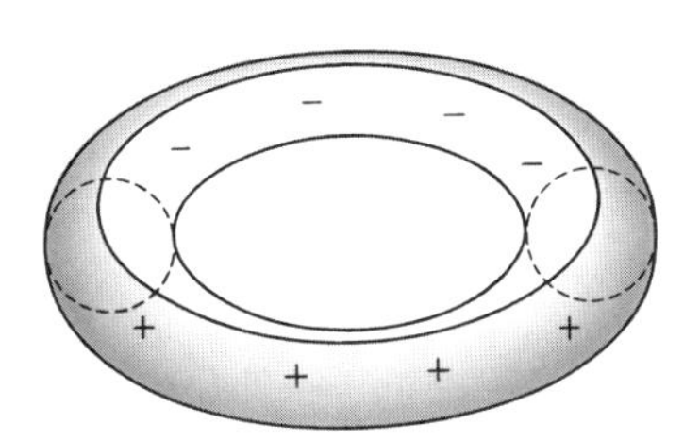

図 1.13

例 1.29 関数 $z = f(x,y)$ のグラフで与えられる曲面 X に対して

$$S(u,v) = (u, v, f(u,v))$$

としたときの，E, F, G, L, M, N を求めてみよう．

$$S_u = {}^t(1, 0, f_u), \quad S_v = {}^t(0, 1, f_v),$$
$$S_{uu} = {}^t(0, 0, f_{uu}), \quad S_{uv} = {}^t(0, 0, f_{uv}), \quad S_{vv} = {}^t(0, 0, f_{vv}),$$
$$S_u \times S_v = (-f_u, -f_v, 1),$$
$$\boldsymbol{n}(u, v) = (1 + f_u^2 + f_v^2)^{-1/2} \cdot {}^t(-f_u, -f_v, 1),$$
$$E = 1 + f_u^2, \quad F = f_u f_v, \quad G = 1 + f_v^2,$$
$$L = (1 + f_u^2 + f_v^2)^{-1/2} f_{uu}, \quad M = (1 + f_u^2 + f_v^2)^{-1/2} f_{uv},$$
$$N = (1 + f_u^2 + f_v^2)^{-1/2} f_{vv}$$

である．よって

$$K(u, v) = (1 + f_u^2 + f_v^2)^{-2} (f_{uu} f_{vv} - f_{uv}^2).$$

とくに，$f(x, y) = f(x)$ のときは

$$K(u, v) \equiv 0. \qquad \square$$

§1.6　曲面の座標系

(a)　局所径数表示と座標変換

前節で見たように，一般の曲面について次のことがいえる：曲面 X の任意の点 p に対して，p を含む X の開集合 V と，V の径数表示 $S\colon U \longrightarrow V$ が存在する．言い換えれば，任意の曲面は局所的には径数表示をもつ．S を X の(p のまわりの)**局所径数表示**という．

今度は，曲面自身の立場から，局所径数表示を見てみよう．曲面 X の局所径数表示 $S\colon U \longrightarrow V\ (\subset X)$ に対して，V と逆写像 $\varphi = S^{-1}\colon V \longrightarrow U$ をあわせた組 (V, φ) を X の**座標近傍**(coordinate neighborhood)という．

$$\varphi(p) = (u(p), v(p))$$

とおくと，V の点 p は2個の実数の組 $(u(p), v(p))$ により決まる．$(u(p), v(p))$ を座標近傍 (V, φ) における V の点 p の**局所座標**(local coordinates)といい，V 上の関数の組 (u, v) を (V, φ) における**局所座標系**とよぶ．

局所座標系は，平面の斜交座標系の一般化であり，曲線座標系ともよばれる．その言葉が意味するものは容易に理解されるであろう．

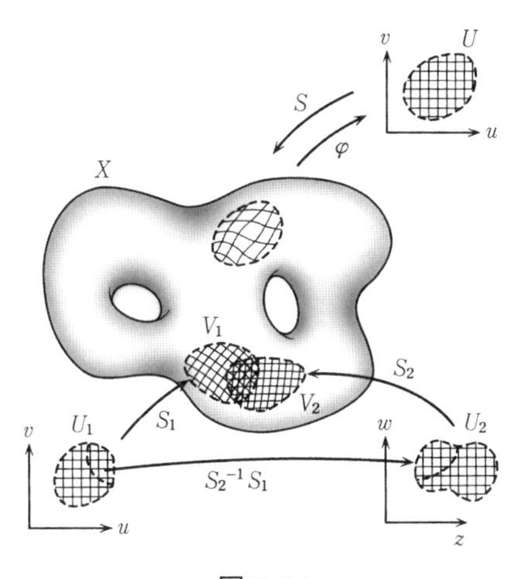

図 1.14

上で述べたことから，曲面 X の座標近傍の族 $\{(V_\alpha, \varphi^\alpha)\}$ で $\{V_\alpha\}$ が X を覆うもの，すなわち $X = \bigcup V_\alpha$ となるものが存在する．このような座標近傍の族を曲面 X の**座標近傍系**という．平面の場合は斜交座標 1 つが平面全体を覆うが，一般の曲面では座標系が複数必要になる．

X 上で定義された関数 $f\colon X \longrightarrow \mathbb{R}$ を考えよう．任意の局所径数表示 $S\colon U \longrightarrow X$ に対して U 上の関数 fS が U 上滑らかな関数であるとき，f は X 上の滑らかな関数であるといわれる．記号の簡易化のために，$fS(u,v) = f(u,v)$ と書くことがある(U 上で定義された 2 変数関数 $f(u,v)$ と，$S(U)$ 上の関数を同一視するといってもよい)．

例 1.30　点 $p \in X$ におけるガウス曲率 $K(p)$ を対応させる関数 $K\colon X \longrightarrow \mathbb{R}$ は X 上の滑らかな関数である．　□

曲面の局所径数表示としては色々なものがとれるから，それらの間の関係を調べることが重要である．曲面 X の 2 つの局所径数表示

$$S_1\colon U_1 \longrightarrow V_1 \subset X, \quad S_1 = S_1(u,v),$$
$$S_2\colon U_2 \longrightarrow V_2 \subset X, \quad S_2 = S_2(z,w)$$

を考えよう．$V = V_1 \cap V_2 \neq \emptyset$ と仮定する．写像 $S_2^{-1}S_1$ は $\mathbb{R}_2$ の 2 つの開集合

$S_1^{-1}(V), S_2^{-1}(V)$ の間の全単射である．これを**座標変換**という．

補題 1.31　$S_2^{-1}S_1$ は滑らかな写像である．すなわち，

$$S_2^{-1}S_1(u,v) = (z(u,v), w(u,v))$$

としたとき，$z(u,v)$, $w(u,v)$ は滑らかな関数である．

［証明］　$p = S_1(u_0, v_0) = S_2(z_0, w_0)$ としよう．p を原点とし，接平面 $T_p(X)$ を xy-平面とするような xyz-直交座標系を考える．点 $S_1(u,v), S_2(z,w)$ を $T_p(X)$ に直交射影した点の xy-座標をそれぞれ $(x_1(u,v), y_1(u,v))$, $(x_2(z,w), y_2(z,w))$ とすると，関数 $x_1(u,v)$, $y_1(u,v)$, $x_2(z,w)$, $y_2(z,w)$ は滑らかである．さらに対応 $(z,w) \longmapsto (x_2(z,w),\ y_2(z,w))$ は (z_0, w_0) のまわりで滑らかな逆写像: $(x,y) \longmapsto (z_2(x,y),\ w_2(x,y))$ を持つことを定理 1.23 の証明の中で示した．よって (u,v) が (u_0, v_0) に近ければ

$$\begin{aligned} z = z(u,v),\ w = w(u,v) \quad &\Longleftrightarrow \quad S_1(u,v) = S_2(z,w) \\ &\Longleftrightarrow \quad x_1(u,v) = x_2(z,w), \\ &\qquad\quad\ \ y_1(u,v) = y_2(z,w) \\ &\Longleftrightarrow \quad z = z_2(x_1(u,v),\ y_1(u,v)), \\ &\qquad\quad\ \ w = w_2(x_1(u,v),\ y_1(u,v)). \end{aligned}$$

したがって

$$\begin{aligned} z(u,v) &= z_2(x_1(u,v),\ y_1(u,v)), \\ w(u,v) &= w_2(x_1(u,v),\ y_1(u,v)) \end{aligned}$$

であるから，$z(u,v), w(u,v)$ は滑らかな関数である．　▮

曲面の座標変換は，平面の直交座標系の座標変換の一般化と考えられる．上の補題で使った表現

$$S_2^{-1}S_1(u,v) = (z(u,v),\ w(u,v))$$

を利用すると，$S_1(u,v) = S_2(z(u,v),\ w(u,v))$ であるから

$$\begin{aligned} (S_1)_u &= z_u(S_2)_z + w_u(S_2)_w, \\ (S_1)_v &= z_v(S_2)_z + w_v(S_2)_w \end{aligned} \tag{1.15}$$

である．

E_1, F_1, G_1 を S_1 に対する第1基本形式の係数，E_2, F_2, G_2 を S_2 に対する第1基本形式の係数とする．今与えた式(1.15)から

$$E_1 = \langle (S_1)_u, (S_1)_u \rangle = z_u^2 E_2 + 2 z_u w_u F_2 + w_u^2 G_2,$$
$$F_1 = \langle (S_1)_u, (S_1)_v \rangle = z_u z_v E_2 + (z_u w_v + w_u z_v) F_2 + w_u w_v G_2,$$
$$G_1 = \langle (S_1)_v, (S_1)_v \rangle = z_v^2 E_2 + 2 z_v w_v F_2 + w_v^2 G_2$$

である．行列を使えば，

$$\begin{pmatrix} E_1 & F_1 \\ F_1 & G_1 \end{pmatrix} = \begin{pmatrix} z_u & w_u \\ z_v & w_v \end{pmatrix} \begin{pmatrix} E_2 & F_2 \\ F_2 & G_2 \end{pmatrix} \begin{pmatrix} z_u & z_v \\ w_u & w_v \end{pmatrix}$$
$$= {}^t\left(\frac{D(z,w)}{D(u,v)} \right) \begin{pmatrix} E_2 & F_2 \\ F_2 & G_2 \end{pmatrix} \frac{D(z,w)}{D(u,v)}$$

と表される．これらの式は，第1基本形式の係数の座標変換に対する変換公式である．

とくに，今得た等式の両辺の行列式を考えることにより

$$E_1 G_1 - F_1^2 = \left(\det \frac{D(z,w)}{D(u,v)} \right)^2 (E_2 G_2 - F_2^2) \tag{1.16}$$

が導かれる．

(b) 曲面の表裏と向き

曲面の一部分(局所径数表示 $S\colon U \longrightarrow X$ の像 $S(U)$)を見ると，その表裏ということを考えることができる．ただし，曲面のどちら側を表とするかは，2つの選択があり，あらかじめ決められているものではない．数学的には，$S(U)$ の表側を選ぶことを，$S(U)$ における2つの滑らかな単位法ベクトル場からその1つを選ぶことと思うことにしよう．たとえば，前に与えた滑らかな単位法ベクトル場

$$\boldsymbol{n} = \frac{S_u \times S_v}{\|S_u \times S_v\|}$$

は，1つの選択を与える．この単位法ベクトル場が与える $S(U)$ の表裏を，局所径数表示 S が定める**表裏**という．

逆に，$S(U)$ 上の滑らかな単位法ベクトル場 $\boldsymbol{n}$ に対して，

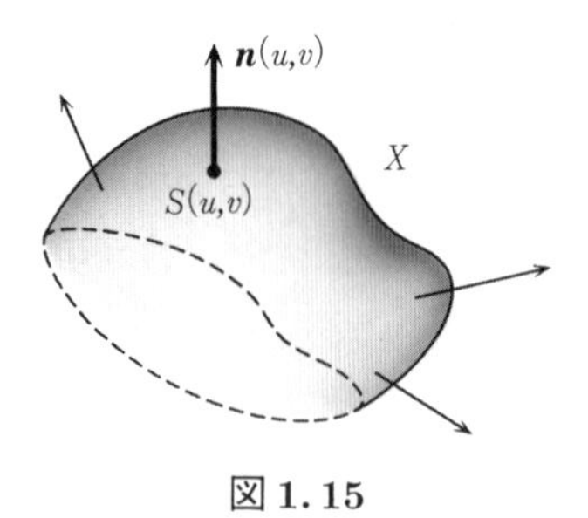

図 1.15

$$\boldsymbol{n} = \pm \frac{S_u \times S_v}{\|S_u \times S_v\|}$$

が成り立つ．ここで符号がマイナスのときは，新たに $T(u,v) = S(v,u)$ とおいて，局所径数表示 T を定義すれば，

$$\boldsymbol{n} = \frac{T_u \times T_v}{\|T_u \times T_v\|}$$

となることに注意．

さて，点 $p \in X$ のまわりの 2 つの局所径数表示 $S_1\colon U_1 \longrightarrow X$，$S_2\colon U_2 \longrightarrow X$ を考えよう．S_1, S_2 が定める単位法ベクトル場をそれぞれ $\boldsymbol{n}_1, \boldsymbol{n}_2$ とするとき，$S_1(U_1) \cap S_2(U_2)$ 上で

$$\boldsymbol{n}_1 \equiv \boldsymbol{n}_2 \quad \text{または} \quad \boldsymbol{n}_1 \equiv -\boldsymbol{n}_2$$

のいずれかが成り立つ．$\boldsymbol{n}_1 \equiv \boldsymbol{n}_2$ が成り立つ場合は，S_1, S_2 は共通部分 $S_1(U_1) \cap S_2(U_2)$ 上で同じ表裏を定めるという．

例題 1.32 S_1, S_2 が共通部分において同じ表裏を定めるための必要十分条件は，座標変換 $S_2^{-1}S_1$ の局所座標表示 $S_2^{-1}S_1(u,v) = (z(u,v), w(u,v))$ に対して，

$$\det \frac{D(z,w)}{D(u,v)} > 0$$

が成り立つことである．

［解］ $(S_1)_u = z_u(S_2)_z + w_u(S_2)_w$，$(S_1)_v = z_v(S_2)_z + w_v(S_2)_w$ であるから，例題 1.9 により

$$(S_1)_u \times (S_1)_v = (z_u w_v - w_u z_v)(S_2)_z \times (S_2)_w$$

を得る．主張は，この等式からただちにしたがう． ∎

さて曲面 X を覆う局所径数表示の族 $\{S_\alpha\colon U_\alpha \longrightarrow X\}_{\alpha\in A}$ $(X=\bigcup_{\alpha\in A} S_\alpha(U_\alpha))$ で，$S_\alpha(U_\alpha)\cap S_\beta(U_\beta)\neq\emptyset$ となる任意の α,β に対して，S_α, S_β がその共通部分において同じ表裏を定めるようなものが存在するとき，X は**表裏をもつ曲面**といわれる．このとき，S_α が定める単位法ベクトルを $\boldsymbol{n}_\alpha$ とすると，共通部分 $S_\alpha(U_\alpha)\cap S_\beta(U_\beta)$ において $\boldsymbol{n}_\alpha=\boldsymbol{n}_\beta$ であるから，$S_\alpha(U_\alpha)$ 上では $\boldsymbol{n}=\boldsymbol{n}_\alpha$ とおくことにより，曲面全体で定義された滑らかな単位法ベクトル場 $\boldsymbol{n}$ が得られる．

逆に，曲面全体で定義された滑らかな単位法ベクトル場 $\boldsymbol{n}$ が存在すると仮定しよう．曲面 X を覆う局所径数表示の族 $\{S_\alpha\colon U_\alpha \longrightarrow X\}_{\alpha\in A}$ に対して，もし S_α が定める単位法ベクトル場が $S_\alpha(U_\alpha)$ 上 $\boldsymbol{n}$ と一致していれば，$T_\alpha=S_\alpha$ とし，もし一致していないとき(符号が異なるとき)は，T_α として，上で述べたように S_α の変数を交換して得られる局所径数表示とすれば，$\{T_\alpha\}_{\alpha\in A}$ は共通部分において同じ表裏を定める族である．よって X は表裏をもつ曲面である．上の例題の系として，次の定理を得る．

定理 1.33　曲面 X が表裏をもつための必要十分条件は，X を覆う局所径数表示の族 $\{S_\alpha\colon U_\alpha \longrightarrow X\}_{\alpha\in A}$ で，座標変換 $S_\beta^{-1}S_\alpha$ の局所座標表示

$$S_\beta^{-1}S_\alpha(u_\alpha, v_\alpha) = (u_\beta(u_\alpha, v_\alpha), v_\beta(u_\alpha, v_\alpha)) \quad (S_\alpha(U_\alpha)\cap S_\beta(U_\beta)\neq\emptyset)$$

に対して，

$$\det\frac{D(u_\beta, v_\beta)}{D(u_\alpha, v_\alpha)} > 0$$

が成り立つものが存在することである． □

この定理は，曲面の表裏の概念が，X の座標近傍系の言葉だけで表されているという意味で「内在的」なことを意味する．この観点から，曲面が表裏をもつということを，曲面が**向き付け可能**(orientable)ということがある．

例 1.34　球面は向き付け可能である(外向きの単位法ベクトル場を考えれ

ばよい．一方，メビウスの帯は向き付け可能ではない．実際，帯の中央の閉じた曲線に沿って単位法ベクトルを動かして1周すると，符号が異なる単位法ベクトルになる(図1.16)．

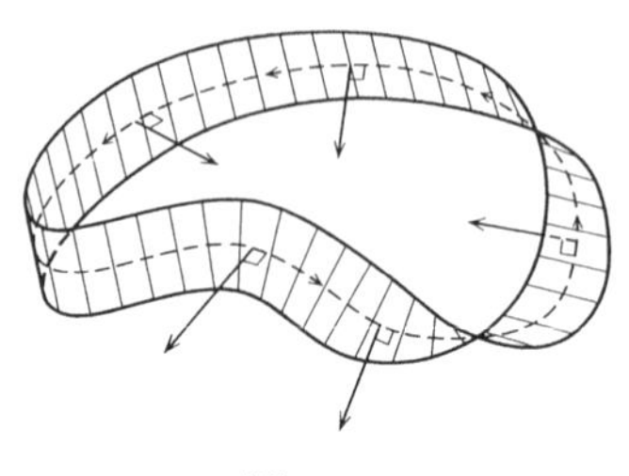

図 1.16

(c)　接平面の概念の「内在性」

$S\colon U \longrightarrow X$ を，曲面 X の点 p のまわりの局所径数表示とするとき，X の点 $p=S(u,v)$ における接平面 $T_p(X)$ 上の幾何ベクトルのなす線形空間は

$$\langle\langle S_u(u,v),\ S_v(u,v)\rangle\rangle = \{aS_u(u,v)+bS_v(u,v);\ a,b\in\mathbb{R}\}$$

により与えられた．$S_u(u,v)$, $S_v(u,v)$ は基底である．以下，この線形空間も接平面とよび，同じ記号 $T_p(X)$ により表すことにする．もともとの接平面の定義から，$T_p(X)$ は局所径数表示 S にはよらずに定まることに注意しよう．$T_p(X)$ の元を p を始点とする**接ベクトル**(tangent vector)という．

滑らかな曲線 $c\colon I=[a,b]\longrightarrow \boldsymbol{E}$ の像 $c(I)$ が X に含まれるとき，c を**曲面 $\boldsymbol{X}$ 上の曲線**という．

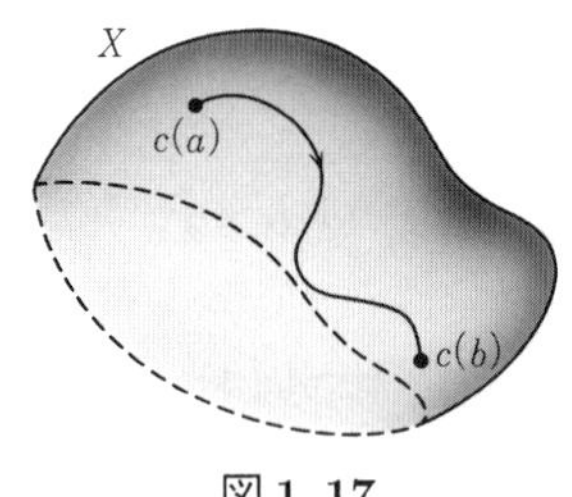

図 1.17

以下，簡単のため，像 $c(I)$ が局所径数表示 $S\colon U \longrightarrow X$ の像 $V=S(U)$ に含まれるとしよう．このとき，$S^{-1}c(t)=(u(t),v(t))$ とおけば $c(t)=S(u(t),v(t))$ である．この両辺を t で微分すれば合成関数の微分公式により

$$\dot{c} = \dot{u}S_u + \dot{v}S_v \tag{1.17}$$

となる．このことから，速度ベクトル $\dot{c}(t)$ は点 $\dot{c}(t)$ を始点とする接ベクトルである：$\dot{c}(t) \in T_{c(t)}(X)$．このことは，直観的にも明らかである．

逆に，任意の接ベクトル $\boldsymbol{\xi}=aS_u(u,v)+bS_v(u,v)$ に対して，

$$c(t) = S(at+u, bt+v)$$

とおけば $\dot{c}(0)=\boldsymbol{\xi}$ となることはただちに確かめられる．すなわち，すべての接ベクトルは，ある曲線の速度ベクトルである．

接平面の概念の「内在性」を見るため接ベクトルを別の観点から見直そう．

X における p の近傍で定義された滑らかな実数値関数の全体を $C_p(X)$ により表し，$f \in C_p(X)$ に対して，$V(f)$ により f の定義域を表す．$f,h \in C_p(X)$，$a \in \mathbb{R}$ に対して，

$$\begin{aligned}
(f+h)(q) &= f(q)+h(q) \qquad (q \in V(f) \cap V(h)),\\
(af)(q) &= af(q) \qquad (q \in V(f)),\\
(fh)(q) &= f(q)h(q) \qquad (q \in V(f) \cap V(h))
\end{aligned}$$

とおいて，和 $f+h$，スカラー倍 af，積 fh を定義する．$V(f) \cap V(h)$ も p の近傍であるから，$f+h, af, fh \in C_p(X)$ である．

接ベクトル $\boldsymbol{\xi} \in T_p(X)$ と $f \in C_p(X)$ に対して，$\boldsymbol{\xi}$ の f への**作用** $\boldsymbol{\xi}(f) \in \mathbb{R}$ を次のように定義する：$c\colon (-\varepsilon,\varepsilon) \longrightarrow X$ を $\dot{c}(0)=\boldsymbol{\xi}$ となる曲線とし，

$$\boldsymbol{\xi}(f) = \frac{d}{dt} f(c(t))\bigg|_{t=0}$$

とおく．この定義において，右辺は $\dot{c}(0)=\boldsymbol{\xi}$ となる曲線 c の選び方にはよらない．実際，p の近傍の局所径数表示 S をとって，$c(t)=S(u(t),v(t))$ と表したとき，

$$\frac{d}{dt} f(c(t))\bigg|_{t=0} = \frac{d}{dt} f(u(t),v(t))\bigg|_{t=0} = \dot{u}(0)f_u + \dot{v}(0)f_v$$

$(f(u,v)=f(S(u,v)))$ となるから，右辺は $\dot{u}(0), \dot{v}(0)$ にのみ，すなわち $\boldsymbol{\xi}=$

$\dot{u}(0)S_u+\dot{v}(0)S_v$ にのみよることがわかる.

例 1.35　$\boldsymbol{\xi}=S_u$ とすると，$c(t)=S(u+t,v)$ とおくことにより

$$S_u(f)=\frac{d}{dt}f(u+t,v)\Big|_{t=0}=\frac{\partial f}{\partial u}(u,v)$$

となる．同様に

$$S_v(f)=\frac{\partial f}{\partial v}(u,v).$$

とくに，座標 u,v を U 上の関数と考えれば，

$$S_u(u)=1,\quad S_u(v)=0,\quad S_v(u)=0,\quad S_v(v)=1$$

を得る．　□

補題 1.36　対応 $f\in C_p(X)\longmapsto\boldsymbol{\xi}(f)\in\mathbb{R}$ は，次の性質を満たす:

(i)　(線形性)　$\boldsymbol{\xi}(af+bh)=a\boldsymbol{\xi}(f)+b\boldsymbol{\xi}(h)\quad(a,b\in\mathbb{R},\ f,h\in C_p(X))$.

(ii)　(ライプニッツ則)　$\boldsymbol{\xi}(fh)=\boldsymbol{\xi}(f)\cdot h(p)+f(p)\cdot\boldsymbol{\xi}(h)$.

(iii)　$a,b\in\mathbb{R},\ \boldsymbol{\xi},\boldsymbol{\eta}\in T_p(X)$ に対して，

$$(a\boldsymbol{\xi}+b\boldsymbol{\eta})(f)=a\cdot\boldsymbol{\xi}(f)+b\cdot\boldsymbol{\eta}(f).$$

(iv)　任意の $f\in C_p(X)$ に対して，$\boldsymbol{\xi}(f)=0$ ならば，接ベクトルとして $\boldsymbol{\xi}=\mathbf{0}$ である．

[証明]　(i),(ii),(iii)は定義からの直接の帰結である((ii)は通常の関数の積の微分に対するライプニッツ則から従う)．

(iv)を証明するために，$f(u,v)=u,\ h(u,v)=v$ として $f,h\in C_p(X)$ を定義する．$\boldsymbol{\xi}=aS_u+bS_v$ に対して

$$\boldsymbol{\xi}(f)=a,\quad\boldsymbol{\xi}(h)=b$$

が成り立つことに注意すればよい．　■

逆に，写像 $\boldsymbol{\omega}\colon C_p(X)\longrightarrow\mathbb{R}$ で

(線形性)　$\boldsymbol{\omega}(af+bh)=a\boldsymbol{\omega}(f)+b\boldsymbol{\omega}(h)\quad(a,b\in\mathbb{R},\ f,h\in C_p(X))$,

(ライプニッツ則)　$\boldsymbol{\omega}(fh)=\boldsymbol{\omega}(f)\cdot h(p)+f(p)\cdot\boldsymbol{\omega}(h)$

を満たしているものの全体を $\tau_p(X)$ により表そう．$\tau_p(X)$ には，次のような演算により，線形空間の構造が入る: $\boldsymbol{\omega},\boldsymbol{\omega}_1,\boldsymbol{\omega}_2\in\tau_p(X)$, $a\in\mathbb{R}$ に対して

（和）　$(\boldsymbol{\omega}_1+\boldsymbol{\omega}_2)(f)=\boldsymbol{\omega}_1(f)+\boldsymbol{\omega}_2(f)$,

（スカラー倍）　$(a\boldsymbol{\omega})(f)=a\cdot\boldsymbol{\omega}(f)$.

$\tau_p(X)$ の零ベクトル $\mathbf{0}$ は

$$\mathbf{0}(f)=0 \quad (f\in C_p(X))$$

として定義する.

問3　上で定義した $\boldsymbol{\omega}_1+\boldsymbol{\omega}_2$, $a\boldsymbol{\omega}$ が $\tau_p(X)$ の元であることを示せ.

上の補題 1.36 を言い換えると，次の系を得る.

系 1.37　$T_p(X)$ の各ベクトルに対して，その $C_p(X)$ への作用を対応させる写像

$$\iota\colon T_p(X) \longrightarrow \tau_p(X)$$

は線形写像であり，しかも単射である.　□

$f\in C_p(X)$ が 1 に値を持つ定数関数($f\equiv 1$)であるとき，任意の $\boldsymbol{\omega}\in\tau_p(X)$ に対して $\boldsymbol{\omega}(f)=0$ である．実際，$f=f\cdot f$ であるから

$$\boldsymbol{\omega}(f)=\boldsymbol{\omega}(f\cdot f)=\boldsymbol{\omega}(f)\cdot f(p)+f(p)\cdot\boldsymbol{\omega}(f)=2\boldsymbol{\omega}(f)$$

となって，$\boldsymbol{\omega}(f)=0$ を得る．さらに，$\boldsymbol{\omega}(af)=a\boldsymbol{\omega}(f)$ であることから，任意の定数関数 $h\equiv a$ に対しても $\boldsymbol{\omega}(h)=0$ である.

補題 1.38　$f_1, f_2, h\in C_p(X)$ について

$$f_1(p)=f_2(p)=0$$

であるとき，任意の $\boldsymbol{\omega}\in\tau_p(X)$ に対して

$$\boldsymbol{\omega}(f_1f_2h)=0$$

である.

［証明］　ライプニッツ則を使えば

$$\begin{aligned}\boldsymbol{\omega}(f_1f_2h)&=\boldsymbol{\omega}((f_1f_2)h)\\&=\boldsymbol{\omega}(f_1f_2)\cdot h(p)+f_1(p)f_2(p)\boldsymbol{\omega}(h)\\&=\{\boldsymbol{\omega}(f_1)\cdot f_2(p)+f_1(p)\cdot\boldsymbol{\omega}(f_2)\}h(p)\\&=0.\end{aligned}$$ ∎

ι が同型写像であること，すなわち ι が全射であることを示そう．$p=$

$S(0,0)$ としても一般性を失わない．$f\in C_p(X)$ に対して $f(u,v)=f(S(u,v))$ は原点 $(0,0)$ の近傍で定義された関数となるが，これに補題1.15を適用すると，原点の近傍で定義された滑らかな関数 h_0, g_0, k_0 により

$$f(u,v) = f(0,0)+u\frac{\partial f}{\partial u}(0,0)+v\frac{\partial f}{\partial v}(0,0) \\ +u^2h_0(u,v)+uvg_0(u,v)+v^2k_0(u,v)$$

と書ける．この両辺を X における p の近傍で定義された関数と思って $\boldsymbol{\omega}\in\tau_p(X)$ を作用させると，上の補題1.38により

$$\boldsymbol{\omega}(f) = \frac{\partial f}{\partial u}(0,0)\boldsymbol{\omega}(u)+\frac{\partial f}{\partial v}(0,0)\boldsymbol{\omega}(v) = \boldsymbol{\omega}(u)S_u(f)+\boldsymbol{\omega}(v)S_v(f)\,.$$

すなわち，$\boldsymbol{\omega}=\boldsymbol{\omega}(u)S_u+\boldsymbol{\omega}(v)S_v$ となるから，$\boldsymbol{\omega}$ は $T_p(X)$ の元である．

こうして，線形同型写像 $\iota\colon T_p(X)\longrightarrow\tau_p(X)$ により，接平面 $T_p(X)$ を $\tau_p(X)$ と同一視することができる．$\tau_p(X)$ は，その定義からも分かるように，曲面の内在的データのみを使って記述される対象であるから，結局，接平面 $T_p(X)$ はその見かけ上の外在的性格にもかかわらず，内在的概念なのである．

X が平面であるときは，$T_p(X)$ は X に属する幾何ベクトルの全体であるから p のとり方にはよらずに定まる線形空間である．しかし，点ごとに $T_p(X)$ を区別するほうが都合がよいので，$T_p(X)$ は p を始点とする X に含まれる有向線分の集合と考えることにする．X の任意の幾何ベクトル $\boldsymbol{x}$ に対して，$q-p\,(=pq)=\boldsymbol{x}$ となる $q\in X$ がただ1つ存在するから，このような同一視ができる．

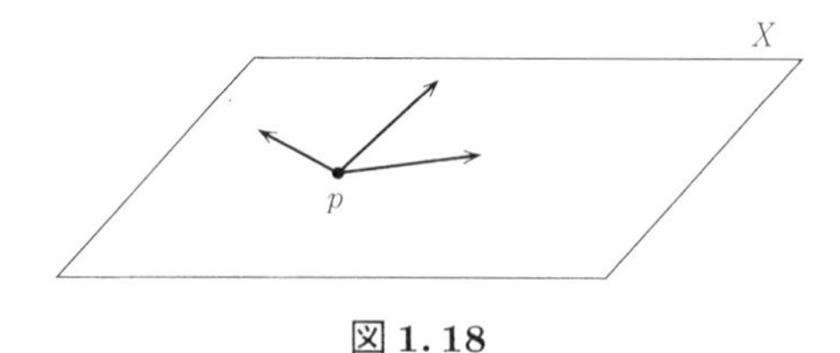

図1.18

(d)　曲面上の計量

2つの接ベクトル $\boldsymbol{\xi},\boldsymbol{\eta}\in T_p(X)$ の内積を $\langle\boldsymbol{\xi},\boldsymbol{\eta}\rangle_p=\langle\boldsymbol{\xi},\boldsymbol{\eta}\rangle$ により定義する．ここで，右辺は $\boldsymbol{E}$ の幾何ベクトルと考えたときの内積である．ベクトルの始点がはっきりしている場合には添字の p は省略することもある．$\langle\ ,\ \rangle_p$ は線形空間 $T_p(X)$ の内積である．各点 p に対して，このように定めた $T_p(X)$ の内積を，**計量**(metric)あるいは**第1基本形式**(the first fundamental form)という．

E,F,G を使って，接ベクトル $\boldsymbol{\xi}=aS_u+bS_v$，$\boldsymbol{\eta}=cS_u+dS_v$ の内積が次のように計算される．

$$\langle\boldsymbol{\xi},\boldsymbol{\eta}\rangle=acE+(ad+bc)F+bdG\,.$$

とくに

$$\|\boldsymbol{\xi}\|^2=\langle\boldsymbol{x},\boldsymbol{x}\rangle=Ea^2+2Fab+Gb^2.$$

したがって，内積は第1基本形式の係数 E,F,G により完全に決まる．

行列を使えば

$$\langle\boldsymbol{\xi},\boldsymbol{\eta}\rangle=(a,b)\begin{pmatrix}E&F\\F&G\end{pmatrix}\begin{pmatrix}c\\d\end{pmatrix}$$

と書くこともできる．

曲面 X の上の曲線 c の長さを求めよう．(1.17)を使えば

$$\|\dot{c}\|^2=\langle\dot{u}S_u+\dot{v}S_v,\ \dot{u}S_u+\dot{v}S_v\rangle=E\dot{u}^2+2F\dot{u}\dot{v}+G\dot{v}^2,$$

よって

$$L(c)=\int_a^b\left\{E\left(\frac{du}{dt}\right)^2+2F\frac{du}{dt}\frac{dv}{dt}+G\left(\frac{dv}{dt}\right)^2\right\}^{1/2}dt$$

となる．ここで形式的に $ds^2=E\,du^2+2F\,dudv+G\,dv^2$ とおくと

$$L(c)=\int_a^b\left\{\left(\frac{ds}{dt}\right)^2\right\}^{1/2}dt=\int_a^b ds$$

と書ける．この意味で ds は曲線の“無限小”の長さを表していると考えられる．古典微分幾何学では，ds^2 を第1基本形式，ds を「線素」とよぶことがある．しかし，第1基本形式の実態は接平面上の内積なのである．

無限小量について

微分や積分を表すライプニッツの記号の自然さもあり，dx や $dxdy$ などにあたかも意味があるかのように計算をする習慣が 18 世紀のヨーロッパで始まった．例えば，関数 $f(x,y)$ に対して

$$df = f_x\,dx + f_y\,dy \qquad \cdots\cdots①$$

という式に意味があるものと考えるのである．第 1 基本形式

$$ds^2 = E\,du^2 + 2F\,dudv + G\,dv^2 \qquad \cdots\cdots②$$

の表し方にも，このような習慣が色濃く反映している．しかし，もともと dx にはそれ自身に意味があるのではなく，$\dfrac{dy}{dx}$ のような微分商(微分係数)を考えるときにはじめて厳密な内容をもつのである．① では，

$$\frac{df}{dt} = f_x\frac{dx}{dt} + f_y\frac{dy}{dt},$$

② では

$$\left(\frac{ds}{dt}\right)^2 = E\left(\frac{du}{dt}\right)^2 + 2F\left(\frac{du}{dt}\right)\left(\frac{dv}{dt}\right) + G\left(\frac{dv}{dt}\right)^2$$

が本来の正しい表現法である．しかし，計算の過程では，① や ② に意味があるとして議論を進めても何ら奇妙なことは起こらないし，むしろ見通しもよく計算には都合がよい．このような観点から，増分 Δx を限りなく小さくした「極限」としての dx には，ただの 0 というものではなく「無限小量」という実態があるのではないかと考えるのも自然であろう．実際，第 3 章で述べる多様体の理論は，① や ② の表現形式に正当性を与えることになる．しかし，それはもとの「無限小量」の考え方から離れることを余儀なくさせる．たとえナイーブな形式としても，「無限小量」の意味をそのまま保持しながら考察することは，発見的手法としても意義のあることと思う．

まったく異なった観点から，「無限小量」に意味を与える試み(超準解析学)もあることを注意しておこう．

§1.7 ガウスの定理

(a) 微分写像

ガウス曲率の「内在性」を明確にいうためには，2 つの曲面の間の写像について扱う必要がある.

2 つの曲面 X_1, X_2 と写像 $\varphi\colon X_1 \longrightarrow X_2$ を考える. X_1 の任意の局所径数表示 $S\colon U \longrightarrow X_1 \subset \boldsymbol{E}$ に対して，合成 $\varphi S\colon U \longrightarrow X_2 \subset \boldsymbol{E}$ が滑らかなとき(すなわち，$\boldsymbol{E}$ の座標を使って $(\varphi S)(u,v) = (z_1(u,v), z_2(u,v), z_3(u,v))$ と表したとき，$z_i(u,v)$ $(i=1,2,3)$ が滑らかな関数であるとき)，φ は**滑らかな写像**といわれる.

滑らかな写像 $\varphi\colon X_1 \longrightarrow X_2$ と各点 $p \in X_1$ に対して，線形写像 $\varphi_{*p}\colon T_p(X_1) \longrightarrow T_{\varphi(p)}(X_2)$ が次のようにして定義される. $\varphi(p)$ の近傍で定義された任意の滑らかな関数 $f \in C_{\varphi(p)}(X_2)$ に対して，合成 $f\varphi$ は p の近傍で定義された滑らかな関数である: $f\varphi \in C_p(X_1)$. 任意の接ベクトル $\boldsymbol{\xi} \in T_p(X_1)$ について，$f\varphi$ への作用 $\boldsymbol{\xi}(f\varphi)$ を考えよう. $f, h \in C_{\varphi(p)}(X_2)$, $a \in \mathbb{R}$ に対して

$$(f+h)\varphi = f\varphi + h\varphi,$$
$$(af)\varphi = a(f\varphi),$$
$$(f\cdot h)\varphi = (f\varphi)\cdot(h\varphi)$$

となるから，対応 $f \longmapsto \boldsymbol{\xi}(f\varphi)$ により定まる写像は線形性とライプニッツ則を満たし，$\varphi(p)$ における X_2 の接平面 $\tau_{\varphi(p)}(X_2) = T_{\varphi(p)}(X_2)$ に属する. これを $\varphi_{*p}(\boldsymbol{\xi})$ により表す: $(\varphi_{*p}(\boldsymbol{\xi}))(f) = \boldsymbol{\xi}(f\varphi)$.

$\varphi_{*p}\colon T_p(X_1) \longrightarrow T_{\varphi(p)}(X_2)$ は線形写像である. 実際 $a, b \in \mathbb{R}$ と $\boldsymbol{\xi}, \boldsymbol{\eta} \in T_p(X_1)$ に対して

$$\begin{aligned}(\varphi_{*p}(a\boldsymbol{\xi}+b\boldsymbol{\eta}))(f) &= (a\boldsymbol{\xi}+b\boldsymbol{\eta})(f\varphi) = a\cdot\boldsymbol{\xi}(f\varphi) + b\cdot\boldsymbol{\eta}(f\varphi) \\ &= a\varphi_{*p}(\boldsymbol{\xi}) + b\varphi_{*p}(\boldsymbol{\eta})\end{aligned}$$

である.

$\varphi_{*p}\colon T_p(X_1) \longrightarrow T_{\varphi(p)}(X_2)$ を φ の p における**微分写像**(differential map)という.

明らかに，恒等写像 $I\colon X \longrightarrow X$ の微分写像 $I_{*p}\colon T_p(X) \longrightarrow T_p(X)$ は恒等写像である．

点 $p \in X_1$ に対して，X_1 上の滑らかな曲線 $c_1\colon (-\varepsilon, \varepsilon) \longrightarrow X_1$ で，$c_1(0) = p$ となるものを考える．ここで c_1 の像は $S_1(U_1)$ に含まれるとする．このとき合成写像 $c_2 = \varphi c_1\colon (-\varepsilon, \varepsilon) \longrightarrow X_2$ は $c_2(0) = \varphi(p)$ を満たす X_2 上の滑らかな曲線である．次の補題は，微分写像の直観的記述を与える．

補題 1.39

$$\varphi_{*p}(\dot{c}_1(0)) = \dot{c}_2(0)\,.$$

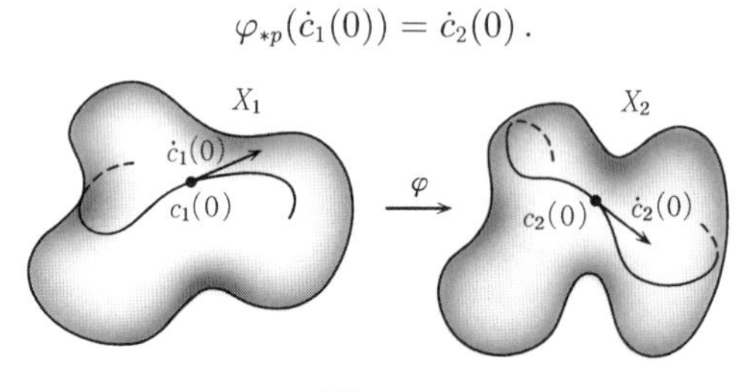

図 1.19

［証明］　任意の $f \in C_{\varphi(p)}(X_2)$ に対して

$$\begin{aligned}(\varphi_{*p}(\dot{c}(0)))(f) &= \dot{c}_1(0)(f\varphi) \\ &= \frac{d}{dt}(f\varphi)(c_1(t))\Big|_{t=0} = \frac{d}{dt} f c_2(t)\Big|_{t=0} \\ &= \dot{c}_2(0)(f)\end{aligned}$$

が成り立つから，主張を得る． ∎

問 4　X_1, X_2 を平面の開集合とする．このとき，滑らかな写像 $\varphi\colon X_1 \longrightarrow X_2$ に対して

$$\varphi_{*p}(\boldsymbol{\xi}) = \lim_{t\to 0} \frac{1}{t}\{\varphi(p+t\boldsymbol{\xi}) - \varphi(p)\}$$

となることを示せ．（ヒント．上の補題において，$c_1(t) = p + t\boldsymbol{\xi}$ とする．）

$S_1\colon U_1 \longrightarrow X_1$，$S_2\colon U_2 \longrightarrow X_2$ を，それぞれ $p \in S_1(U_1)$，$f(p) \in S_2(U_2)$ となる局所径数表示としよう．必要ならば U_1 を小さくとれば $\varphi(S_1(U_1)) \subset S_2(U_2)$

と仮定して差し支えない．このとき $S_2^{-1}\varphi S_1$ は U_1 から U_2 への滑らかな写像である．

$$(S_2^{-1}\varphi S_1)(u,v) = (z(u,v),\, w(u,v))$$

と表すことにする．分かりやすくいえば，対応 $(u,v)\longmapsto(z(u,v),\, w(u,v))$ は写像 φ を局所座標で表現したものにほかならない．これを φ の**局所座標表示**という．

$c_1(t)=S_1(u(t),v(t))$ と表すとき，

$$\begin{aligned} c_2(t) &= S_2S_2^{-1}\varphi S_1(u(t),v(t)) \\ &= S_2(z(u(t),v(t)),w(u(t),v(t))) \end{aligned}$$

であるから，t で微分すれば

$$\dot{c}_2 = (z_u\dot{u}+z_v\dot{v})(S_2)_z+(w_u\dot{u}+w_v\dot{v})(S_2)_w$$

を得る．よって，$a,b\in\mathbb{R}$ に対して

$$\varphi_{*p}(a(S_1)_u+b(S_1)_v) = (z_ua+z_vb)(S_2)_z+(w_ua+w_vb)(S_2)_w$$

が成り立つ．このことから，$T_p(X_1)$ の基底 $(S_1)_u,(S_1)_v$ と $T_{\varphi(p)}(X_2)$ の基底 $(S_2)_z,(S_2)_w$ に関する φ_{*p} の行列表示は

$$\begin{pmatrix} z_u & z_v \\ w_u & w_v \end{pmatrix} = \frac{D(z,w)}{D(u,v)}$$

である．

例題 1.40 2つの滑らかな写像 $\varphi\colon X_1\longrightarrow X_2$, $\psi\colon X_2\longrightarrow X_3$ に対して

$$(\psi\varphi)_{*p} = \psi_{*\varphi(p)}\varphi_{*p}$$

が成り立つことを示せ．

［解］ $q=\psi(\varphi(p))$ とするとき，任意の $f\in C_q(X_3)$ に対して，

$$\begin{aligned} ((\psi\varphi)_{*p}(\boldsymbol{\xi}))(f) = \boldsymbol{\xi}(f\psi\varphi) = (\varphi_{*p}(\boldsymbol{\xi}))(f\psi) &= (\psi_{*\varphi(p)}(\varphi_{*p}(\boldsymbol{\xi})))(f) \\ &= (\psi_{*\varphi(p)}\varphi_{*p}(\boldsymbol{\xi}))(f) \end{aligned}$$

が成り立つ． ∎

滑らかな写像 $\varphi\colon X_1\longrightarrow X_2$ が全単射であり，しかも逆写像 φ^{-1} も滑らかなとき，f を**微分同型写像**(diffeomorphism)という．このとき，上の例題から

$$(\varphi^{-1})_{*\varphi(p)}\varphi_{*p} = I_{*p} \qquad (I \text{ は } X_1 \text{ の恒等写像}),$$
$$\varphi_{*p}(\varphi^{-1})_{*\varphi(p)} = I_{*\varphi(p)} \qquad (I \text{ は } X_2 \text{ の恒等写像})$$

であるから，φ_{*p} は各点 p で線形同型写像になり，しかも

$$(\varphi_{*p})^{-1} = (\varphi^{-1})_{*\varphi(p)}$$

となる．

定義 1.41　微分同型写像 $\varphi\colon X_1 \longrightarrow X_2$ の各点 p における微分写像 φ_{*p} が接平面の間のユニタリ同型写像であるとき，φ を**等距離同型写像**(isometry)という．このとき X_1 と X_2 は**等距離同型**であるといわれる．　□

直観的にいえば，X_1 と X_2 が等距離同型であるのは，X_1 と X_2 の間に「伸び縮み」のない対応があることを意味する(古典微分幾何学では，X_1 は X_2 に展開可能といういい方をする)．次の補題は，この直観を補強する．

補題 1.42　微分同型写像 $\varphi\colon X_1 \longrightarrow X_2$ が等距離同型写像であるための必要十分条件は，X_1 上の任意の滑らかな曲線 $c_1\colon I \longrightarrow X_1$ に対して

$$L(\varphi c_1) = L(c_1)$$

が成り立つことである．すなわち，曲線の長さを保つ微分同型写像が等距離同型写像である．

[証明]　$c_2 = \varphi c_1$ とおくと，補題 1.39 により $\dot{c}_2(t) = \varphi_{*c_1(t)}(\dot{c}_1(t))$ がすべての $t \in I$ について成り立つ．よって φ が等距離同型写像であれば

$$\|\dot{c}_2(t)\| = \|\varphi_{*c_1(t)}(\dot{c}_1(t))\| = \|\dot{c}_1(t)\|$$

となるから，長さの定義により $L(c_2) = L(c_1)$．

逆に，$L(\varphi c_1) = L(c_1)$ が任意の c_1 に対して成り立つと仮定しよう．任意の $p \in X_1$ と任意の接ベクトル $\boldsymbol{\xi} \in T_p(X_1)$ に対して，$\dot{c}_1(0) = \boldsymbol{\xi}$ となる曲線 $c_1\colon [0,1] \longrightarrow X_1$ をとる．仮定から任意の $t \geqq 0$ に対して

$$\int_0^t \|\varphi_{*c_1(t)}(\dot{c}_1(t))\| dt = \int_0^t \|\dot{c}_1(t)\| dt$$

が成り立つから，両辺を $t = 0$ で微分して

$$\|\varphi_{*c_1(0)}(\dot{c}_1(0))\| = \|\dot{c}_1(0)\|$$

を得る．これは $\|\varphi_{*p}(\boldsymbol{\xi})\| = \|\boldsymbol{\xi}\|$ を意味するから，φ_{*p} はユニタリ同型写像で

ある. ∎

第1基本形式の係数を使った条件を述べよう.

補題1.43　微分同型写像 $\varphi\colon X_1 \longrightarrow X_2$ が等距離同型写像であるための必要十分条件は, $\varphi(S_1(U_1)) \subset S_2(U_2)$ を満たす任意の局所径数表示 $S_1\colon U_1 \longrightarrow X_1$, $S_2\colon U_2 \longrightarrow X_2$ に対して, E_1, F_1, G_1 および E_2, F_2, G_2 をそれぞれの第1基本形式の係数とするとき

$$\begin{pmatrix} E_1 & F_1 \\ F_1 & G_1 \end{pmatrix} = \begin{pmatrix} z_u & w_u \\ z_v & w_v \end{pmatrix} \begin{pmatrix} E_2 & F_2 \\ F_2 & G_2 \end{pmatrix} \begin{pmatrix} z_u & z_v \\ w_u & w_v \end{pmatrix}$$
$$= {}^t\!\left(\frac{D(z,w)}{D(u,v)}\right) \begin{pmatrix} E_2 & F_2 \\ F_2 & G_2 \end{pmatrix} \frac{D(z,w)}{D(u,v)}$$

が成り立つことである. ここで $w = w(u,v)$, $z = z(u,v)$ は φ の局所座標表示である.

[証明]　第1基本形式の係数の座標変換公式の求め方を参照すればよい. ∎

微分同型写像 $\varphi\colon X_1 \longrightarrow X_2$ と, X_1 の局所径数表示 $S_1\colon U \longrightarrow X_1$ に対して, 合成 $S_2 = \varphi S_1\colon U \longrightarrow X_2$ は X_2 の局所径数表示である. この S_1, S_2 を使った φ の局所座標表示は, $z = u$, $w = v$ となる. そして, φ が等距離同型写像であるための条件は

$$E_1 = E_2, \quad F_1 = F_2, \quad G_1 = G_2 \tag{1.18}$$

という簡単な形になる. 逆に, 定義域が同じ局所径数表示 $S_1\colon U \longrightarrow X_1$, $S_2\colon U \longrightarrow X_2$ に対して, (1.18)が成り立つとき, $\varphi(S_1(u,v)) = S_2(u,v)$ とおいて $\varphi\colon S_1(U) \longrightarrow S_2(U)$ を定義すると, φ は等距離同型写像である. この形の条件は後で使われる.

例1.44　放物柱面は平面と等距離同型である.

直観的には, 放物柱面 X_1 を伸び縮みなく平面 X_2 に変形させたとき, X_1 の点 p に対応する X_2 の点を $\varphi(p)$ とおけば, φ が等距離同型写像である(図1.4).

これを厳密に示すため, 一般に関数 $z = h(x)$ のグラフの作る曲面 $X_1 = \{(x, y, h(x)) \mid x, y \in \mathbb{R}\}$ を考えよう(放物柱面の場合には $h(x) = ax^2$).

$$\varphi(x,y,h(x)) = (g(x),y,0)$$
$$g(x) = \int_0^x \{1+h'(x)^2\}^{1/2}dx$$

とおく．φ は X_1 から平面 $X_2=\{(x,y,0)\,|\,x,y\in\mathbb{R}\}$ への微分同型写象である ($g(x)$ は，曲線 $z=h(t)$, $y=a$ $(0\leqq t\leqq x)$ の長さである)．

$$S_1(u,v) = (u,v,h(u)), \quad S_2(z,w) = (z,w,0)$$

とすると，S_1, S_2 はそれぞれ X_1, X_2 の径数表示である．φ の座標表示は

$$z = g(u), \quad w = v$$

であるから

$$\frac{D(z,w)}{D(u,v)} = \begin{pmatrix} g'(u) & 0 \\ 0 & 1 \end{pmatrix}, \quad g'(u) = \{1+h'(u)^2\}^{1/2}$$

一方，

$$\begin{pmatrix} E_1 & F_1 \\ F_1 & G_1 \end{pmatrix} = \begin{pmatrix} 1+h'(u)^2 & 0 \\ 0 & 1 \end{pmatrix}, \quad \begin{pmatrix} E_2 & F_2 \\ F_2 & G_2 \end{pmatrix} = \begin{pmatrix} 1 & 0 \\ 0 & 1 \end{pmatrix}$$

であるから(例1.29)，補題1.43により，φ は等距離同型写像である．　□

次の定理は，ガウス曲率が曲面の「内在的」量であることを示す．

定理1.45 (ガウス)　曲面 X_1, X_2 のガウス曲率をそれぞれ K_1, K_2 とする．$\varphi\colon X_1 \longrightarrow X_2$ が等距離同型写像とするとき，$K_2(\varphi(p)) = K_1(p)$ が任意の点 $p\in X_1$ に対して成り立つ．　□

この定理はガウス自身が "theorema egregium"(驚異の定理)とよんだものである．実際，古典的曲面論の数ある定理の中でも最高峰に位置する結果である．そして，ガウスが天文学者のハンセンに手紙で書いたように(1825年),「空間の形而上学に関連する」内容を帯びたものなのである．これまでの議論からも理解されるように，曲面の形状からは雑多な量が導き出され，どれが本質的に「内在的」なものなのかを見定めることは容易ではない．天才ガウスは，その中から最も重大な鍵を発見し，まさに現代幾何学への扉を開いたといえる．

ガウスの定理を証明する前に，寄り道をしよう．

(b)　地図の問題

地球は丸い．それを縮尺した球面を(一部分でも)平面上に再現しようというのが地図の基本的な考え方である．しかし，ガウスの定理は，「完全な地図」は存在しないことをいっている．ここで「完全な地図」とは，球面上の距離や角度が保たれるように作られた地図のことである．言い換えれば，「伸び縮み」がないように球面の一部分を平面に写すことができれば，「完全な地図」ができあがる．このような地図が存在すれば，航海などで便利なことはいうまでもない．しかし，球面のガウス曲率はいたるところ正であり，一方平面のガウス曲率は0である．よって，ガウスの定理により，球面のどんな部分も等距離同型で平面に写すことはできない．すなわち，「完全な地図」は存在しないのである．

しかし，一歩譲って，角度のみを保つような地図ではどうか．方向を定めるのに，地図上の角度がそのまま使えれば，実際の航海では十分機能を果たす．実は，そのような地図は存在する．例えば，メルカトール図法を用いて作られた地図がそうである(図1.20，演習問題1.9参照)．

「角度を保つ」ということの数学的意味を説明するのに，再び微分同型写像 $\varphi\colon X_1 \longrightarrow X_2$ を考えよう．φ が角度を保つとは，任意の点 $p \in X_1$ と2つの

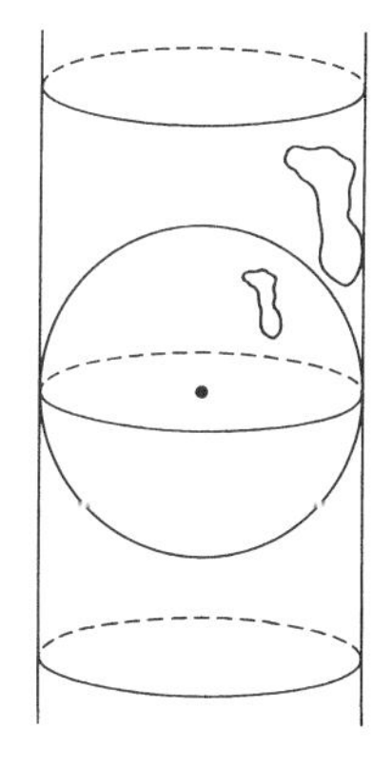

図1.20

任意の接ベクトル $\boldsymbol{\xi}, \boldsymbol{\eta} \in T_p(X_1)$ に対して，$\boldsymbol{\xi}, \boldsymbol{\eta}$ がなす角度と，$\varphi_{*p}(\boldsymbol{\xi}), \varphi_{*p}(\boldsymbol{\eta})$ のなす角度が等しいこととする．θ を $\boldsymbol{\xi}, \boldsymbol{\eta}$ がなす角度とすれば

$$\langle \boldsymbol{\xi}, \boldsymbol{\eta} \rangle = \|\boldsymbol{\xi}\| \|\boldsymbol{\eta}\| \cos\theta$$

であるから，条件は

$$\frac{\langle \varphi_{*p}(\boldsymbol{\xi}), \varphi_{*p}(\boldsymbol{\eta}) \rangle}{\|\varphi_{*p}(\boldsymbol{\xi})\| \|\varphi_{*p}(\boldsymbol{\eta})\|} = \frac{\langle \boldsymbol{\xi}, \boldsymbol{\eta} \rangle}{\|\boldsymbol{\xi}\| \|\boldsymbol{\eta}\|} \tag{1.19}$$

と表すことができる．すなわち

$$\langle \varphi_{*p}(\boldsymbol{\xi}), \varphi_{*p}(\boldsymbol{\eta}) \rangle = \frac{\|\varphi_{*p}(\boldsymbol{\xi})\| \|\varphi_{*p}(\boldsymbol{\eta})\|}{\|\boldsymbol{\xi}\| \|\boldsymbol{\eta}\|} \langle \boldsymbol{\xi}, \boldsymbol{\eta} \rangle .$$

とくに，$\langle \boldsymbol{\xi}, \boldsymbol{\eta} \rangle = 0$ ならば $\langle \varphi_{*p}(\boldsymbol{\xi}), \varphi_{*p}(\boldsymbol{\eta}) \rangle = 0$ である．ここで，任意の $\boldsymbol{\xi}, \boldsymbol{\zeta} \in T_p(X)$ ($\boldsymbol{\xi} \neq \mathbf{0}$, $\boldsymbol{\zeta} \neq \mathbf{0}$, $\boldsymbol{\xi} \neq \boldsymbol{\zeta}$) に対して，$\langle \boldsymbol{\zeta} - \boldsymbol{\xi}, \boldsymbol{\eta} \rangle = 0$ となる $\boldsymbol{\eta} \in T_p(X)$ ($\boldsymbol{\eta} \neq \mathbf{0}$) をとれば，

$$\begin{aligned}
\langle \varphi_{*p}(\boldsymbol{\zeta}),\, \varphi_{*p}(\boldsymbol{\eta}) \rangle &= \langle \varphi_{*p}(\boldsymbol{\xi} + (\boldsymbol{\zeta} - \boldsymbol{\xi})),\, \varphi_{*p}(\boldsymbol{\eta}) \rangle \\
&= \langle \varphi_{*p}(\boldsymbol{\xi}),\, \varphi_{*p}(\boldsymbol{\eta}) \rangle + \langle \varphi_{*p}(\boldsymbol{\zeta} - \boldsymbol{\xi}),\, \varphi_{*p}(\boldsymbol{\eta}) \rangle \\
&= \langle \varphi_{*p}(\boldsymbol{\xi}),\, \varphi_{*p}(\boldsymbol{\eta}) \rangle
\end{aligned}$$

であるから，

$$\frac{\|\varphi_{*p}(\boldsymbol{\zeta})\| \|\varphi_{*p}(\boldsymbol{\eta})\|}{\|\boldsymbol{\zeta}\| \|\boldsymbol{\eta}\|} \langle \boldsymbol{\zeta}, \boldsymbol{\eta} \rangle = \frac{\|\varphi_{*p}(\boldsymbol{\xi})\| \|\varphi_{*p}(\boldsymbol{\eta})\|}{\|\boldsymbol{\xi}\| \|\boldsymbol{\eta}\|} \langle \boldsymbol{\xi}, \boldsymbol{\eta} \rangle .$$

ここで $\langle \boldsymbol{\zeta}, \boldsymbol{\eta} \rangle = \langle \boldsymbol{\xi}, \boldsymbol{\eta} \rangle$ に注意すれば

$$\frac{\|\varphi_{*p}(\boldsymbol{\zeta})\|}{\|\boldsymbol{\zeta}\|} = \frac{\|\varphi_{*p}(\boldsymbol{\xi})\|}{\|\boldsymbol{\xi}\|}$$

となる．すなわち，$\|\varphi_{*p}(\boldsymbol{\xi})\| / \|\boldsymbol{\xi}\|$ は $\boldsymbol{\xi}$ にはよらない．この値を $\lambda(p)$ とおけば，X_1 上の正値関数 $\lambda = \lambda(p)$ が得られる．そして

$$\langle \varphi_{*p}(\boldsymbol{\xi}), \varphi_{*p}(\boldsymbol{\eta}) \rangle = \lambda(p)^2 \langle \boldsymbol{\xi}, \boldsymbol{\eta} \rangle \tag{1.20}$$

が成り立つことがわかる．逆に，(1.20)を満たすような $\lambda(p)$ が存在すれば，(1.19)が成り立つことは容易に確かめられる．

定義 1.46　$\langle \varphi_{*p}(\boldsymbol{\xi}), \varphi_{*p}(\boldsymbol{\eta}) \rangle = \lambda(p)^2 \langle \boldsymbol{\xi}, \boldsymbol{\eta} \rangle$ がすべての $\boldsymbol{\xi}, \boldsymbol{\eta} \in T_p(X)$ ($p \in X$) に対して成り立つような正値関数 $\lambda = \lambda(p)$ が存在するとき，φ を**共形写像** (conformal map) という．そして，X_1 と X_2 の間に共形写像 $\varphi\colon X_1 \longrightarrow X_2$

が存在するとき，X_1 と X_2 は**共形同値**であるといわれる． □

第1基本形式の係数を使えば，φ が共形写像であるための条件は，

$$\lambda^2\begin{pmatrix} E_1 & F_1 \\ F_1 & G_1 \end{pmatrix} = {}^t\left(\frac{D(z,w)}{D(u,v)}\right)\begin{pmatrix} E_2 & F_2 \\ F_2 & G_2 \end{pmatrix}\frac{D(z,w)}{D(u,v)}$$

が成り立つことである．ここで $w=w(u,v)$, $z=z(u,v)$ は φ の局所座標表示である．

注意 1.47 任意の曲面は，局所的には平面の開集合と共形であることが知られている．

(c) ガウスの定理の証明

ガウス曲率 K が曲面 X にはよらない有理関数 k により

$$K = k(E, F, G, E_u, F_u, G_u, \cdots, E_{uv}, \cdots, G_{vv})$$

と表されることを示す．すなわち，ガウス曲率は，第1基本形式の係数の2階までの偏微分係数を使って書き表すことができる．この結果を認めたうえでガウスの定理を証明するには，次のようにすればよい．$\varphi\colon X_1 \longrightarrow X_2$ が等距離同型写像であるとき，X_1 の局所径数表示 $S_1\colon U \longrightarrow X_1$ と，合成 $S_2 = \varphi S_1\colon U \longrightarrow X_2$ による X_2 の局所径数表示を考える．この S_1, S_2 に対する第1基本形式の係数をそれぞれ $\{E_1, F_1, G_1\}, \{E_2, F_2, G_2\}$ とすると，前に注意したように，U 上で

$$E_1 = E_2, \quad F_1 = F_2, \quad G_1 = G_2$$

である．よって E_1, F_1, G_1 の任意の階数の偏微分係数は，対応する E_2, F_2, G_2 の偏微分係数に等しい．さらに，$p=S_1(u,v)$ のとき，$\varphi(p)=S_2(u,v)$ であるから

$$K_1(p) = K_1(u,v) = K_2(u,v) = K_2(\varphi(p))$$

である．

まず準備を行う．前にも使った単位法ベクトル場 $\boldsymbol{n}(u,v) = \|S_u \times S_v\|^{-1} S_u \times S_v$ を考える．各点 $p=S(u,v)$ において，ベクトル $S_u, S_v, \boldsymbol{n}$ は線形独立である．これから行うことは，$S_u, S_v, \boldsymbol{n}$ を偏微分したものを，基底である $S_u, S_v, \boldsymbol{n}$ の線形結合で表したときの係数を求めることである．

$\langle \boldsymbol{n}, \boldsymbol{n} \rangle \equiv 1$ の両辺を微分すれば

$$\langle \boldsymbol{n}_u, \boldsymbol{n} \rangle = 0, \quad \langle \boldsymbol{n}_v, \boldsymbol{n} \rangle = 0$$

を得る．よって，$\boldsymbol{n}_u, \boldsymbol{n}_v$ はそれぞれ S_u, S_v の線形結合で表される：

$$\boldsymbol{n}_u = aS_u + bS_v, \quad \boldsymbol{n}_v = cS_u + dS_v. \tag{1.21}$$

係数 a, b, c, d を求めよう．$\langle S_u, \boldsymbol{n} \rangle \equiv 0$, $\langle S_v, \boldsymbol{n} \rangle \equiv 0$ のそれぞれの両辺を微分して

$$\begin{aligned}
0 = \langle S_u, \boldsymbol{n} \rangle_u = \langle S_{uu}, \boldsymbol{n} \rangle + \langle S_u, \boldsymbol{n}_u \rangle \quad &\Longrightarrow \quad \langle S_u, \boldsymbol{n}_u \rangle = -L \\
0 = \langle S_u, \boldsymbol{n} \rangle_v = \langle S_{uv}, \boldsymbol{n} \rangle + \langle S_u, \boldsymbol{n}_v \rangle \quad &\Longrightarrow \quad \langle S_u, \boldsymbol{n}_v \rangle = -M \\
0 = \langle S_v, \boldsymbol{n} \rangle_u = \langle S_{vu}, \boldsymbol{n} \rangle + \langle S_v, \boldsymbol{n}_u \rangle \quad &\Longrightarrow \quad \langle S_v, \boldsymbol{n}_u \rangle = -M \\
0 = \langle S_v, \boldsymbol{n} \rangle_v = \langle S_{vv}, \boldsymbol{n} \rangle + \langle S_v, \boldsymbol{n}_v \rangle \quad &\Longrightarrow \quad \langle S_v, \boldsymbol{n}_v \rangle = -N
\end{aligned}$$

を得る．これと(1.21)を併せて使えば

$$\begin{aligned}
\langle S_u, \boldsymbol{n}_u \rangle = a\langle S_u, S_u \rangle + b\langle S_u, S_v \rangle \quad &\Longrightarrow \quad -L = aE + bF \\
\langle S_v, \boldsymbol{n}_u \rangle = a\langle S_v, S_u \rangle + b\langle S_v, S_v \rangle \quad &\Longrightarrow \quad -M = aF + bG \\
\langle S_u, \boldsymbol{n}_v \rangle = c\langle S_u, S_u \rangle + d\langle S_u, S_v \rangle \quad &\Longrightarrow \quad -M = cE + dF \\
\langle S_v, \boldsymbol{n}_v \rangle = c\langle S_v, S_u \rangle + d\langle S_v, S_v \rangle \quad &\Longrightarrow \quad -N = cF + dG
\end{aligned}$$

これから a, b, c, d が求まり，結局

$$\begin{aligned}
\boldsymbol{n}_u &= g^{-1}\{(FM - GL)S_u + (FL - EM)S_v\}, \\
\boldsymbol{n}_v &= g^{-1}\{(FN - GM)S_u + (FM - EN)S_v\}
\end{aligned} \tag{1.22}$$

が得られる($g = EG - F^2$)．この公式はワインガルテン(Weingarten)が1861年に発見したものである．

次に，

$$\begin{aligned}
S_{uu} &= \Gamma_{11}^1 S_u + \Gamma_{11}^2 S_v + \alpha \boldsymbol{n}, \\
S_{uv} &= \Gamma_{12}^1 S_u + \Gamma_{12}^2 S_v + \beta \boldsymbol{n}, \\
S_{vv} &= \Gamma_{22}^1 S_u + \Gamma_{22}^2 S_v + \gamma \boldsymbol{n}
\end{aligned} \tag{1.23}$$

とおく．$\boldsymbol{n}$ と(1.23)のそれぞれの式との内積をとり，$\boldsymbol{n}$ が S_u, S_v と直交することと L, M, N の定義を用いれば

$$\alpha = L, \quad \beta = M, \quad \gamma = N$$

となることがわかる．

残りの係数を求めるため，再び内積を考えて

$$\langle S_{uu}, S_u\rangle = \Gamma_{11}^1\langle S_u, S_u\rangle + \Gamma_{11}^2\langle S_v, S_u\rangle = \Gamma_{11}^1 E + \Gamma_{11}^2 F,$$

$$\langle S_{uu}, S_v\rangle = \Gamma_{11}^1\langle S_u, S_v\rangle + \Gamma_{11}^2\langle S_v, S_v\rangle = \Gamma_{11}^1 F + \Gamma_{11}^2 G$$

に注意する．この連立方程式を解けば，

$$\Gamma_{11}^1 = g^{-1}(G\langle S_{uu}, S_u\rangle - F\langle S_{uu}, S_v\rangle), \quad \Gamma_{11}^2 = g^{-1}(E\langle S_{uu}, S_v\rangle - F\langle S_{uu}, S_u\rangle).$$

同様に

$$\Gamma_{12}^1 = g^{-1}(G\langle S_{uv}, S_u\rangle - F\langle S_{uv}, S_v\rangle), \quad \Gamma_{12}^2 = g^{-1}(E\langle S_{uv}, S_v\rangle - F\langle S_{uv}, S_u\rangle),$$

$$\Gamma_{22}^1 = g^{-1}(G\langle S_{vv}, S_u\rangle - F\langle S_{vv}, S_v\rangle), \quad \Gamma_{22}^2 = g^{-1}(E\langle S_{vv}, S_v\rangle - F\langle S_{vv}, S_u\rangle).$$

一方，

$$\langle S_u, S_u\rangle_u = 2\langle S_{uu}, S_u\rangle \quad \Longrightarrow \quad \langle S_{uu}, S_u\rangle = \frac{1}{2}E_u,$$

$$\langle S_u, S_v\rangle_u = \langle S_{uu}, S_v\rangle + \langle S_u, S_{uv}\rangle = \langle S_{uu}, S_v\rangle + \frac{1}{2}\langle S_u, S_u\rangle_v$$

$$\Longrightarrow \quad \langle S_{uu}, S_v\rangle = F_u - \frac{1}{2}E_v$$

となるから，

$$\Gamma_{11}^1 = \frac{1}{2}g^{-1}(GE_u - 2FF_u + FE_v), \quad \Gamma_{11}^2 = \frac{1}{2}g^{-1}(2EF_u - EE_v - FE_u)$$

を得る．同様に

$$\langle S_{uv}, S_u\rangle = \frac{1}{2}E_v, \quad \langle S_{uv}, S_v\rangle = \frac{1}{2}G_u,$$

$$\langle S_{vv}, S_u\rangle = F_v - \frac{1}{2}G_u, \quad \langle S_{vv}, S_v\rangle = \frac{1}{2}G_v$$

となることを使って，

$$\Gamma_{12}^1 = \frac{1}{2}g^{-1}(GE_v - FG_u), \quad \Gamma_{12}^2 = \frac{1}{2}g^{-1}(EG_u - FE_v),$$

$$\Gamma_{22}^1 = \frac{1}{2}g^{-1}(2GF_v - GG_u - FG_v), \quad \Gamma_{22}^2 = \frac{1}{2}g^{-1}(EG_v - 2FF_v + FG_u).$$

Γ_{jk}^i は**クリストッフェル**(Christoffel)**の記号**と呼ばれる．(1.23)に戻ろう．もう一度(1.23)の u, v に関する偏微分をとり，その結果 $S_{uu}, S_{uv}, S_{vv}, \boldsymbol{n}_u, \boldsymbol{n}_v$ が

現れれば，それらに(1.22), (1.23)を代入する：

$$
\begin{aligned}
(S_{uu})_v &= (\Gamma_{11}^1)_v S_u + \Gamma_{11}^1 S_{uv} + (\Gamma_{11}^2)_v S_v + \Gamma_{11}^2 S_{vv} + L_v \boldsymbol{n} + L\boldsymbol{n}_v \\
&= (\Gamma_{11}^1)_v S_u + \Gamma_{11}^1(\Gamma_{12}^1 S_u + \Gamma_{12}^2 S_v + M\boldsymbol{n}) + (\Gamma_{11}^2)_v S_v \\
&\quad + \Gamma_{11}^2(\Gamma_{22}^1 S_u + \Gamma_{22}^2 S_v + N\boldsymbol{n}) + L_v \boldsymbol{n} + L(cS_u + dS_v) \\
&= \{(\Gamma_{11}^1)_v + \Gamma_{11}^1\Gamma_{12}^1 + \Gamma_{11}^2\Gamma_{22}^1 + cL)S_u \\
&\quad + \{(\Gamma_{11}^2)_v + \Gamma_{11}^1\Gamma_{12}^2 + \Gamma_{11}^2\Gamma_{22}^2 + dL\}S_v \\
&\quad + (\Gamma_{11}^1 M + \Gamma_{11}^2 N + L_v)\boldsymbol{n} \\
(S_{uv})_u &= (\Gamma_{12}^1)_u S_u + \Gamma_{12}^1 S_{uu} + (\Gamma_{12}^2)_u S_v + \Gamma_{12}^2 S_{vu} + M_u \boldsymbol{n} + M\boldsymbol{n}_u \\
&= (\Gamma_{12}^1)_u S_u + \Gamma_{12}^1(\Gamma_{11}^1 S_u + \Gamma_{11}^2 S_v + L\boldsymbol{n}) + (\Gamma_{12}^2)_u S_v \\
&\quad + \Gamma_{12}^2(\Gamma_{12}^1 S_u + \Gamma_{12}^2 S_v + M\boldsymbol{n}) + M_u \boldsymbol{n} + M(aS_u + bS_v) \\
&= \{(\Gamma_{12}^1)_u + \Gamma_{12}^1\Gamma_{11}^1 + \Gamma_{12}^2\Gamma_{12}^1 + aM)S_u \\
&\quad + \{(\Gamma_{12}^2)_u + \Gamma_{12}^1\Gamma_{11}^2 + \Gamma_{12}^2\Gamma_{12}^2 + bM)S_v \\
&\quad + (\Gamma_{12}^1 L + \Gamma_{12}^2 M + M_u)\boldsymbol{n}.
\end{aligned}
$$

ところで $(S_{uu})_v = (S_{uv})_u$ であるから，$S_u, S_v, \boldsymbol{n}$ の線形独立性から，$S_u, S_v, \boldsymbol{n}$ の対応する係数は等しくなければならないことに注意して

$$
(\Gamma_{11}^1)_v + \Gamma_{11}^1\Gamma_{12}^1 + \Gamma_{11}^2\Gamma_{22}^1 + cL = (\Gamma_{12}^1)_u + \Gamma_{12}^1\Gamma_{11}^1 + \Gamma_{12}^2\Gamma_{12}^1 + aM \quad (1.24)
$$

$$
(\Gamma_{11}^2)_v + \Gamma_{11}^1\Gamma_{12}^2 + \Gamma_{11}^2\Gamma_{22}^2 + dL = (\Gamma_{12}^2)_u + \Gamma_{12}^1\Gamma_{11}^2 + \Gamma_{12}^2\Gamma_{12}^2 + bM \quad (1.25)
$$

$$
\Gamma_{11}^1 M + \Gamma_{11}^2 N + L_v = \Gamma_{12}^1 L + \Gamma_{12}^2 M + M_u
$$

という関係式を得る．

ここで(1.25)に注目する．

$$
b = g^{-1}(FL - EM), \quad d = g^{-1}(FM - EN)
$$

を使えば

$$
\begin{aligned}
dL - bM &= g^{-1}\{(FM - EN)L - (FL - EM)M\} \\
&= g^{-1}E(M^2 - LN) = -EK
\end{aligned}
$$

であるから，(1.25)により

$$
\begin{aligned}
EK &= (\Gamma_{11}^2)_v + \Gamma_{11}^1\Gamma_{12}^2 + \Gamma_{11}^2\Gamma_{22}^2 - (\Gamma_{12}^2)_u - \Gamma_{12}^1\Gamma_{11}^2 - \Gamma_{12}^2\Gamma_{12}^2, \\
K &= E^{-1}((\Gamma_{11}^2)_v + \Gamma_{11}^1\Gamma_{12}^2 + \Gamma_{11}^2\Gamma_{22}^2 - (\Gamma_{12}^2)_u - \Gamma_{12}^1\Gamma_{11}^2 - \Gamma_{12}^2\Gamma_{12}^2)
\end{aligned}
$$

となる．この最後の式の右辺は，第1基本形式の係数の2階までの偏微分係数(の有理関数)で表されていることに注意しよう．

こうして，ガウスの定理の証明は完成した．振り返れば，最後の段階の第2基本形式の係数が消え去るところでまさに僥倖に恵まれたといってもよい．それは，長い間暗闇を手探りで進み，あるとき突然目の前に光が射し込んでくる情景を彷彿とさせる．

しかし，これを僥倖としてすましてしまえば，現代幾何学の美しい花園にはいたらない．そのからくりを，ガウスの天才なしでも理解できる明白な形にすることが必要なのである．そして，このことこそが第3章の目標である．

(d) 曲面の表面積

曲面 $X=S(U)$ の表面積を求めよう．

$p=S(u,v)$ において，$S_0(x,y)=p+xS_u+yS_v$ とおくと，S_0 は，曲面 X の p における接平面の局所径数表示を表す．微小平行4辺形

$$S_0(\{(x,y);\,0\leqq x\leqq \Delta u,\ 0\leqq y\leqq \Delta v\})$$

は，曲面 S の微小部分

$$S(\{(x,y);\,u\leqq x\leqq u+\Delta u,\ v\leqq y\leqq v+\Delta v\})$$

を近似しているから，その表面積は微小平行4辺形の面積

$$(\langle S_u,S_u\rangle\langle S_v,S_v\rangle-\langle S_u,S_v\rangle^2)^{1/2}\Delta u\Delta v=\sqrt{EG-F^2}\,\Delta u\Delta v$$

が近似していると考えてよい．よって曲面 $X=S(U)$ の表面積は積分

$$\iint_U \sqrt{EG-F^2}\,dudv$$

により与えられる．

曲面 $S(U)=X$ 上で定義された関数 $f\colon X\longrightarrow\mathbb{R}$ に対して f の積分を

$$\iint_U f(S(u,v))\sqrt{EG-F^2}\,dudv$$

により定義する．この定義は，局所径数表示 S のとり方にはよらない．これを見るには，一般に U,V を $\mathbb{R}_2$ の開集合とし，全単射 $\varphi\colon V\longrightarrow U$ がその逆写像とともに滑らかと仮定する．このとき，U 上の連続関数 h に対して

$$\iint_U h(u,v)dudv = \iint_V h(u(z,w),v(z,w))\left|\det\frac{D(u,v)}{D(z,w)}\right|dzdw$$

が成り立つ(積分の変数変換公式)ことに注意すればよい．実際，$S_1\colon V \longrightarrow X$ を別の径数表示として，E_1, F_1, G_1 を第1基本形式の係数とし，

$$\varphi(z,w) = S^{-1}S_1(z,w) = (u(z,w),v(z,w))$$

とおけば，前に示した(1.16)から

$$\sqrt{E_1G_1-F_1^2} = \sqrt{EG-F^2}\left|\det\frac{D(u,v)}{D(z,w)}\right|$$

である．よって

$$\begin{aligned}
&\iint_U f(S(u,v))\sqrt{EG-F^2}\,dudv \\
&= \iint_V f(S(u(z,w),v(z,w)))\sqrt{EG-F^2}\left|\det\frac{D(u,v)}{D(z,w)}\right|dzdw \\
&= \iint_V f(S_1(z,w))\sqrt{E_1G_1-F_1^2}\,dzdw
\end{aligned}$$

を得る．

応用として，単位球面の表面積を計算してみよう．例1.27で述べた半球の径数表示を考える．

$$EG-F^2 = \frac{1}{1-u^2-v^2}$$

であるから，半球面の表面積は

$$\iint_U \frac{1}{(1-u^2-v^2)^{1/2}}dudv$$

となる．これを計算するため，極座標 $u=r\cos\theta$，$v=r\sin\theta$ を用いると，この積分は

$$\int_0^{2\pi}d\theta\int_0^1\frac{rdr}{(1-r^2)^{1/2}} = \pi\int_0^1\frac{dx}{(1-x)^{1/2}} = 2\pi$$

に等しい．したがって半径1の球面の表面積は 4π である．

(e)　ガウス写像

ユークリッド空間 $\boldsymbol{E}$ の点 $\boldsymbol{o}$ を選ぶ．S^2 により，中心が o，半径が 1 の球面(単位球面)を表そう．

X を表裏(向き)をもつ曲面とし，$\boldsymbol{n}$ を X 上の単位法ベクトル場とする．このとき，X の各点 p に対して，S^2 の点 $\varphi(p)=o+\boldsymbol{n}(p)$ を対応させる(図 1.21)．$\varphi\colon X\longrightarrow S^2$ を曲面 X に対する**ガウス写像**という．

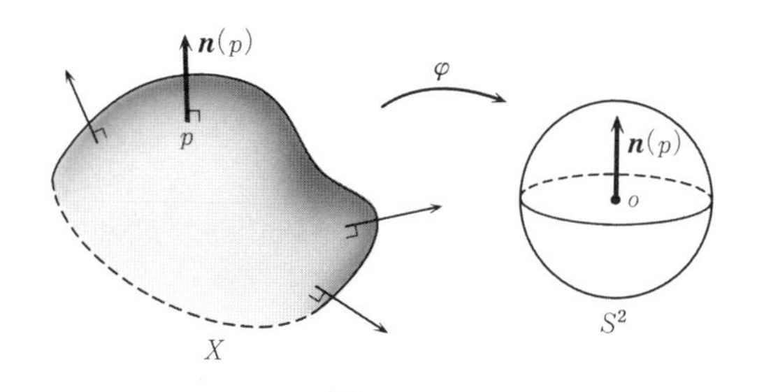

図 1.21

p のまわりの局所径数表示を $S\colon U\longrightarrow X$ としよう．S により定まる単位法ベクトル場が U 上で $\boldsymbol{n}$ と一致するとする：$\boldsymbol{n}(u,v)=\boldsymbol{n}(S(u,v))=\|S_u\times S_v\|^{-1}S_u\times S_v$．合成写像 $T=\varphi S\colon U\longrightarrow S^2$ を考えると，

$$T_u=\varphi_*(S_u)=\boldsymbol{n}_u,\quad T_v=\varphi_*(S_v)=\boldsymbol{n}_v$$

である．φ が p の近傍で微分同型写像であるための必要十分条件は，T_u,T_v が p において線形独立なことである(逆関数定理)．

$$e=\langle\boldsymbol{n}_u,\boldsymbol{n}_u\rangle,\quad f=\langle\boldsymbol{n}_u,\boldsymbol{n}_v\rangle,\quad g=\langle\boldsymbol{n}_v,\boldsymbol{n}_v\rangle$$

とおけば，これは $eg-f^2>0$ と同値である．さらにこのとき，(U を小さくすれば) T は単位球面 S^2 の局所径数表示であり，e,f,g は T に対する第 1 基本形式の係数である．

ワインガルテンの公式(§1.7)

$$\boldsymbol{n}_u=(EG-F^2)^{-1}\{(FM-GL)S_u+(FL-EM)S_v\},$$
$$\boldsymbol{n}_v=(EG-F^2)^{-1}\{(FN-GM)S_u+(FM-EN)S_v\}$$

に例題 1.9 を適用して

$$\begin{aligned}\boldsymbol{n}_u \times \boldsymbol{n}_v &= (EG-F^2)^{-2}\{(FM-GL)(FM-EN)\\ &\qquad -(FN-GM)(FL-EM)\}(S_u \times S_v)\\ &= (EG-F^2)^{-1}(LN-M^2)(S_u \times S_v) = K(S_u \times S_v)\,.\end{aligned}$$

よって

$$eg-f^2 = \|\boldsymbol{n}_u \times \boldsymbol{n}_v\|^2 = K^2\|S_u \times S_v\|^2 = K^2(EG-F^2),$$

$$|K| = \frac{\sqrt{eg-f^2}}{\sqrt{EG-F^2}}$$

となる．この式から，$K(p) \neq 0$ であれば，ガウス写像は p の X における近傍で微分同型写像であることがわかる．さらに，

$$\iint_U |K|\sqrt{EG-F^2}\,dudv = \iint_U \sqrt{eg-f^2}\,dudv$$

であり，右辺は $T(U) = \varphi(S(U))$ の表面積である．このことから，p の X における近傍 V を p に限りなく縮小させると

$$\frac{\varphi(V)\text{ の表面積}}{V\text{ の表面積}}$$

は $|K(p)|$ に収束することがわかる．これは，ガウス曲率の別の幾何学的意味を与えている．

注意 1.48　e, f, g を**第 3 基本形式の係数**という．

§1.8　平行移動と測地線

(a)　平行移動

平面や空間では平行移動というものが考えられた．すなわち，幾何ベクトル $\boldsymbol{a}$ が与えられたとき，点 p に点 $p+\boldsymbol{a}$ を対応させる変換が平行移動である．

平面 X 上の平行移動の見方を少し変えてみる．$T_p(X)$ の元を，p を始点とする有向線分と同一視したことを思い出そう．任意の 2 点 p, q が与えられたとき，写像

$$P_{pq} : T_p(X) \longrightarrow T_q(X)$$

を次のように定義する．$\boldsymbol{\xi}\in T_p(X)$ を p を始点とする有向線分とするとき，$P_{pq}(\boldsymbol{\xi})$ は q を始点とする有向線分で $\boldsymbol{\xi}$ に平行なものとする．したがって，幾何ベクトルとしては $P_{pq}(\boldsymbol{\xi})$ は $\boldsymbol{\xi}$ に等しい．P_{pq} はユニタリ同型写像である．

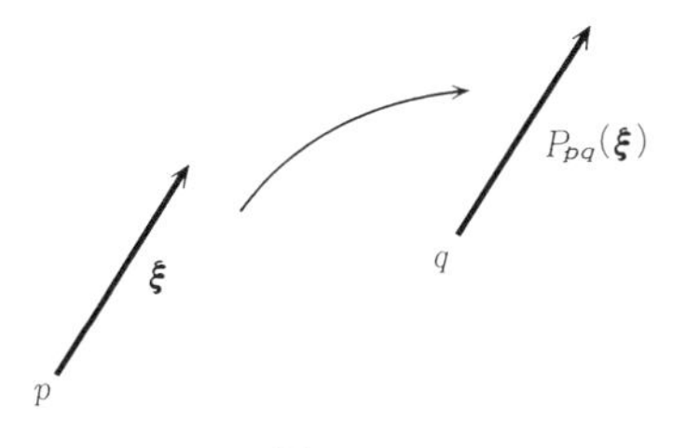

図 1.22

定義から，明らかなように

$$
\begin{aligned}
&P_{pp} = I \quad (T_p(X) \text{ の恒等写像}), \\
&P_{qr}P_{pq} = P_{pr}, \qquad\qquad (1.26) \\
&P_{pq} = (P_{qp})^{-1}
\end{aligned}
$$

である．P_{pq} を p から q への**平行移動**という．

では，一般の曲面 X についても，平行移動の概念を考えることができるだろうか．最も安直な一般化は，性質(1.26)をそのまま保持したユニタリ同型写像 $P_{pq}\colon T_p(X) \longrightarrow T_q(X)$ の族 $\{P_{pq}\}$ を構成し，それを X 上の平行移動といういい方をすることである．しかし，もし族 $\{P_{pq}\}$ について「連続性」を仮定すると，(1.26)が成り立つユニタリ同型写像の族は一般には存在しない．例えば X を球面とし，X の1つの点 p で $\mathbf{0}$ とは異なる接ベクトル $\boldsymbol{\xi}_0$ を考える．$\boldsymbol{\xi}(q) = P_{pq}(\boldsymbol{\xi}_0)$ とおくと，$\boldsymbol{\xi} = \boldsymbol{\xi}(q)$ は各点 q において $\boldsymbol{\xi}(q) \in T_q(X)$ となる連続なベクトル値関数である(すなわち，$\boldsymbol{\xi}$ は X の連続な接ベクトル場である)．さらに任意の点 q において $\boldsymbol{\xi}(q) \neq \mathbf{0}$ である．ところが，球面にはいたるところ $\mathbf{0}$ とは異なる連続な接ベクトル場は存在しないことが知られているのである．

そこで，平行移動の概念を変更して，「曲線に沿う平行移動」という概念を導入する．

$c\colon [a,b] \longrightarrow X$ を曲面 X 上の曲線とする．滑らかなベクトル値関数 $\boldsymbol{\xi}=\boldsymbol{\xi}(t)$ は，もし各 t について $\boldsymbol{\xi}(t)\in T_{c(t)}(X)$ であるとき，曲線 c **に沿うベクトル場**とよばれる．たとえば，c の速度ベクトル $\dot{c}=\dot{c}(t)$ は，c に沿うベクトル場である．以下，滑らかなベクトル場のみを考えることにする．

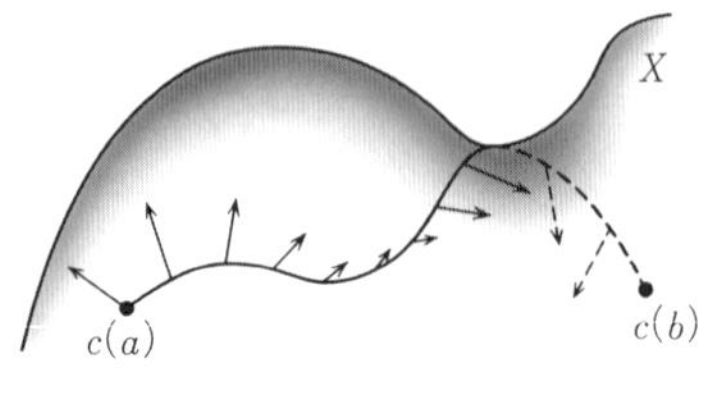

図 1.23

$\boldsymbol{\xi}=\boldsymbol{\xi}(t)$ が c に沿うベクトル場であり，$a=a(t)$ が滑らかな関数であれば，$(a\boldsymbol{\xi})(t)=a(t)\boldsymbol{\xi}(t)$ として定義されるベクトル値関数も，c に沿うベクトル場である．

定義 1.49　c に沿うベクトル場 $\boldsymbol{\xi}=\boldsymbol{\xi}(t)$ を微分したベクトル値関数 $\dot{\boldsymbol{\xi}}(t)$ が平面 $T_{c(t)}(X)$ に垂直であるとき，$\boldsymbol{\xi}=\boldsymbol{\xi}(t)$ は曲線 $c=c(t)$ に沿って**平行なベクトル場**であるといわれる． □

補題 1.50　$\boldsymbol{\xi}_1=\boldsymbol{\xi}_1(t)$ と $\boldsymbol{\xi}_2=\boldsymbol{\xi}_2(t)$ が c に沿って平行なベクトル場であれば $\langle \boldsymbol{\xi}_1(t), \boldsymbol{\xi}_2(t)\rangle \equiv$ 定数 である．

［証明］

$$\frac{d}{dt}\langle \boldsymbol{\xi}_1(t), \boldsymbol{\xi}_2(t)\rangle = \langle \dot{\boldsymbol{\xi}}_1(t), \boldsymbol{\xi}_2(t)\rangle + \langle \boldsymbol{\xi}_1(t), \dot{\boldsymbol{\xi}}_2(t)\rangle = 0$$

であるから $\langle \boldsymbol{\xi}_1(t), \boldsymbol{\xi}_2(t)\rangle$ は定数である． ∎

平行なベクトル場 $\boldsymbol{\xi}=\boldsymbol{\xi}(t)$ が満たす微分方程式を求めよう．$c(a)$ のまわりの局所径数表示 S を使って，$c(t)=S(u(t),v(t))$ と表すとき

$$\boldsymbol{\xi}(t) = x(t)S_u(u(t),v(t)) + y(t)S_v(u(t),v(t)) \qquad (1.27)$$

を満たす関数 $x=x(t)$, $y=y(t)$ が存在する．この $x(t)$, $y(t)$ が満足する方程式を求める．(1.27)の両辺を t で微分すると

$$\dot{\boldsymbol{\xi}} = \dot{x}S_u + \dot{y}S_v + x\dot{u}S_{uu} + x\dot{v}S_{uv} + y\dot{u}S_{vu} + y\dot{v}S_{vv}\,.$$

平行性の条件により $\langle \dot{\boldsymbol{\xi}}, S_u\rangle = \langle \dot{\boldsymbol{\xi}}, S_v\rangle = 0$ となるから，

$$
\begin{aligned}
0 &= \langle \dot{\boldsymbol{\xi}}, S_u \rangle \\
&= \dot{x}E + \dot{y}F + x\dot{u}\langle S_{uu}, S_u \rangle + x\dot{v}\langle S_{uv}, S_u \rangle + y\dot{u}\langle S_{vu}, S_u \rangle + y\dot{v}\langle S_{vv}, S_u \rangle, \\
0 &= \langle \dot{\boldsymbol{\xi}}, S_v \rangle \\
&= \dot{x}F + \dot{y}G + x\dot{u}\langle S_{uu}, S_v \rangle + x\dot{v}\langle S_{uv}, S_v \rangle + y\dot{u}\langle S_{vu}, S_v \rangle + y\dot{v}\langle S_{vv}, S_v \rangle
\end{aligned}
$$

である．これを $\dot{x}, \dot{y}$ について解くことにより，前節で導入した記号を使えば

$$
\begin{aligned}
&\dot{x} + \Gamma^1_{11}\dot{u}x + \Gamma^1_{12}\dot{u}y + \Gamma^1_{12}\dot{v}x + \Gamma^1_{22}\dot{v}y = 0, \\
&\dot{y} + \Gamma^2_{11}\dot{u}x + \Gamma^2_{12}\dot{u}y + \Gamma^2_{12}\dot{v}x + \Gamma^2_{22}\dot{v}y = 0
\end{aligned}
\tag{1.28}
$$

を得る．これは未知関数 x, y についての連立線形常微分方程式である．よって，連立線形常微分方程式の解に関する存在と一意性により(『行列と行列式』参照)，初期値 $x(a), y(a)$ が与えられれば，$x = x(t)$，$y = y(t)$ が一意的に定まる．言い換えれば，初期ベクトル

$$
\boldsymbol{\xi}(a) = x(a)S_u(u(a), v(a)) + y(a)S_v(u(a), v(a))
$$

が与えられれば，平行ベクトル場 $\boldsymbol{\xi}(t) = x(t)S_u(u(t), v(t)) + y(t)S_v(u(t), v(t))$ が一意に定まる．区間 $[a, b]$ を覆う局所径数表示を使って，順次今の議論を適用すれば，次の定理を得る．

定理 1.51 滑らかな曲線 $c\colon [a, b] \longrightarrow X$ と，$c(a)$ における接ベクトル $\boldsymbol{\xi}_0$ に対して，c に沿う平行なベクトル場 $\boldsymbol{\xi} = \boldsymbol{\xi}(t)$ で，$\boldsymbol{\xi}(a) = \boldsymbol{\xi}_0$ となるものがただ 1 つ存在する． □

この定理の結果を踏まえて，平行移動の定義を次のように行う．

定義 1.52 滑らかな曲線 $c\colon [a, b] \longrightarrow X$ に対して，**c に沿う平行移動** (parallel displacement) $P_c\colon T_p(X) \longrightarrow T_q(X)$ $(p = c(a),\ q = c(b))$ を，$P_c(\boldsymbol{\xi}_0) = \boldsymbol{\xi}(b)$ として定義する．ここで $\boldsymbol{\xi} = \boldsymbol{\xi}(t)$ は c に沿う平行なベクトル場で $\boldsymbol{\xi}(a) = \boldsymbol{\xi}_0$ を満たすものとする． □

注意 1.53 $p = c(a) = c_1(a)$，$q = c(b) = c_1(b)$ であっても，一般には $P_c \neq P_{c_1}$ である．

補題 1.54 $P_c\colon T_p(X) \longrightarrow T_q(X)$ はユニタリ同型写像である．

［証明］ $\boldsymbol{\xi}_0, \boldsymbol{\eta}_0 \in T_p(X)$ に対して $\boldsymbol{\xi}(a) = \boldsymbol{\xi}$，$\boldsymbol{\eta}(a) = \boldsymbol{\eta}$ を満たす平行なベクト

ル場を $\boldsymbol{\xi}(t), \boldsymbol{\eta}(t)$ とする．補題1.50により

$$\langle P_c(\boldsymbol{\xi}_0), P_c(\boldsymbol{\eta}_0)\rangle = \langle \boldsymbol{\xi}(b), \boldsymbol{\eta}(b)\rangle = \langle \boldsymbol{\xi}(a), \boldsymbol{\eta}(a)\rangle = \langle \boldsymbol{\xi}_0, \boldsymbol{\eta}_0\rangle\,. \qquad \blacksquare$$

例題1.55　X が平面であれば

$$P_c = P_{pq} \quad (p = c(a),\ q = c(b))$$

となること，言い換えれば P_c は c の途中の経路によらないことを示せ(この意味で，平面は**絶対平行性**をもつといわれる)．

［解］　平面 X の径数表示を $S(u,v) = o + u\boldsymbol{z} + v\boldsymbol{w}$ $(\boldsymbol{z}, \boldsymbol{w} \in \boldsymbol{L})$ とする．$S_u = \boldsymbol{z}$，$S_v = \boldsymbol{w}$ であるから，

$$\boldsymbol{\xi}(t) = x(t)\boldsymbol{z} + y(t)\boldsymbol{w}, \quad \dot{\boldsymbol{\xi}}(t) = \dot{x}(t)\boldsymbol{z} + \dot{y}(t)\boldsymbol{w}\,.$$

よって，$\boldsymbol{\xi}(t)$ が平行であるとき，$x(t), y(t)$ は定数であり，$\boldsymbol{\xi}(a) = \boldsymbol{\xi}(b)$．　$\blacksquare$

読者には，上のような平行移動の定義が自然に思えるだろうか．必ずしもそうとはいえないだろう．そこで，その定義の自然さを納得してもらうため，平行移動の幾何学的な意味を説明しよう．

$c\colon [0,1] \longrightarrow X$ を滑らかな曲線，$\boldsymbol{\xi} = \boldsymbol{\xi}(t)$ を c に沿う平行なベクトル場とする．点 $p = c(0)$ における接平面 H を，時刻 t とともに曲面 X に $c(t)$ で接するように動かしていく．ただし，このとき「滑り」や「余計な回転」のないようにする．その結果，平面 H 上には接点の軌跡 c_0 とそれに沿うベクトル場 $\boldsymbol{\eta}$ が生じるが，実は，この $\boldsymbol{\eta}$ は c_0 に沿って(したがって，上の例題により，通常の意味で)平行なのである．

今述べたことの数学的意味を明確にしよう．

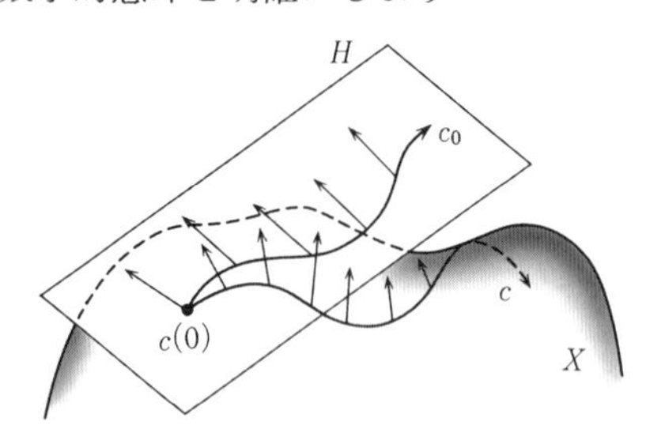

図1.24

（1）「平面を動かす」ことの意味: 時間 t を径数とする合同変換 φ_t により，H を写して得られる平面の族 $\{\varphi_t(H)\}_{t\in[0,1]}$($\varphi_0$ は恒等写像)を考える.

（2）「$c(t)$ で接しながら」の意味: 時刻 t における平面 $H_t=\varphi_t(H)$ は X の接平面 $T_{c(t)}(X)$ に一致する.

（3）「接点の軌跡 c_0」の定義: $c_0(t)=\varphi_t^{-1}(c(t))$.

（4）「c_0 に沿うベクトル場 $\boldsymbol{\eta}$」の定義: U_t を φ_t の線形部分とするとき(添字の t は微分を表すのではなく，径数を表す)，$U_t(\boldsymbol{\eta}(t))=\boldsymbol{\xi}(t)$. ただし，ここで $\boldsymbol{\eta}(t),\boldsymbol{\xi}(t)$ は $\boldsymbol{E}$ の幾何ベクトルと考える.

（5）「$\boldsymbol{\eta}$ は c_0 に沿って平行」の言い換え: 幾何ベクトルとして $\boldsymbol{\eta}(t)\equiv\boldsymbol{\eta}(0)\,(=\boldsymbol{\xi}(0))$.

（6）「滑りがない」の意味: $U_t(\dot{c}_0(t))=\dot{c}(t)$.

（7）「余計な回転がない」の意味: 任意の接ベクトル $\boldsymbol{\zeta}\in T_{c(t)}(X)=H_t$ に対して，$\dot{U}_tU_t^{-1}(\boldsymbol{\zeta})$ は H_t に垂直. ここで $\dot{U}_t$ は t に関する U_t の微分を表す(正確にいえば，U_t を行列表示したときの微分である).

(7)の意味については，さらに説明が必要であろう.

$\boldsymbol{n}(t)$ を $c(t)$ において H_t に垂直な単位ベクトルとし，さらに t について滑らかとする($\boldsymbol{n}(t)$ を c に沿う単位法ベクトル場という). (2)により，$U_t(\boldsymbol{n}(0))=\boldsymbol{n}(t)$ である. t をとめて

$$Q_s=U_{t+s}U_t^{-1}$$

とおく. すると $Q_s(\boldsymbol{n}(t))=U_{t+s}(\boldsymbol{n}(0))=\boldsymbol{n}(t+s)$ である. よって，Q_s は $T_{c(t)}(X)$ を $T_{c(t+s)}(X)$ に写す. Q_s は合同変換 $\varphi_{t+s}\varphi_t^{-1}$ の線形部分であることに注意. 接ベクトル $\boldsymbol{\zeta}\in T_{c(t)}(X)$ に対して $Q_s(\boldsymbol{\zeta})$ を考え，その $T_{c(t)}(X)$ への直交射影を $\boldsymbol{\zeta}(s)$ とする $(\boldsymbol{\zeta}(0)=\boldsymbol{\zeta})$. 極限

$$\left.\frac{d}{ds}\boldsymbol{\zeta}(s)\right|_{s=0}=\lim_{s\to 0}\frac{1}{s}(\boldsymbol{\zeta}(s)-\boldsymbol{\zeta}(0))$$

を考えたとき，もしこれが0でなければ，Q_s は「余計な回転」を $\boldsymbol{\zeta}$ に与えていると考えられる. よって,「余計な回転」がないためには,

$$\left.\frac{d}{ds}\boldsymbol{\zeta}(s)\right|_{s=0}=\boldsymbol{0}$$

がすべての $\boldsymbol{\zeta}$ に対して成り立つことが必要である．

$$\boldsymbol{\zeta}(s) = Q_s(\boldsymbol{\zeta}) - \langle Q_s(\boldsymbol{\zeta}), \boldsymbol{n}(t)\rangle \boldsymbol{n}(t)$$

であるから，この条件は「すべての接ベクトル $\boldsymbol{\zeta} \in T_{c(t)}(X)$ に対して，

$$\frac{d}{ds} Q_s(\boldsymbol{\zeta})\Big|_{s=0} = \dot{U}_t U_t^{-1}(\boldsymbol{\zeta}) \tag{1.29}$$

が $T_{c(t)}(X)$ に垂直，すなわち，$\boldsymbol{n}(t)$ のスカラー倍である」に同値である．

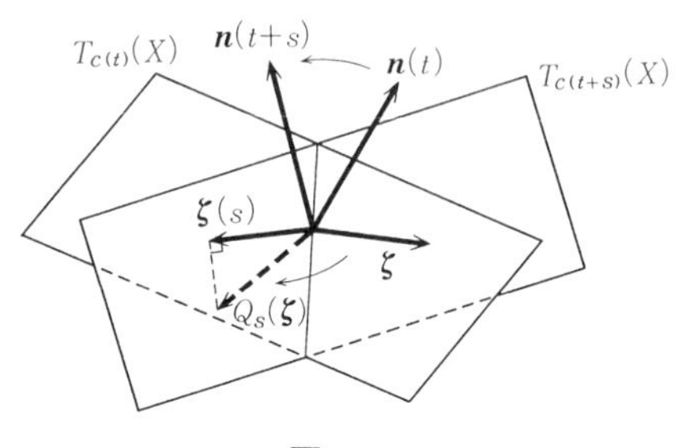

図 1.25

$\boldsymbol{a}(t) = \varphi_t(p) - p$ とおこう．このとき

$$\varphi_t(q) = p + U_t(q-p) + \boldsymbol{a}(t)\,.$$

まず問題となるのは，$c(t), \boldsymbol{n}(t)$ を既知としたとき，$U_t, \boldsymbol{a}(t), c_0(t)$ を求めることである．上の条件を書き直すと，次のようになる．

（i）　$U_0 = \boldsymbol{L}$ の恒等変換，$\boldsymbol{a}(0) = \boldsymbol{0}$　　（$\Longleftarrow$(1)）

（ii）　$U_t(\boldsymbol{n}(0)) = \boldsymbol{n}(t)$　　（$\Longleftarrow$(2)）

（iii）　$c(t) = p + U_t(c_0(t) - p) + \boldsymbol{a}(t)$　　（$\Longleftarrow$(3)）

（iv）　$U_t(\dot{c}_0(t)) = \dot{c}(t)$　　（$\Longleftarrow$(6)）

（v）　任意の $\boldsymbol{\zeta} \in T_{c(t)}(X)$ に対して，$\dot{U}_t U_t^{-1}(\boldsymbol{\zeta})$ は $\boldsymbol{n}(t)$ のスカラー倍．（$\Longleftarrow$(7)）

以下，$\Omega_t = \dot{U}_t U_t^{-1}$ とおく．(iii)の両辺を微分すれば

$$\dot{c}(t) = \dot{U}_t(c_0(t) - p) + U_t(\dot{c}_0(t)) + \dot{\boldsymbol{a}}(t)$$

を得る．(iii), (iv)を使えば

$$\dot{\boldsymbol{a}}(t) = -\dot{U}_t(c_0(t) - p) = -\dot{U}_t U_t^{-1} U_t(c_0(t) - p)$$

$$= -\dot{U}_t U_t^{-1}((c(t)-p)-\boldsymbol{a}(t))$$
$$= \dot{U}_t U_t^{-1}(\boldsymbol{a}(t)) - \dot{U}_t U_t^{-1}(c(t)-p)$$

を得るから，$\boldsymbol{a}(t)$ は常微分方程式

$$\dot{\boldsymbol{a}}(t) = \Omega_t(\boldsymbol{a}(t)) - \Omega_t(c(t)-p), \quad \boldsymbol{a}(0) = \boldsymbol{0}$$

の解であることがわかる．したがって，U_t が求まれば $\boldsymbol{a}(t)$ はこの常微分方程式の解として一意的に定まる．

$U_t U_t^*$ は恒等変換であるから

$$\Omega_t^* + \Omega_t = (\dot{U}_t U_t^{-1})^* + \dot{U}_t U_t^{-1} = (U_t^{-1})^* \dot{U}_t^* + \dot{U}_t U_t^{-1} = (U_t^*)^{-1} \dot{U}_t^* + \dot{U}_t U_t^{-1}$$
$$= U_t \dot{U}_t^* + \dot{U}_t U_t^*$$
$$= \frac{d}{dt} U_t U_t^* = O.$$

すなわち，$\Omega_t^* + \Omega_t = O$ となる(言い換えれば，Ω_t は歪対称変換である)．

(ii)の両辺を微分して

$$\dot{U}_t(\boldsymbol{n}(0)) = \dot{\boldsymbol{n}}(t) \implies \dot{U}_t U_t^{-1}(\boldsymbol{n}(t)) = \dot{\boldsymbol{n}}(t)$$
$$\implies \Omega_t(\boldsymbol{n}(t)) = \dot{\boldsymbol{n}}(t).$$

一方，条件(v)により $\boldsymbol{\zeta} \in T_{c(t)}(X)$ について

$$\Omega_t(\boldsymbol{\zeta}) = a\boldsymbol{n}(t)$$

となる実数 a が存在する．これらの両辺と $\boldsymbol{n}(t)$ との内積をとって

$$a = \langle \Omega_t(\boldsymbol{\zeta}), \boldsymbol{n}(t) \rangle = \langle \boldsymbol{\zeta}, \Omega_t^*(\boldsymbol{n}(t)) \rangle = -\langle \boldsymbol{\zeta}, \Omega_t(\boldsymbol{n}(t)) \rangle = -\langle \boldsymbol{\zeta}, \dot{\boldsymbol{n}}(t) \rangle$$

を得るから，結局，Ω_t に関する関係式

$$\begin{aligned} &\Omega_t(\boldsymbol{n}(t)) = \dot{\boldsymbol{n}}(t), \\ &\Omega_t(\boldsymbol{\zeta}) = -\langle \boldsymbol{\zeta}, \dot{\boldsymbol{n}}(t) \rangle \boldsymbol{n}(t) \quad (\boldsymbol{\zeta} \in T_{c(t)}(X)) \end{aligned} \tag{1.30}$$

を得る．$T_{c(t)}(X), \boldsymbol{n}(t)$ は幾何ベクトルのなす線形空間 $\boldsymbol{L}$ を張るから，Ω_t はこれらの関係式により完全に決まる．

逆に Ω_t を(1.30)により定めれば，$\Omega_t^* + \Omega_t = O$ となることを見よう．$\langle \boldsymbol{n}(t), \boldsymbol{n}(t) \rangle = 1$ の両辺を t で微分することにより，$\langle \dot{\boldsymbol{n}}(t), \boldsymbol{n}(t) \rangle = 0$ となることと，$\langle S_u, \boldsymbol{n}(t) \rangle = \langle S_v, \boldsymbol{n}(t) \rangle = 0$ を使って，任意の $\boldsymbol{\zeta} \in T_{c(t)}(X)$ と $a \in \mathbb{R}$ について

$$\begin{aligned}
&\langle \Omega_t(\boldsymbol{\zeta}+a\boldsymbol{n}(t)),\ \boldsymbol{\zeta}+a\boldsymbol{n}(t)\rangle \\
&\quad = \langle -\langle \boldsymbol{\zeta}, \dot{\boldsymbol{n}}(t)\rangle \boldsymbol{n}(t)+a\dot{\boldsymbol{n}}(t),\ \boldsymbol{\zeta}+a\boldsymbol{n}(t)\rangle \\
&\quad = -\langle \boldsymbol{\zeta}, \dot{\boldsymbol{n}}(t)\rangle\langle \boldsymbol{n}(t), \boldsymbol{\zeta}\rangle + a\langle \dot{\boldsymbol{n}}(t), \boldsymbol{\zeta}\rangle \\
&\qquad -a\langle \boldsymbol{\zeta}, \dot{\boldsymbol{n}}(t)\rangle\langle \boldsymbol{n}(t), \boldsymbol{n}(t)\rangle + a^2\langle \dot{\boldsymbol{n}}(t), \boldsymbol{n}(t)\rangle \\
&\quad = 0\,.
\end{aligned}$$

よって $\langle \Omega_t(\boldsymbol{x}), \boldsymbol{x}\rangle = 0$ が任意の $\boldsymbol{x}\in \boldsymbol{L}$ について成り立つ．こうして $\langle \Omega_t(\boldsymbol{x}), \boldsymbol{y}\rangle = -\langle \boldsymbol{x}, \Omega_t(\boldsymbol{y})\rangle$ がすべての $\boldsymbol{x}, \boldsymbol{y}\in \boldsymbol{L}$ に対して成り立ち，$\Omega_t^* + \Omega_t = O$ を得る．

さて，Ω_t が定まれば，U_t は，線形微分方程式

$$\dot{U}_t = \Omega_t U_t, \quad U_0 = I \quad (\text{恒等変換})$$

を解くことにより定まる．実際，この解 U_t が直交変換であることは，$\Omega_t^* + \Omega_t = O$ による(上の議論を参照)．

$c_0(t)$ については，

$$\dot{c}_0(t) = U_t^{-1}(\dot{c}(t))$$

の両辺を積分して

$$c_0(t) = p + \int_0^t U_\tau^{-1}(\dot{c}(\tau))d\tau$$

により決定される．

このようにして，$U_t, c_0(t), \boldsymbol{a}(t)$ を定めることができたが，これらが(i)–(v)を満たすことは，今までの議論を逆にたどればよい．

最後に $\boldsymbol{\eta}(t) = U_t^{-1}\boldsymbol{\xi}(t)$ としたとき，$\boldsymbol{\eta}(t)$ は $c_0(t)$ に沿って平行なこと，すなわち $\boldsymbol{\eta}(t)$ が定ベクトルであることを証明しよう．$\boldsymbol{\eta}(t) = U_t^{-1}\boldsymbol{\xi}(t)$ の両辺を t で微分すると

$$\dot{\boldsymbol{\eta}}(t) = -U_t^{-1}\dot{U}_t U_t^{-1}(\boldsymbol{\xi}(t)) + U_t^{-1}(\dot{\boldsymbol{\xi}}(t)) = U_t^{-1}(-\Omega_t(\boldsymbol{\xi}(t)) + \dot{\boldsymbol{\xi}}(t))\,.$$

よって，$\boldsymbol{\xi}(t)$ が c に沿って平行であることと，

$$-\Omega_t(\boldsymbol{\xi}(t)) + \dot{\boldsymbol{\xi}}(t) \equiv \boldsymbol{0} \tag{1.31}$$

が成り立つことが同値であることを示せばよい．(1.31)が成り立つときは，$\dot{\boldsymbol{\xi}}(t)$ は $T_{c(t)}(X)$ に垂直であるから，$\boldsymbol{\xi}(t)$ は c に沿って平行．逆を示す．$\boldsymbol{\xi}(t)$ が平行であるとき $\dot{\boldsymbol{\xi}}(t), \Omega_t(\boldsymbol{\xi}(t))$ はともに $\boldsymbol{n}(t)$ のスカラー倍であるから

$$\langle \dot{\boldsymbol{\xi}}(t), \boldsymbol{n}(t)\rangle - \langle \Omega_t(\boldsymbol{\xi}(t)), \boldsymbol{n}(t)\rangle = 0$$

を証明すれば十分である．(1.30)により

$$\Omega_t(\boldsymbol{\xi}(t)) = -\langle \boldsymbol{\xi}(t), \dot{\boldsymbol{n}}(t)\rangle \boldsymbol{n}(t)$$

であるから，$\langle \Omega_t(\boldsymbol{\xi}(t)), \boldsymbol{n}(t)\rangle = -\langle \boldsymbol{\xi}(t), \dot{\boldsymbol{n}}(t)\rangle$．よって

$$\begin{aligned}\langle \dot{\boldsymbol{\xi}}(t), \boldsymbol{n}(t)\rangle - \langle \Omega_t(\boldsymbol{\xi}(t)), \boldsymbol{n}(t)\rangle &= \langle \dot{\boldsymbol{\xi}}(t), \boldsymbol{n}(t)\rangle + \langle \boldsymbol{\xi}(t), \dot{\boldsymbol{n}}(t)\rangle \\ &= \frac{d}{dt}\langle \boldsymbol{\xi}(t), \boldsymbol{n}(t)\rangle \\ &= 0\end{aligned}$$

となって，主張が正しいことがわかる．

(b) 測地線

定義 1.56 曲面 X の中の滑らかな曲線 $c\colon I \longrightarrow X$ の速度ベクトルが c に沿うベクトル場として平行であるとき，言い換えれば加速度ベクトルが，各 t について $c(t)$ における X の接平面に垂直であるとき，c を X の**測地線**(geodesic)という． □

測地線は，平面における直線の一般化である．実際，X を平面とし，c が X の中の測地線とすると，加速度ベクトルは X に接する(X の幾何ベクトルである)．よって，測地線の定義により，加速度ベクトルは $\mathbf{0}$ でなければならないから，$c(t)$ の各座標は t の1次関数である：$c(t) = (a_1t+b_1,\ a_2t+b_2,\ a_3t+b_3)$．すなわち，$c(t)$ は直線である．

ところで，質点の直線運動は，まったく力が働かないときの運動(いわゆる慣性運動)である．質点が，曲面 X の中を運動するときは拘束力(X に留まらせる力)を受けるが，拘束力は曲面に垂直な方向に働くと考えられる．もしそれ以外に力が働かなければ，ニュートンの運動方程式(1.10)により質点の運動の加速度は曲面に垂直でなければならないから，その軌道は測地線となる．ところで，拘束力は，曲面内部の立場(曲面自身を宇宙と思い，外の世界を考えない立場)からは，実際には感じることのない力である．すなわち，測地線はある意味で曲面内部の慣性運動の軌道と考えられるのである．

測地線の径数 t は弧長径数に比例する．実際，

$$\frac{d}{dt}\langle \dot{c}(t), \dot{c}(t)\rangle = 2\langle \dot{c}(t), \ddot{c}(t)\rangle = 0$$

であるから，$\|\dot{c}(t)\|$ は一定である．

$c(t)=S(u(t),v(t))$ とおいて，c が測地線であるときに，$u(t),v(t)$ が満たす方程式を求めよう．速度ベクトル場 $\dot{c}(t)=\dot{u}(t)S_u+\dot{v}(t)S_v$ が c に沿って平行であることから，(1.28)により

$$\begin{aligned} &\ddot{u}+\Gamma_{11}^1(\dot{u})^2+\Gamma_{12}^1\dot{u}\dot{v}+\Gamma_{12}^1\dot{v}\dot{u}+\Gamma_{22}^1(\dot{v})^2=0, \\ &\ddot{v}+\Gamma_{11}^2(\dot{u})^2+\Gamma_{12}^2\dot{u}\dot{v}+\Gamma_{12}^2\dot{v}\dot{u}+\Gamma_{22}^2(\dot{v})^2=0 \end{aligned} \tag{1.32}$$

が求める方程式である．

常微分方程式の一般論(本シリーズの『力学と微分方程式』参照)から，次の定理を得る．

定理 1.57　曲面上の与えられた点で与えられた初期速度ベクトルをもつ測地線が(ただ1つ)存在する．　□

注意 1.58　微分方程式(1.32)の非線形性のため，一般には測地線の存在区間が $(-\infty,\infty)$ にはならないこともある．

直線の1つの重要な性質として，与えられた2点を結ぶ最短線ということがある．測地線についても類似の性質が成り立つ．

これを見るため，c を弧長径数表示をもつ X 上の曲線とし，c の端点 $c(a)$ と $c(b)$ を結ぶ任意の X 上の曲線の中で，c が最小の長さを与えれば，c は測地線であることを示す．

X 上の曲線の族 $\{c_s\}$ を考える．ここで，族の添字 s は $-\varepsilon<s<\varepsilon$ を満たすとし，$c_0=c$ とする．さらに c_s の端点はすべて c の端点と一致するものとする：$c_s(a)=c(a)$，$c_s(b)=c(b)$．曲線の族から，写像

$$\alpha\colon I\times(-\varepsilon,\varepsilon)\longrightarrow X$$

が，$\alpha(t,s)=c_s(t)$ とおくことにより定義されるが，α が滑らかであることも仮定する．このとき，族 $\{c_s\}$ を c の**変分族**という．

長さの定義から

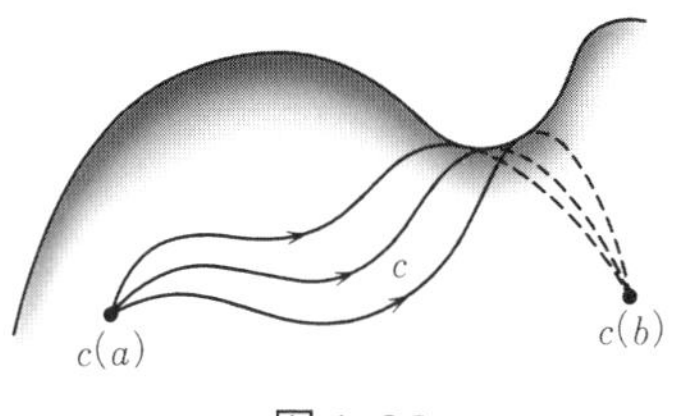

図 1.26

$$L(c_s)=\int_a^b\left\|\frac{\partial}{\partial t}\alpha(t,s)\right\|dt$$

である．これは s の関数であるから $f(s)$ とおいて，$s=0$ における微分を計算すると，

$$\frac{df}{ds}(0)=\int_a^b\frac{\partial}{\partial s}\|\alpha_t\|\bigg|_{s=0}dt=\int_a^b\frac{\langle\alpha_{ts},\alpha_t\rangle}{\|\alpha_t\|}\bigg|_{s=0}dt=\int_a^b\langle\alpha_{ts},\alpha_t\rangle|_{s=0}\,dt$$

$$\left(\|\alpha_t(t,0)\|=\|\dot{c}(t)\|=1,\ \alpha_t=\frac{\partial\alpha}{\partial t},\ \alpha_{ts}=\frac{\partial^2\alpha}{\partial s\partial t}\right).$$

ここで

$$2\|\alpha_t\|\frac{\partial}{\partial s}\|\alpha_t\|=\frac{\partial}{\partial s}\|\alpha_t\|^2=\frac{\partial}{\partial s}\langle\alpha_t,\alpha_t\rangle=2\langle\alpha_{ts},\alpha_t\rangle$$

を利用した．さて

$$\frac{\partial}{\partial t}\langle\alpha_s,\alpha_t\rangle=\langle\alpha_{ts},\alpha_t\rangle+\langle\alpha_s,\alpha_{tt}\rangle$$

であるから，

$$\begin{aligned}\frac{df}{ds}(0)&=\int_a^b\frac{\partial}{\partial t}\langle\alpha_s,\alpha_t\rangle|_{s=0}\,dt-\int_a^b\langle\alpha_s,\alpha_{tt}\rangle|_{s=0}\,dt\\&=\langle\alpha_s,\alpha_t\rangle|_{s=0,\ t=b}-\langle\alpha_s,\alpha_t\rangle|_{s=0,\ t=a}-\int_a^b\langle\alpha_s,\alpha_{tt}\rangle|_{s=0}\,dt\\&=-\int_a^b\langle\alpha_s,\alpha_{tt}\rangle|_{s=0}\,dt\,.\end{aligned}$$

ここで，$\alpha(a,s)=c(a)$，$\alpha(b,s)=c(b)$ であることから得られる等式

$$\langle\alpha_s,\alpha_t\rangle|_{s=0,\ t=b}=\langle\alpha_s,\alpha_t\rangle|_{s=0,\ t=a}=0$$

を使った．c の端点 $c(a)$ と $c(b)$ を結ぶ任意の X 上の曲線の中で，c が最小

の長さを与えれば，$f(s)$ は $s=0$ で最小値 $(=L(c))$ をとることになるから，$\dfrac{df}{ds}(0)=0$，よって

$$\int_a^b \langle \alpha_s, \alpha_{tt}\rangle|_{s=0}\, dt = 0$$

が，c のすべての変分族 $\{c_s\}$ に対して成り立たなければならない．証明すべきことは $\alpha_{tt}(t,0)=\ddot{c}(t)$ が $T_{c(t)}(X)$ に垂直なことである．

$\boldsymbol{\xi}(t)$ を c に沿うベクトル場で $\boldsymbol{\xi}(a)=\boldsymbol{\xi}(b)=\mathbf{0}$ を満たすようなものとしよう．このとき，c の変分族 $\{c_s\}$ で，$\boldsymbol{\xi}(t)=\alpha_s(t,0)$ となるものが存在する(実際，$\boldsymbol{\xi}(t)=x(t)S_u+y(t)S_v$，$c(t)=S(u(t),v(t))$ であるとき，$\alpha(t,s)=S(u(t)+sx(t),v(t)+sy(t))$ とおけばよい)．

$$0=\int_a^b \langle \alpha_s, \alpha_{tt}\rangle|_{s=0}\, dt = \int_a^b \langle \boldsymbol{\xi}(t), \ddot{c}(t)\rangle dt\,.$$

ここで，

$$\ddot{c}(t) = \lambda(t)\boldsymbol{n}(t)+\boldsymbol{\eta}(t), \quad \boldsymbol{\eta}(t)\in T_{c(t)}(X)$$

とおけば($\boldsymbol{n}(t)$ は c に沿う単位法ベクトル場)，

$$0=\int_a^b \langle \boldsymbol{\xi}(t), \ddot{c}(t)\rangle dt = \int_a^b \langle \boldsymbol{\xi}(t), \boldsymbol{\eta}(t)\rangle dt$$

を得る．とくに $f=f(t)$ を $f(a)=f(b)=0$，$f(t)>0$ $(a<t<b)$ を満たす滑らかな関数として，$\boldsymbol{\xi}(t)=f(t)\boldsymbol{\eta}(t)$ とおけば

$$0=\int_a^b \langle \boldsymbol{\xi}(t), \boldsymbol{\eta}(t)\rangle dt = \int_a^b f(t)\langle \boldsymbol{\eta}(t), \boldsymbol{\eta}(t)\rangle dt = 0$$

となるから，

$$f(t)\langle \boldsymbol{\eta}(t), \boldsymbol{\eta}(t)\rangle = 0, \quad a<t<b$$

が成り立たなければならない．よって $\boldsymbol{\eta}(t)\equiv\mathbf{0}$ となって，$\ddot{c}(t)$ は曲面 X に直交することになり，c は測地線であることがわかる．

例 1.59　局所径数表示 $S\colon U\longrightarrow X$ に対する第1基本形式の係数について $E=1$，$F=0$ となっていると仮定する(古典的記号では $ds^2=du^2+G\,dv^2$)．このとき

$$E=\langle S_u, S_u\rangle = 1 \qquad \cdots\cdots ①, \quad F=\langle S_u, S_v\rangle = 0 \qquad \cdots\cdots ②$$

であるから，① の両辺を u, v で微分することにより

$$\langle S_{uu}, S_u\rangle = 0, \quad \langle S_{uv}, S_u\rangle = 0$$

を得る．一方，② の両辺を u で微分すれば

$$\langle S_{uu}, S_v\rangle + \langle S_u, S_{vu}\rangle = 0 \quad \Longrightarrow \quad \langle S_{uu}, S_v\rangle = 0$$

となるから，S_{uu} は S_u, S_v の両方に垂直である．よって，任意の $(u_0, v_0)\in U$ に対し，曲線

$$c(t) = S(u_0+t, v_0) \quad (|t| \text{ は十分小})$$

は X 上の測地線である．

$\mathbb{R}_3$ の原点を中心とする単位球面 $X=S^2(1)$ を考えよう．$S^2(1)$ の径数表示として

$$S(u,v) = (\cos u\cos v,\ \cos u\sin v,\ \sin u)$$

をとると，第1基本形式の係数は

$$E=1, \quad F=0, \quad G=\cos^2 u$$

であることが簡単な計算でわかる．よって，上で示したことから

$$c(t) = (\cos t\cos v,\ \cos t\sin v,\ \sin t)$$

は $S^2(1)$ の測地線である．この曲線は $(\cos v, \sin v, 0), (0,0,\pm1)$ を通る大円 ($S^2(1)$ と原点を通る平面の共通部分)にほかならない．

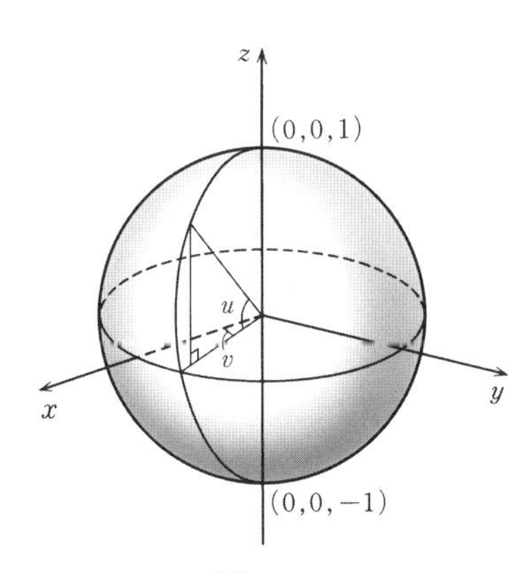

図 1.27

変分学

上で考察した曲線の長さの局所最短性から測地線の方程式を求める手段は，変分法(学)の考え方の代表的例である．

古典変分法では，関数 $F(x,y,z)$ が与えられたとき，区間 $[a,b]$ 上で定義された関数 $y=f(x)$ に対して，積分

$$F(f)=\int_a^b F(x,f(x),f'(x))dx$$

の極大，極小について論じる(普通は，境界条件 $f(a)=a_0$，$f(b)=b_0$ を付加する)．この問題が，通常の関数の極大・極小問題に類似していることは容易に理解されるだろう．

通常の関数 $y=g(x)$ に対して，x_0 が極大または極小を与えれば，x_0 は方程式 $g'(x_0)=0$ を満たす．これに対応する変分学における条件がオイラー–ラグランジュの方程式と呼ばれる微分方程式

$$F_y-\frac{d}{dx}F_z=0 \quad (z=f'(x))$$

である．この方程式は，測地線の場合の議論と同様な考え方で求められる．実際，$f_\varepsilon(x)=f(x)+\varepsilon h(x)$ $(h(a)=h(b)=0)$ とおいて，ε の関数 $F(f_\varepsilon)$ の $\varepsilon=0$ での微分を計算することにより

$$\frac{d}{d\varepsilon}F(f_\varepsilon)\Big|_{\varepsilon=0}=\int_a^b\Big(F_y-\frac{d}{dx}F_z\Big)h(x)dx$$

という式(第1変分公式)が導かれるから，h の任意性を利用すればオイラー–ラグランジュの方程式が得られる．

変分法の考え方は，微分積分学の誕生とほぼ同じころに登場し，ベルヌーイ(Johann Bernoulli，Jacob Bernoulli)やオイラー(L. Euler)により具体的問題が扱われた．そして，ラグランジュ(J. L. Lagrange)によって，力学における問題と関連して，一般的方法が開発された．

変分学の方法は，幾何学においても有効に使われることは，測地線の理論をみても頷けるであろう．この方向は多様体に一般化され，モース理論という名称で研究されている．このほかにも極小曲面の理論において，変分学の考え方が重要な役割を果たしている．

《まとめ》

1.1 $f(0,0)=f_x(0,0)=f_y(0,0)=0$ を満たす滑らかな関数 $z=f(x,y)$ について，そのグラフにより与えられる曲面の原点におけるガウス曲率 K は

$$K=\frac{\partial^2 f}{\partial x^2}(0,0)\frac{\partial^2 f}{\partial y^2}(0,0)-\frac{\partial^2 f}{\partial x\partial y}(0,0)$$

により定義される．

1.2 ユークリッド空間 $\boldsymbol{E}$ の中の部分集合 X は，次の性質をもつとき曲面とよばれる：X の任意の点 p について，p を原点とする適当な xyz-直交座標系と，$f(0,0)=f_x(0,0)=f_y(0,0)=0$ を満たす関数 $z=f(x,y)$ が存在して，p の近くでは X は f のグラフとして表される．このとき xy-平面を X の接平面といい，$T_p(X)$ により表す．また p における X のガウス曲率は，$z=f(x,y)$ に対して 1.1 で定めたガウス曲率として定義する．

1.3 曲面 X 上の任意の点 p に対して，次の性質をもつ滑らかな写像 $S\colon U\longrightarrow \boldsymbol{E}$ が存在する：

（1） U は $\mathbb{R}_2$ の開集合であり，S は単射．

（2） $S_u(u,v), S_v(u,v)$ は任意の $(u,v)\in U$ に対して線形独立．

（3） $S(U)$ は X における p の近傍．

逆に，$S\colon U\longrightarrow \boldsymbol{E}$ が(1),(2)を満たしていれば，$S(U)$ は曲面であり，$p=S(u,v)$ における接平面は，$S_u(u,v), S_v(u,v)$ で張られる．

(1),(2),(3)を満たす写像 S を，曲面 X の局所径数表示という．

1.4 $E=\langle S_u,S_u\rangle$，$F=\langle S_u,S_v\rangle$，$G=\langle S_v,S_v\rangle$ を第1基本形式の係数という．$L=\langle S_{uu},\boldsymbol{n}\rangle$，$M=\langle S_{uv},\boldsymbol{n}\rangle$，$N=\langle S_{vv},\boldsymbol{n}\rangle$ を第2基本形式の係数という．ここで，$\boldsymbol{n}=\|S_u\times S_v\|^{-1}S_u\times S_v$ である．

1.5 $K=(LN-M^2)(EG-F^2)^{-1}$

1.6 ガウス曲率は，第1基本形式の係数の2階までの偏微分係数を用いて表すことができる．とくに，ガウス曲率は「内在的」量である．

演習問題

1.1 $\boldsymbol{a}={}^t(a_{11},a_{21},a_{31})$，$\boldsymbol{b}={}^t(a_{12},a_{22},a_{32})$，$\boldsymbol{c}={}^t(a_{13},a_{23},a_{33})$ であるとき

$$\langle \boldsymbol{a}\times\boldsymbol{b},\boldsymbol{c}\rangle=\det(\boldsymbol{a},\boldsymbol{b},\boldsymbol{c})=\det\begin{pmatrix} a_{11} & a_{12} & a_{13} \\ a_{21} & a_{22} & a_{23} \\ a_{31} & a_{32} & a_{33} \end{pmatrix}$$

となることを示せ.

1.2　$\boldsymbol{a}={}^t(x,y,z)$ に対して，3次の交代行列 $A(\boldsymbol{a})$ を

$$A(\boldsymbol{a})=\begin{pmatrix} 0 & -z & y \\ z & 0 & -x \\ -y & x & 0 \end{pmatrix}$$

により定義する. 次の事柄を証明せよ.

(1) $A(\boldsymbol{a}\times\boldsymbol{b})=[A(\boldsymbol{a}),A(\boldsymbol{b})]\quad([A,B]=AB-BA)$

(2) $A(c_1\boldsymbol{a}_1+c_2\boldsymbol{a}_2)=c_1A(\boldsymbol{a}_1)+c_2A(\boldsymbol{a}_2)$

(3) A は幾何ベクトルの集合から，3次の交代行列のなす線形空間への線形同型写像である.

(4) $(\boldsymbol{a}\times\boldsymbol{b})\times\boldsymbol{c}+(\boldsymbol{b}\times\boldsymbol{c})\times\boldsymbol{a}+(\boldsymbol{c}\times\boldsymbol{a})\times\boldsymbol{b}=\boldsymbol{0}$

1.3　次の事柄を証明せよ.

(1) 合同変換 φ,ψ の線形部分をそれぞれ S,T とすると，$\varphi\psi$ の線形部分は ST である.

(2) 合同変換 φ の線形部分を S とすると，φ^{-1} の線形部分は S^{-1} である.

1.4　$\boldsymbol{E}$ の点 o が与えられたとき，線形変換 $A\colon \boldsymbol{L}\longrightarrow\boldsymbol{L}$ とベクトル $\boldsymbol{a}\in\boldsymbol{L}$ に対して，$\boldsymbol{E}$ の変換 $\varphi_{(A,\boldsymbol{a})}$ を

$$\varphi_{(A,\boldsymbol{a})}(p)=o+A(p-o)+\boldsymbol{a}$$

により定義する. 次の事柄を証明せよ.

(1) $\varphi_{(A,\boldsymbol{a})}\varphi_{(B,\boldsymbol{b})}=\varphi_{(AB,A\boldsymbol{b}+\boldsymbol{a})}$

(2) $\varphi_{(A,\boldsymbol{a})}$ が全単射 $\Longleftrightarrow$ A が同型写像

(3) A が同型写像であるとき，

$$\varphi_{(A,\boldsymbol{a})}^{-1}=\varphi_{(A^{-1},-A^{-1}\boldsymbol{a})}$$

($\varphi_{(A,\boldsymbol{a})}$ の形の変換を，**アフィン変換**という).

1.5　$f=f(x,y)$ が $(x,y)=(0,0)$ において

$$f(0,0)=f_x(0,0)=f_y(0,0)=0$$

を満たすと仮定する. 変数変換 $x=x(u,v)$，$y=y(u,v)$ において，$x(0,0)=y(0,0)=0$ とする. $g(u,v)=f(x(u,v),y(u,v))$ に対して

$$
{}^t\!\left(\frac{D(x,y)}{D(u,v)_0}\right)\mathrm{Hess}_o(f)\frac{D(x,y)}{D(u,v)_0}=\mathrm{Hess}_o(g)
$$

(ヘッシアンについての変数変換公式)が成り立つことを示せ.

1.6 空間 $\boldsymbol{E}$ に直交座標系を 1 つ選んだとき, 曲面 $S(U)$ の点 $(x_1,x_2,x_3)=S(u,v)$ における接平面の方程式は次のように与えられることを示せ.

$$
\begin{vmatrix} z_1-x_1 & z_2-x_2 & z_3-x_2 \\ (x_1)_u & (x_2)_u & (x_3)_u \\ (x_1)_v & (x_2)_v & (x_3)_v \end{vmatrix}=0
$$

ここで (z_1,z_2,z_3) は接平面上の点の座標を表す.

1.7 径数表示 S により与えられる曲面 $X=S(U)$ に対して, その平均曲率 H は次式に等しいことを示せ.

$$
\frac{EN+GL-2FM}{EG-F^2},
$$

1.8 $(u,v)\in\mathbb{R}_2$ に複素数 $z=u+iv\in\mathbb{C}$ を対応させることにより複素数の集合 $\mathbb{C}$ を平面と思うことにする. $\mathbb{C}$ の開集合 U 上で定義された正則関数 $f\colon U\longrightarrow\mathbb{C}$ の $z_0\in U$ における複素微分係数 $f'(z_0)$ が 0 と異なるとする. このとき, z_0 の近傍で f は平面の間の共形写像であることを示せ.

1.9 単位球面 X_1 の径数表示として, 次のようなものを考える:

$$
S_1(u,v)=(\cos u\cos v,\ \cos u\sin v,\ \sin u)\,.
$$

また X_1 の赤道に沿って接する円柱 X_2 の径数表示として

$$
S_2(z,w)=(\cos w,\sin w,z)
$$

をとる.

(1) S_1,S_2 に対する第 1 基本形式の係数を求めよ.

(2) $f=f(u)$ を $f(0)=0$ を満たす関数とする.

$$
\varphi(S_1(u,v))=S_2(f(u),v)
$$

とおいて定義した写像 $\varphi\colon X_1\longrightarrow X_2$ が共形写像であるとき, f を具体的に求めよ.

1.10 径数表示 $S(u,v)=(p(u)\cos v,\ p(u)\sin v,\ q(u))$ に対する第 1 基本形式の係数を求めよ. ただし, p,q は

$$
p'(u)^2+q'(u)^2=1
$$

を満たすと仮定する(S により表される曲面は, xz-平面における曲線 $x=p(u)$, $z=q(u)$ を z-軸のまわりに回転して得られる回転面である).

2 位相空間

注意すべきことは，人々はこれらの量を，感覚的な対象との関連以外では考えないことである．そのために生じる偏見をとり去るためには，これらの量を，絶対的なものと相対的なものに，真のものと見かけ上のものに，数学的なものと日常的なものに，区別するのが適当であろう．

——ニュートン『自然哲学の数学的原理』

『幾何入門』の「現代数学への展望」で述べたように，距離空間はユークリッド距離をもつ平面や空間を抽象化したものであり，2 点の間の「近さ，遠さ」が距離を用いて量的に測れる集合であった．もっと正確にいえば，集合 X と実数値関数 $d\colon X\times X\longrightarrow\mathbb{R}$ が与えられ，次の性質を満たすとき (X,d) を**距離空間**といい，d を**距離(関数)**というのであった．

（1） すべての $x,y\in X$ に対して，$d(x,y)\geqq 0$

（2） すべての $x,y\in X$ に対して，$d(x,y)=d(y,x)$

（3） $d(x,y)=0 \iff x=y$

（4） (3 角不等式) すべての $x,y,z\in X$ に対して，

$$d(x,y)+d(y,z)\geqq d(x,z)$$

この距離を使った「遠近」の概念から質的なものを取り出し，それを抽象化したものが**位相構造**の概念である．そして，位相構造を持った集合を**位相空間**という．

前章で扱った曲面は，ユークリッド空間の距離をそれに制限することにより距離空間である．だが，曲面に制限した距離を考える段階では，曲面の「外の世界」であるユークリッド空間の存在を引きずっている．この距離が定める位相構造にたどりつくことによって，はじめて曲面をそれ自身独立したものとして考えることが自然になる．そして，このような曲面の見方が多様体の理論への手掛かりを与えるのである．

§2.1　距離と位相

(a)　開集合と閉集合

(X,d) を距離空間とする．X の元の列 $x_1, x_2, \cdots, x_n, \cdots$ を**点列**(sequence)といい，$\{x_n\}_{n=1}^{\infty}$ と記す．自然数の増加列 $n_1 < n_2 < \cdots$ をとったとき，$\{x_{n_k}\}_{k=1}^{\infty}$ を $\{x_n\}_{n=1}^{\infty}$ の**部分点列**(subsequence)という．

X の点列 $\{x_n\}_{n=1}^{\infty}$ に対して，$\lim_{n\to\infty} d(x_n, x) = 0$ であるとき $\{x_n\}_{n=1}^{\infty}$ は x に**収束する**(converge)といい，$\lim_{n\to\infty} x_n = x$，あるいは $x_n \to x$ $(n\to\infty)$ と書くことにする．x を点列 $\{x_n\}_{n=1}^{\infty}$ の**収束点**という．

問1　点列 $\{x_n\}_{n=1}^{\infty}$ の収束点が存在すれば，ただ1つであることを示せ．また，点列 $\{x_n\}_{n=1}^{\infty}$ が収束すれば，その任意の部分点列も収束することを示せ．（ヒント．前半については，3角不等式により，

$$d(x,y) \leqq d(x,x_n) + d(x_n,y)$$

となるが，ここでとくに x,y を $\{x_n\}_{n=1}^{\infty}$ の収束点とすれば，右辺は $n\to\infty$ としたとき，0に収束する．後半は明らか．）

定義2.1　X の部分集合 A が次の性質を満たすとき，A は**閉集合**(closed set)とよばれる：

A に含まれる任意の収束する点列 $\{x_n\}_{n=1}^{\infty}$ について，収束点 $x = \lim_{n\to\infty} x_n$ が A に含まれる．　□

定義により，X 自身は閉集合である．また，空集合 $\emptyset$ については，閉集

合であることを規定する条件自身が空となるので，$\emptyset$ も閉集合と考えることにする．

X の一般の部分集合 A に対して，A に含まれる点列の収束点となっているような点を，A の**触点**という．A の点は A の触点である．実際，$x \in A$ とするとき，$x_n = x$ $(n=1,2,\cdots)$ とおけば，x は $\{x_n\}_{n=1}^{\infty}$ の収束点である．

A の触点全体からなる集合を A の**閉包**といい，$\overline{A}$ により表す．$A \subset \overline{A}$ であることは今示した．また定義により，A が閉集合であるための必要十分条件は $\overline{A} = A$ となることである．

正数 ε と点 $x \in X$ に対して

$$U(x,\varepsilon) = \{y \in X\,;\ d(x,y) < \varepsilon\}$$

とおいて，x を中心とする $\boldsymbol{\varepsilon}$ **近傍**とよぶ(平面の場合は，円の内部(開円板)である)．$\varepsilon' < \varepsilon$ であるとき，明らかに $U(x,\varepsilon') \subset U(x,\varepsilon)$ である．

問 2　点列 $\{x_n\}_{n=1}^{\infty}$ について，$\lim_{n\to\infty} x_n = x$ であるための必要十分条件は，任意に与えられた正数 ε に対して，ある番号 n_0 をとると，$n > n_0$ ならば $x_n \in U(x,\varepsilon)$ となることである．これを示せ．

例題 2.2　$\overline{A} = \{x \in X \mid$ 任意の正数 ε について $U(x,\varepsilon) \cap A \neq \emptyset\}$．

［解］　$x \in \overline{A}$ とすると，定義により，$x = \lim_{n\to\infty} x_n$ となる A の点列 $\{x_n\}_{n=1}^{\infty}$ が存在する．任意の正数 ε に対して，$x_n \in U(x,\varepsilon)$ となる x_n が存在するから，$x_n \in U(x,\varepsilon) \cap A$．よって $U(x,\varepsilon) \cap A \neq \emptyset$．

逆に，任意の正数 ε について $U(x,\varepsilon) \cap A \neq \emptyset$ と仮定しよう．とくに，各自然数 n に対して，

$$x_n \in U(x,1/n) \cap A,$$

すなわち，$d(x,x_n) < 1/n$ を満たす A の点 x_n が存在する．明らかに，$x = \lim_{n\to\infty} x_n$ であるから，x は A の触点である．∎

例題 2.3　$\overline{(\overline{A})} = \overline{A}$，すなわち A の閉包は閉集合である．

［解］　$\{x_n\}_{n=1}^{\infty}$ を $\overline{A}$ の点列とし，$x \in X$ に収束するものとする．$U(x,\varepsilon) \cap A = \emptyset$ が，ある正数 ε に対して成立すると仮定すれば，$d(x_n,x) < \varepsilon/2$ とな

る x_n は A には属さない．一方，x_n は A の触点であるから，$d(x_n, y) < \varepsilon/2$ となる A の点 y が存在する．3角不等式により

$$d(x, y) \leqq d(x, x_n) + d(x_n, y) < (\varepsilon/2) + (\varepsilon/2) = \varepsilon$$

であるから，$y \in U(x, \varepsilon)$ となって，仮定 $U(x, \varepsilon) \cap A = \emptyset$ に反する．よって，任意の正数 ε に対して $U(x, \varepsilon) \cap A \neq \emptyset$．すなわち，$x \in \overline{A}$ となり，$\overline{A}$ は閉集合である．∎

例 2.4　正数 r に対して $B(x, r) = \{y \in X\,;\, d(x, y) \leqq r\}$ とおくと，$B(x, r)$ は閉集合である．とくに，平面の場合は $B(x, r)$ は閉円板であるから，閉円板は閉集合である．実際，z を $B(x, r)$ に含まれる点列 $\{x_n\}_{n=1}^{\infty}$ の収束点とすると

$$\begin{aligned} d(x, z) &\leqq d(x, x_n) + d(x_n, z) \quad (3\text{ 角不等式}) \\ &\leqq r + d(x_n, z) \end{aligned}$$

であり，$d(x_n, z) \to 0\ (n \to \infty)$ であるから $d(x, z) \leqq r$ となる．□

例題 2.5　平面において，任意の直線は閉集合である．

［解］　l を直線とする．p を l に含まれる点列 $\{p_n\}_{n=1}^{\infty}$ の収束点とする．p が l に属さないとすると，p から l に下ろした垂線の足を q としたとき，任意の番号 n について

$$0 < d(p, q) \leqq d(p, p_n)$$

となるから矛盾である．∎

距離空間 X の部分集合 A の閉包が X に一致するとき，A は X の中で**稠密**(dense)であるといわれる．例えば，実数の集合 $\mathbb{R}$ を，距離 $d(x, y) = |x - y|$ により，距離空間と考えたとき，有理数の集合 $\mathbb{Q}$ は $\mathbb{R}$ の中で稠密である(実際，任意の無理数に対して，それに収束する有理数列が存在する)．

A を X の部分集合としよう．任意の点 $x \in A$ について，適当な正数 ε をとれば，$U(x, \varepsilon) \subset A$ となるようにできるとき，A を**開集合**という．空集合も開集合の1つと考えることにする．空間 X 自身も開集合である．

例題 2.6　$U(x, \varepsilon)$ 自身が開集合であることを示せ．

［解］　$z\in U(x,\varepsilon)$ とし，$\delta=d(x,z)\,(<\varepsilon)$ とおく．任意の $y\in U(z,\varepsilon-\delta)$ に対して，3 角不等式を適用して

$$d(x,y)\leqq d(x,z)+d(z,y)<\delta+(\varepsilon-\delta)=\varepsilon$$

を得るから，$y\in U(x,\varepsilon)$．よって $U(z,\varepsilon-\delta)\subset U(x,\varepsilon)$．これは，$U(x,\varepsilon)$ が開集合であることを意味している． ∎

定理 2.7　A が閉集合であるための必要十分条件は，A の補集合 $A^c=X\backslash A$ が開集合であることである．

［証明］　A^c が開集合であると仮定しよう．A に含まれる収束点列 $\{x_n\}_{n=1}^{\infty}$ をとり，$x=\lim_{n\to\infty}x_n$ とする．x が A に含まれないと仮定して矛盾を導く．A^c が開集合であることから，正数 ε を十分小さくとれば，$U(x,\varepsilon)$ は A^c に含まれる．一方，$\{x_n\}_{n=1}^{\infty}$ が x に収束していることから，n を十分大きくとれば，$d(x,x_n)<\varepsilon$，すなわち $x_n\in U(x,\varepsilon)\subset A^c$．これは $\{x_n\}_{n=1}^{\infty}$ が A に含まれていることに矛盾．したがって $x\in A$ となり，A は閉集合である．

逆に，A を閉集合としよう．A^c が開集合ではないと仮定する．このとき，A^c の点 x で，任意の自然数 n について，$U(x,1/n)$ が A^c に属さない点 x_n を含むようなものがある．点列 $\{x_n\}_{n=1}^{\infty}$ は A に含まれ，$d(x,x_n)<1/n$ であるから，$x=\lim_{n\to\infty}x_n$．よって，仮定から $x\in A$．これは矛盾である．したがって A^c は開集合となる． ∎

例 2.8　実数の集合 $\mathbb{R}$ の開区間 (a,b) は開集合である． □

例 2.9　平面の開円板は開集合である． □

次に述べる 2 つの定理は，開集合および閉集合の基本的性質を与える．実際，後で述べる位相空間の定義の基になるものである．

定理 2.10　$\mathcal{O}$ を X の開集合の全体とするとき，次の性質が成り立つ．

（O–1）　$\emptyset, X\in\mathcal{O}$

（O–2）　$\{A_i\}_{i\in I}$ を $\mathcal{O}$ の部分族とすると，$\bigcup_{i\in I}A_i\in\mathcal{O}$

（O–3）　$A_1,A_2,\cdots,A_n$ を $\mathcal{O}$ の元とすると，$\bigcap_{k=1}^{n}A_k\in\mathcal{O}$

［証明］（O–1）は定義による．

（O–2）$x\in\bigcup A_i$ とすると，ある i で $x\in A_i$ となるものが存在．A_i は開集合だから $U(x,\varepsilon)\subset A_i$ となるように $\varepsilon>0$ がとれる．このとき $U(x,\varepsilon)\subset\bigcup A_i$．すなわち $\bigcup A_i$ も開集合である．

（O–3）$x\in\bigcap A_k$ としよう．$x\in A_k$ であるから，ある正数 ε_k が存在して $U(x,\varepsilon_k)\subset A_k$．$\varepsilon=\min(\varepsilon_1,\varepsilon_2,\cdots,\varepsilon_n)$ とおくと，すべての k に対して $U(x,\varepsilon)\subset A_k$．よって

$$U(x,\varepsilon)\subset\bigcap A_k\,.$$

（$\{A_k\}$ が無限個の場合に，$\bigcap A_k$ が一般には開集合とならないのは，$\{\varepsilon_1,\varepsilon_2,\cdots,\varepsilon_n,\cdots\}$ の下限は0となることもあるからである）．∎

定理 2.11　$\mathcal{F}$ を X の閉集合の全体とするとき，次の性質が成り立つ．

（F–1）$\emptyset, X\in\mathcal{F}$

（F–2）$\{B_i\}_{i\in I}$ を $\mathcal{F}$ の部分族とすると，$\bigcap B_i\in\mathcal{F}$

（F–3）$B_1,B_2,\cdots,B_n$ を $\mathcal{F}$ の元とすると，$\bigcup B_k\in\mathcal{F}$

［証明］補集合をとることにより，開集合の性質に帰着する（ド・モルガンの公式

$$(\bigcap B_i)^c=\bigcup {B_i}^c,\quad (\bigcup B_k)^c=\bigcap {B_k}^c$$

を使う）．∎

（F–2）により，距離空間 X の部分集合 A に対して，A を含むすべての閉集合の共通部分は再び閉集合であり，これは A を含む最小の閉集合である．この閉集合が，A の閉包と一致することをみよう．前に示したように，$\overline{A}$ は閉集合である．B を A を含む任意の閉集合としよう．$\overline{A}\subset B$ を示せばよい．これを否定すると，ある $x\in\overline{A}$ で，$x\notin B$ となるものが存在する．B は閉集合であるから，B^c は x を含む開集合．よって，ある正数 ε で，$U(x,\varepsilon)\subset B^c$ となるものが存在．言い換えれば，$U(x,\varepsilon)\cap B=\emptyset$ となり，とくに $U(x,\varepsilon)\cap A=\emptyset$．これは $x\in\overline{A}$ に矛盾する（例題 2.2）．

触点に関連して重要な概念である集積点の定義を与えよう．距離空間 X の部分集合 A が与えられたとき，点 x が A の**集積点**(accumulation point)であるとは，x の任意の ε 近傍 $U(x,\varepsilon)$ が「無限個の」A の点を含

むことをいう．言い換えれば，点 x が A の集積点であるためには，x の任意の ε 近傍 $U(x,\varepsilon)$ が「x 以外の」A の点を少なくとも1つ含めばよい．実際，後者の条件から，$U(x,\varepsilon)$ は A の点 $x_1\,(\neq x)$ を含む．互いに異なる A の点 $x_1, x_2, \cdots, x_n$ $(x_i \neq x,\ i=1,2,\cdots,n)$ がとれたと仮定したとき，$\varepsilon_1 = \min\{d(x,x_i)\,|\,i=1,2,\cdots,n\}$ とおいて，$U(x,\varepsilon_1)$ に含まれる A の点 $x_{n+1}\,(\neq x)$ をとれば，$x_1, x_2, \cdots, x_n, x_{n+1}$ は互いに異なり，$U(x,\varepsilon)$ に含まれる A の点である．このように帰納法を使って，$U(x,\varepsilon)$ に含まれる無限個の A の点をとることができる．

A の集積点は，明らかに A の触点である．しかし逆は一般には成り立たない．x が A の触点であり，しかも A の集積点でなければ，$x\in A$ であり，しかも，$U(x,\varepsilon)\cap A$ が x のみからなるような正数 ε が存在する．なぜなら，集積点であることを否定すれば，$U(x,\varepsilon)\cap A$ が x 以外の点を含まないような正数 ε が存在するが，一方，触点の定義により $U(x,\varepsilon)\cap A$ は空ではないから，$U(x,\varepsilon)\cap A=\{x\}$ となる．$U(x,\varepsilon)\cap A=\{x\}$ となる正数 ε が存在するとき，x を A の**孤立点**(isolated point)という．

(b)　連続写像

実数のある区間で定義された実数値関数の連続性の定義を思い出そう．区間 $I=[a,b]$ 上で定義された関数 f が連続であるとは，I に含まれる列 $\{x_n\}_{n=1}^{\infty}$ が I の点 x に収束するとき，$\{f(x_n)\}_{n=1}^{\infty}$ が $f(x)$ に収束することである：

$$\lim_{n\to\infty} f(x_n) = f(\lim_{n\to\infty} x_n).$$

これを，距離空間の間の写像の連続性の定義に一般化する．

定義 2.12　$(X,d), (Y,d')$ を距離空間とし，$f\colon X \longrightarrow Y$ を写像，x を X の点としよう．x に収束する X の任意の点列 $\{x_n\}_{n=1}^{\infty}$ に対し，Y の点列 $\{f(x_n)\}_{n=1}^{\infty}$ が $f(x)$ に収束するとき，f は x で**連続**(continuous)であるという．

また，すべての X の点で f が連続であるとき，f は(X で)連続であるという．

とくに，$Y=\mathbb{R}$ (距離は $d(a,b)=|a-b|$)であるとき，連続写像 $f\colon X \longrightarrow \mathbb{R}$

を，X 上の**連続関数**という．　□

例題 2.13　正数 L について不等式 $d'(f(x_1), f(x_2)) \leqq Ld(x_1, x_2)$ がすべての $x_1, x_2 \in X$ に対して成り立てば写像 $f\colon X \longrightarrow Y$ は連続である．

［解］　$x = \lim_{n\to\infty} x_n$ とすれば

$$\lim_{n\to\infty} d'(f(x), f(x_n)) \leqq \lim_{n\to\infty} Ld(x, x_n) = 0\,.$$

∎

上の例題の条件を満たす f を**リプシッツ連続**な写像という．とくに，$L<1$ であるとき，f は**縮小写像**とよばれる．さらに，等号

$$d'(f(x_1), f(x_2)) = d(x_1, x_2), \quad x_1, x_2 \in X$$

が成り立つとき，f を**等距離写像**(isometry)という．等距離写像は，明らかに単射である．

平面の相似変換はユークリッド距離に関してリプシッツ連続であり，合同変換は等距離写像である．

A を X の部分集合とする．X の距離関数から**誘導された** A の距離関数 d_A は

$$d_A(x, y) = d(x, y), \quad x, y \in A$$

により定義される．この距離関数に関して，包含写像 $i\colon A \longrightarrow X$ は等距離写像である．(A, d_A) を (X, d) の**部分距離空間**という．

定理 2.14

（i）　$f\colon X \longrightarrow Y$ が x で連続であるための必要十分条件は，$y = f(x)$ とするとき，任意の正数 ε に対して，ある正数 δ(ε に依存する)で

$$f(U(x,\delta)) \subset U'(y,\varepsilon)$$

を満たすものが存在することである．ここで $U'(y,\varepsilon)$ は距離 d' に関する y の ε 近傍を表す．言い換えれば，任意の正数 ε に対して，

$$d(x, x') < \delta \ (x' \in X) \text{ であれば, } d'(f(x), f(x')) < \varepsilon$$

が成り立つような(ε に依存する)正数 δ が存在することが，f が x において連続であるための必要十分条件である．

（ii）　f が X で連続であるための必要十分条件は，Y の任意の開集合 U に対して，その逆像 $f^{-1}(U)$ が X の開集合になることである．

［証明］（i）まず f が x で連続とする．結論を否定するとある正数 ε が存在して，任意の正数 δ について，

$$f(z) \notin U'(y, \varepsilon)$$

を満たす $z \in U(x, \delta)$ が存在する．特に $\delta = 1/n,\ n = 1, 2, \cdots$ とすると，各 n について $z_n \in U(x, 1/n)$ で

$$f(z_n) \notin U'(y, \varepsilon)$$

となるものが存在することになる．これを書き直せば

$$d(z_n, x) < 1/n, \quad d(f(z_n), f(x)) \geqq \varepsilon$$

となるから，$\lim_{n\to\infty} z_n = x$ ではあるが，$f(z_n)$ は $f(x)$ に収束しない．これは矛盾である．よって，任意の正数 ε に対して，ある正数 δ で

$$f(U(x, \delta)) \subset U'(y, \varepsilon)$$

を満たすものが存在する．

逆に，任意の正数 ε に対して，ある正数 δ で $f(U(x, \delta)) \subset U'(y, \varepsilon)$ を満たすものが存在すると仮定しよう．$\lim_{n\to\infty} x_n = x$ とする．結論 $\lim_{n\to\infty} f(x_n) = f(x)$ を否定すると，ある正数 ε が存在して任意の正数 δ に対して，

$$d(x_n, x) < \delta, \quad d'(f(x_n), f(x)) \geqq \varepsilon$$

を満たす x_n が存在することになる．このとき $x_n \in U(x, \delta)$，$f(x_n) \notin U'(y, \varepsilon)$ である．これは仮定に矛盾する．よって $\lim_{n\to\infty} f(x_n) = f(x)$．

（ii）f の連続性を仮定する．U を (Y, d') の開集合とする．$f^{-1}(U) = \emptyset$ のとき，空集合は開集合であるから，$f^{-1}(U)$ は開集合である．$f^{-1}(U) \neq \emptyset$ のとき，任意の $x \in f^{-1}(U)$ をとる．このとき $f(x) \in U$．U は開集合であるから，$U'(f(x), \varepsilon) \subset U$ となるような正数 ε が存在する．(i)から $f(U(x, \delta)) \subset U'(f(x), \varepsilon)$ となる正数 δ が存在し，

$$U(x, \delta) \subset f^{-1}(U'(f(x), \varepsilon)) \subset f^{-1}(U)$$

となるから，$f^{-1}(U)$ は開集合である．

逆に，Y の任意の開集合 U に対して，その逆像 $f^{-1}(U)$ が X の開集合になると仮定する．とくに U として $U'(f(x), \varepsilon)$ をとると，$f^{-1}(U'(f(x), \varepsilon))$ は (X, d) の開集合であり，$x \in f^{-1}(U'(f(x), \varepsilon))$ であるから，

$$U(x, \delta) \subset f^{-1}(U'(f(x), \varepsilon))$$

を満たす正数 δ が存在する．これを書き直せば

$$f(U(x,\delta)) \subset U'(f(x),\varepsilon)$$

となる． ∎

問3　f が X で連続であるための必要十分条件は，Y の任意の閉集合 F に対して，その逆像 $f^{-1}(F)$ が X の閉集合になることである．これを示せ．（ヒント．$(f^{-1}(F))^c = f^{-1}(F^c)$）

連続性に対する直観の危険性

区間 $[a,b]$ で定義された連続関数の直観的イメージは，f のグラフが「つながっている」という言葉に集約される．例えば，中間値の定理「$f(a), f(b)$ の間にある任意の数 t に対して，$f(x)=t$ となる $x \in [a,b]$ が存在する」は，このことを体現しているといってよい．

しかし，この直観を，一般の連続関数や写像に適用することは危険である．例えば，a を無理数として，有理数の集合 $\mathbb{Q}$ 上で定義された関数

$$f(x) = \begin{cases} 1, & x < a,\ x \in \mathbb{Q} \\ 0, & x > a,\ x \in \mathbb{Q} \end{cases}$$

は「つながっていない」にもかかわらず連続である．ただし，$\mathbb{Q}$ は，距離 $d(x,y)=|x-y|$ により距離空間と考える．実際，任意の $x \in \mathbb{Q}$ について，$x<a$ または $x>a$ のどちらかが成り立つが，x に収束する $\mathbb{Q}$ の点列 $\{x_n\}_{n=1}^{\infty}$ に対して，十分大きい n をとれば $x<a$（または $x>a$）のとき $x_n < a$（または $x_n > a$）が成り立ち，

$$f(x_n) = 1 = f(x) \quad （または\ f(x_n) = 0 = f(x)）$$

となって，$\lim_{n\to\infty} f(x_n) = f(x)$．よって f は連続である（この議論では a を無理数としたところにポイントがあり，a を有理数とすると，f は不連続となる）．

例題 2.15　距離空間 (X,d) の点 x に対して，

$$f_x(z) = d(x,z), \quad z \in X$$

とおいて定義した関数 f_x はリプシッツ連続である．

［解］

$$|f_x(z)-f_x(w)| = |d(x,z)-d(x,w)| \leqq d(z,w).$$

(『幾何入門』の「現代数学への展望」の最初の例題参照)　∎

(c) 完備性

『幾何入門』の第5章で述べたように，「連続公理」は，平面や空間に「すき間」のないことを前提とするための公理であった．このことを，距離の立場から考察してみよう．

実数の集合 $\mathbb{R}$ は，距離 $d(x,y) = |x-y|$ により距離空間であるが，この距離は次の特別な性質をもっている(『幾何入門』第4章定理4.46)：数列 $\{x_n\}_{n=1}^{\infty}$ が

$$d(x_m, x_n) \to 0 \quad (m, n \to \infty)$$

を満たすとき，すなわち基本列であるとき，$\{x_n\}_{n=1}^{\infty}$ は収束する．

この著しい性質を距離空間に一般化して，次の定義を行う．

距離空間 (X,d) の点列 $\{x_n\}_{n=1}^{\infty}$ が**基本列**(またはコーシー列)であるとは，任意の正数 ε に対して自然数 $N = N(\varepsilon)$ が存在して

$$d(x_m, x_n) < \varepsilon$$

がすべての $m, n \geqq N$ について成立することである．

収束する点列は基本列であることは容易に確かめられる．

距離空間 (X,d) は，すべての基本列が収束するとき，**完備**(complete)であるといわれる．

定理 2.16　平行線の公理を満たす平面(空間) X において，次の2条件は同値である．

(i)　X は連続公理を満たす．

(ii)　ユークリッド距離は完備である．

［証明］　連続公理を満たせば，X は2次元数平面(座標平面) $\mathbb{R}_2 = \mathbb{R} \times \mathbb{R}$

と同一視され，2点 $p=(x_1,y_1)$，$q=(x_2,y_2)$ の間のユークリッド距離は

$$d(p,q) = \sqrt{(x_1-x_2)^2+(y_1-y_2)^2}$$

により与えられた．$\{p_n\}_{n=1}^{\infty}$ $(p_n=(x_n,y_n))$ を X の基本列としよう．

$$|x_m-x_n| \leqq d(p_m,p_n),$$
$$|y_m-y_n| \leqq d(p_m,p_n)$$

であるから，$\{x_n\}_{n=1}^{\infty}$，$\{y_n\}_{n=1}^{\infty}$ は共に $\mathbb{R}$ の基本列である．よって

$$x = \lim_{n\to\infty} x_n, \quad y = \lim_{n\to\infty} y_n$$

が存在する．$p=(x,y)$ とすると

$$d(p,p_n) = \sqrt{(x-x_n)^2+(y-y_n)^2} \leqq |x-x_n|+|y-y_n|$$

であるから，$p=\lim_{n\to\infty} p_n$ となり，(X,d) は完備である．

逆に (X,d) が完備としよう．l を直線として，ユークリッド距離 d に対応する目盛関数を $\Theta\colon l \longrightarrow \mathbb{R}$ とする．$p,q\in l$ に対して

$$d(p,q) = |\Theta(p)-\Theta(q)| \tag{2.1}$$

である．$\Theta(l)\neq\mathbb{R}$ と仮定すると，実数 a で $\Theta(l)$ に属さないものが存在する．$\Theta(l)$ は $\mathbb{R}$ において稠密であるから，l に属する点列 $\{p_n\}$ で

$$\lim_{n\to\infty} \Theta(p_n) = a$$

となるものが存在する．(2.1)により $\{p_n\}_{n=1}^{\infty}$ は X の基本列となるから，完備性により $\{p_n\}_{n=1}^{\infty}$ は収束する．l は閉集合であるから，$p=\lim_{n\to\infty} p_n$ とおくとき p は l に属する(例題2.5)．再び(2.1)により $\Theta(p)=\lim_{n\to\infty}\Theta(p_n)$ となるから，$a=\Theta(p)$ となって矛盾である．∎

例2.17　有理数の集合 $\mathbb{Q}$ は距離 $|x-y|$ に関して完備ではない．実際，無理数に収束する有理数の列は $\mathbb{Q}$ の中で基本列であるが，$\mathbb{Q}$ の中では収束しない．□

例題2.18　完備な距離空間 X の部分集合 A が，誘導された距離に関して完備であるための必要十分条件は，A が閉集合となることである．

[解]　A に含まれる基本列は，X の点列としても基本列であることから明らかである．∎

例題2.19　A を距離空間 X の稠密な集合，(Y,d') を完備な距離空間とす

る．$f: A \longrightarrow Y$ を誘導された距離に関してリプシッツ連続な写像とするとき，X から Y へのリプシッツ連続な写像 F で f の拡張 $(F|A=f)$ となるものがただ1つ存在する．f が等距離写像であるとき，拡張 F も等距離写像である．

［解］ $x=\lim_{n\to\infty} x_n$ $(x_n \in A)$ に対して，

$$d'(f(x_m), f(x_n)) \leqq Ld(x_m, x_n)$$

であるから，Y の点列 $\{f(x_n)\}_{n=1}^{\infty}$ は基本列である．

$$F(x) = \lim_{n\to\infty} f(x_n)$$

とおこう．$F(x)$ は，x に収束する点列 $\{x_n\}_{n=1}^{\infty}$ のとりかたによらず，x のみにより定まる．なぜなら，$x=\lim_{n\to\infty} z_n$ とするとき，

$$d'(f(x_m), f(z_n)) \leqq Ld(x_m, z_n) \leqq L\{d(x_m, x)+d(x, z_n)\}$$

であるから，$m\to\infty$ として，

$$d'(F(x), f(z_n)) \leqq Ld(x, z_n)$$

となり，$F(x)=\lim_{n\to\infty} f(z_n)$．

F がリプシッツ連続であることは，$x=\lim_{n\to\infty} x_n$，$z=\lim_{n\to\infty} z_n$ とするとき，不等式

$$d'(f(x_n), f(z_n)) \leqq Ld(x_n, z_n)$$

において，$n\to\infty$ とすれば

$$d'(F(x), F(z)) \leqq Ld(x, z)$$

となることから明らかである．F の一意性と残りの主張も同様に証明できる．

∎

$\mathbb{R}_n = \mathbb{R}\times\mathbb{R}\times\cdots\times\mathbb{R}$ により n 次元数空間を表し，$\mathbb{R}_n$ の2点 $x=(x_1, \cdots, x_n)$，$y=(y_1, \cdots, y_n)$ に対してそのユークリッド距離を

$$d(x, y) = \{(x_1-y_1)^2+\cdots+(x_n-y_n)^2\}^{1/2}$$

により定める(『幾何入門』の「現代数学への展望」参照)．次の定理は，ユークリッド平面(空間)のモデルの一般化である n 次元数空間の完備性をいっているが，証明は定理2.16のそれと同様である．

定理 2.20　n 次元数空間 $\mathbb{R}_n$ は，ユークリッド距離について完備な距離空

間である. □

n 次元数空間は，集合 $S=\{1,2,\cdots,n\}$ から $\mathbb{R}$ への関数全体のなす集合と同一視される．実際，$f\colon S\longrightarrow\mathbb{R}$ に対して，$(f(1),f(2),\cdots,f(n))\in\mathbb{R}_n$ を対応させる写像は，$\{f\mid f\colon S\longrightarrow\mathbb{R}\}$ と $\mathbb{R}_n$ の間の全単射である．

もっと一般の集合 S に対して，S 上の実数値関数の集合 $\mathbb{R}^S=\{f\mid f\colon S\longrightarrow\mathbb{R}\}$ を考える．$f_0\in\mathbb{R}^S$ を1つとり，$f-f_0$ が S 上で有界な関数(すなわち，$|f(s)-f_0(s)|\leqq K$ がすべての $s\in S$ に対して成り立つような正数 K が存在するような関数 f)の全体を $\mathbb{R}^S(f_0)$ で表そう(f_0 が恒等的に0である場合は，$\mathbb{R}^S(f_0)$ は S 上の有界関数の全体になる)．$\mathbb{R}^S(f_0)$ の元 f,g に対して，

$$d^*(f,g)=\sup\{|f(s)-g(s)|\mid s\in S\}$$

とおく(sup は上限を表す)．$d^*(f,g)$ は有限な値をもつことに注意しよう．実際,

$$|f(s)-g(s)|\leqq|f(s)-f_0(s)|+|f_0(s)-g(s)|$$

となることから，これは明らかである．

補題 2.21 d^* は $\mathbb{R}^S(f_0)$ 上の距離関数である．

［証明］ 3角不等式だけが自明ではない．$f,g,h\in\mathbb{R}^S(f_0)$ に対して

$$|f(s)-h(s)|\leqq|f(s)-g(s)|+|g(s)-h(s)|$$

であるから，両辺の上限をとれば

$$\begin{aligned}\sup|f(s)-h(s)|&\leqq\sup\{|f(s)-g(s)|+|g(s)-h(s)|\}\\&\leqq\sup|f(s)-g(s)|+\sup|g(s)-h(s)|\end{aligned}$$

となり，3角不等式を得る． ∎

補題 2.22 距離空間 $(\mathbb{R}^S(f_0),d^*)$ は完備である．

［証明］ $\{f_n\}_{n=1}^\infty$ を $(\mathbb{R}^S(f_0),d^*)$ における基本列とする．各 $s\in S$ に対して

$$|f_m(s)-f_n(s)|\leqq d^*(f_m,f_n)\tag{2.2}$$

であるから，$\{f_n(s)\}_{n=1}^\infty$ は $\mathbb{R}$ における基本列である．よって $\{f_n(s)\}_{n=1}^\infty$ は収束するから,

$$f(s)=\lim_{n\to\infty}f_n(s)$$

とおく．$f\in\mathbb{R}^S(f_0)$ となることをみよう．$m,n\geqq N$ となる m,n に対して,

$$|f_m(s)-f_n(s)|\leqq d^*(f_m,f_n)<1$$

となる自然数 N をとる．$K=\sup\{|f_N(s)-f_0(s)|\mid s\in S\}$ とおくと

$$\begin{aligned}|f_n(s)-f_0(s)| &= |f_N(s)-f_0(s)-(f_N(s)-f_n(s))|\\ &\leqq |f_N(s)-f_0(s)|+|f_N(s)-f_n(s)|\\ &< K+1\end{aligned}$$

であるから $|f(s)-f_0(s)|\leqq K+1$ となり，$f\in\mathbb{R}^S(f_0)$ となることがわかる．次に

$$\lim_{n\to\infty} d^*(f,f_n)=0$$

を示そう．任意の正数 ε に対して

$$|f_m(s)-f_n(s)|\leqq d^*(f_m,f_n)<\varepsilon,\quad m,n\geqq N$$

となる N をとる．ここで $m\to\infty$ とすれば

$$|f(s)-f_n(s)|\leqq\varepsilon,\quad n\geqq N$$

が成り立つから，$d^*(f,f_n)\leqq\varepsilon$ $(n\geqq N)$ を得る．これは $\lim_{n\to\infty} d^*(f,f_n)=0$ を意味している．∎

完備でない距離空間は，ある完備な距離空間の部分距離空間と同一視することができる(すなわち，「すき間」に点を入れて，完備にできるのである)．これを示そう．

定理 2.23　(X,d) を任意の距離空間とするとき，次の性質を満たす距離空間 (X_0,d_0) が存在する．

(i)　(X_0,d_0) は完備な距離空間である．

(ii)　X から X_0 への等距離写像 φ が存在する．

(iii)　(X_0,d_0) において，$\varphi(X)$ の閉包は X_0 に一致する(すなわち，$\varphi(X)$ は X_0 において稠密である)．

また，上の性質(i),(ii),(iii)を満たす2つの距離空間 $(Y_1,d_1),(Y_2,d_2)$ があって，φ_1,φ_2 がそれぞれ X から Y_1,Y_2 の中への等距離写像とするとき，全単射かつ等距離写像となる $\Phi\colon Y_1\longrightarrow Y_2$ で，$\Phi\varphi_1=\varphi_2$ を満たすものが(ただ1つ)存在する．

すなわち，(i),(ii),(iii)を満たす距離空間 (X_0,d_0) は，(X,d) により本質的にただ1つ定まる．(X_0,d_0) を (X,d) の**完備化**(completion)という．

[証明]　各 $x\in X$ に対して，$f_x\in\mathbb{R}^X$ を

$$f_x(z) = d(x, z), \quad z \in X$$

とおいて定義する．X の点 x_0 を1つとって，距離空間 $\mathbb{R}^X(f_{x_0})$ を考える．例題2.15により

$$|f_x(z) - f_{x_0}(z)| = |d(x, z) - d(x_0, z)| \leqq d(x, x_0)$$

となるから，$f_x \in \mathbb{R}^X(f_{x_0})$(右辺は z によらないことに注意)．さらに

$$d^*(f_x, f_y) = \sup\{|f_x(z) - f_y(z)| \mid z \in X\} = d(x, y)$$

であるから($|f_x(x) - f_y(x)| = d(x, y)$ に注意)，$\varphi(x) = f_x$ により定義される写像 $\varphi\colon X \longrightarrow \mathbb{R}^X(f_{x_0})$ は等距離写像である．φ の像 $\varphi(X)$ の $\mathbb{R}^X(f_{x_0})$ における閉包を X_0 とすると，例題2.18により X_0 は完備であり，写像 $\varphi\colon X \longrightarrow X_0$ は定理に述べた条件を満たす．

定理の後半を証明しよう．写像 $f\colon \varphi_1(X) \longrightarrow Y_2$ を，

$$f(\varphi_1(x)) = \varphi_2(x), \quad x \in X$$

とおいて定義する．f は等距離写像であるから，例題2.19により，f の拡張 $\Phi\colon Y_1 \longrightarrow Y_2$ がただ1つ存在し，Φ も等距離写像である．この Φ が求めるものであることは容易に確かめられる．■

例2.24　有理数の集合 $\mathbb{Q}$ の，距離 $d(x, y) = |x - y|$ による完備化は $\mathbb{R}$ である．□

例2.25（p-進体）　$\mathbb{Q}$ の p-進絶対値 $|\cdot|_p$(『幾何入門』の「現代数学への展望」参照)が定める距離による $\mathbb{Q}$ の完備化を $\mathbb{Q}_p$ で表し，**p-進体**という．□

(d)　コンパクト性

平面や空間の有界閉集合がもつ性質を抽象化しよう．

距離空間 (X, d) の(空でない)部分集合 A に対して

$$\delta(A) = \sup\{d(a, b);\ a, b \in A\}$$

を A の**直径**といい，$\delta(A) < \infty$ のとき A は**有界**であるといわれる．

例題2.26　x を X の任意の点とする．A が有界であるための必要十分条件は，ある正数 K が存在して

$$A \subset U(x, K)$$

となることである.

［解］ A を有界とし，$a_0 \in A$ を1つとる．このとき

$$K = \sup\{d(a_0, a);\ a \in A\} + d(a_0, x)$$

は有限な数である．任意の $a \in A$ に対して

$$d(x, a) \leqq d(a_0, x) + d(a_0, a) \leqq K$$

であるから $A \subset U(x, K)$．逆に $A \subset U(x, K)$ とすると，$a, b \in A$ に対して

$$d(a, b) \leqq d(x, a) + d(x, b) \leqq 2K$$

であるから，$\sup\{d(a, b);\, a, b \in A\} < \infty$．よって A は有界である． ∎

定義 2.27 距離空間 X の部分集合 A が，次の性質を満たすとき**コンパクト**(compact)であるといわれる:

A に含まれる任意の点列 $\{x_n\}_{n=1}^{\infty}$ は，A の元に収束する部分列 $\{x_{n_k}\}_{k=1}^{\infty}(n_1 < n_2 < \cdots)$ を含む.

X 自身がコンパクトであるとき，X を**コンパクトな距離空間**という． □

問4 A_1, A_2 がコンパクトであるとき $A_1 \cup A_2$ もコンパクトであることを示せ.

定義からコンパクトな集合は閉集合である．また，コンパクトな集合に含まれる閉集合はコンパクトである.

例題 2.28 n 次元数空間 $\mathbb{R}_n$ の有界な閉集合はコンパクトである.

［解］ まず $\mathbb{R}$ の有界閉区間 $[a, b]$ がコンパクトであることをみる．$\{x_k\}_{k=1}^{\infty}$ を $[a, b]$ の点列とする．$\sup\{x_k \mid k = 1, 2, \cdots\}$ が存在するからこれを x とすれば，$a \leq x \leq b$．自然数 i について

$$x - \frac{1}{i} < x_{k_i}$$

となる k_i が存在するから，部分列 $\{x_{k_i}\}_{i=1}^{\infty}$ は x に収束する．よって $[a, b]$ はコンパクトである.

$\mathbb{R}_n$ の部分集合 $[a_1, b_1] \times \cdots \times [a_n, b_n]$ はコンパクトである．実際，$[a_1, b_1] \times \cdots \times [a_n, b_n]$ の点列 $\{x_k\}_{k=1}^{\infty}$ $(x_k = (x_{k1}, \cdots, x_{kn}))$ の成分 $\{x_{ki}\}_{k=1}^{\infty}$ は，前半で示したことから $[a_i, b_i]$ で収束する部分列を含み，これを使えば，$\{x_k\}_{k=1}^{\infty}$ のある部分列が収束することがわかる．

一般の有界閉集合は，ある $[a_1, b_1] \times \cdots \times [a_n, b_n]$ に含まれるようにできるから，コンパクトである． ∎

定理 2.29　コンパクトな距離空間 (X, d) は完備である．

［証明］ (X, d) の任意の基本列 $\{x_n\}_{n=1}^{\infty}$ をとる．X はコンパクトであるから，収束する部分列 $\{x_{n_k}\}_{k=1}^{\infty}$ が存在する．$\lim_{k \to \infty} x_{n_k} = x$ としよう．

$$d(x_n, x) \leqq d(x_n, x_{n_k}) + d(x_{n_k}, x)$$

であるから，正数 ε に対して，

$$d(x_{n_k}, x) < \varepsilon/2, \quad n_k \geqq N,$$

$$d(x_n, x_{n_k}) < \varepsilon/2, \quad n \geqq N$$

を満たすように N をとれば，$n \geqq N$ のとき $d(x_n, x) < \varepsilon$．よって $\{x_n\}_{n=1}^{\infty}$ は x に収束する． ∎

A を距離空間 (X, d) の部分集合とする．X の開集合の族 $\{U_i\}_{i \in I}$ が A を覆うとき，すなわち $A \subset \bigcup_{i \in I} U_i$ となるとき，$\{U_i\}_{i \in I}$ を A の**開被覆**という．とくに添字の集合 I が有限集合（または可算集合）であるとき，$\{U_i\}_{i \in I}$ を有限開被覆（または可算開被覆）という．I の部分集合 J に対して，$\{U_j\}_{j \in J}$ が A の開被覆になっているとき，$\{U_j\}_{j \in J}$ を $\{U_i\}_{i \in I}$ の部分被覆という．

次の定理は，コンパクト性も，開集合の言葉で特徴づけられることを意味している．

定理 2.30　A を距離空間のコンパクトな部分集合とし，$\{U_i\}_{i \in I}$ を A の開被覆とする．このとき，$\{U_i\}_{i \in I}$ の有限部分被覆が存在する．逆に，A の任意の開被覆が必ず有限部分被覆をもつならば，A はコンパクトである． □

いくつかの補題に分けて証明する．

補題 2.31　A をコンパクトな部分集合とする．任意の正数 ε に対して，A の有限開被覆 $\{V_1, \cdots, V_n\}$ で

$$\delta(V_i) < \varepsilon \quad (i=1,\cdots,n)$$

となるものが存在する(個数 n はもちろん ε に依存する).

[証明] 対偶を示そう. 結論を否定すると, ある正数 ε が存在して, A は決して有限個の $U(x_1,\varepsilon/2),\cdots,U(x_n,\varepsilon/2)$ の和集合に含まれることはない. A に含まれる点列 $\{x_n\}_{n=1}^{\infty}$ を帰納的に

$$x_{n+1} \notin U(x_1,\varepsilon/2)\cup\cdots\cup U(x_n,\varepsilon/2)$$

を満たすようにとっていこう. このとき, $i\neq j$ ならば $d(x_i,x_j)\geqq\varepsilon/2$ であるから, $\{x_n\}_{n=1}^{\infty}$ のどんな部分列を選んでも収束しない. よって, A はコンパクトではない. ∎

上の補題の性質をもつ集合を, **全有界**(または**プレコンパクト**)であるという.

系 2.32 距離空間のコンパクトな部分集合は有界である. □

補題 2.33 A をコンパクトとすると, A のある可算部分集合 E で, E の閉包が A に一致するものが存在する.

[証明] 前補題により各自然数 n に対して

$$A \subset \bigcup_{i=1}^{s_n} U(x_{n_i},1/n)$$

となるような $x_{n_i}\in A$ $(i=1,\cdots,s_n)$ がとれる. このとき $E=\{x_{n_i}\mid n=1,2,\cdots;\ i=1,2,\cdots,s_n\}$ とおけば, E は可算集合であり, E の閉包は A となる. ∎

補題 2.34 X の閉集合 A が, ある可算部分集合 E の閉包になっているとき, A の任意の開被覆は, 必ず可算部分被覆をもつ.

[証明] $E=\{a_1,a_2,\cdots,a_n,\cdots\}$ とする.

$$O_{r,n}=U(a_n,r) \quad (n\text{ は自然数};\ r\in\mathbb{Q},\ r>0)$$

とおこう. 部分集合族 $\{O_{r,n}\}$ が可算個の開集合からなることは明らかであろう. 任意の開集合 U は, U に含まれる $O_{r,n}$ 全体の和集合と一致することをみよう. $x\in U$ とする. 開集合の定義により, $U(x,\varepsilon)\subset U$ となる正数 ε が存在する. 一方, 閉包の定義により, $a_n\in U(x,\varepsilon/2)$ となる $a_n\in E$ が存在する. このとき

$$d(x,a_n) < r < \varepsilon/2$$

となる有理数 r を選べば，

$$x \in U(a_n, r) \subset U(x, \varepsilon) \subset U$$

となるから，U は，U に含まれる $O_{r,n}$ 全体の和集合と一致する．

次に，$\{U_i\}_{i\in I}$ を A の任意の開被覆とする．今示したように，各 U_i は，U_i に含まれる $O_{r,n}$ 全体の和集合として表される．とくに，$\{O_{r,n}\}$ のうち，ある U_i に含まれるものだけを集め，それらに番号をつけて $\{O_1, O_2, \cdots, O_k, \cdots\}$ と表すことにすれば，これは，A の可算被覆である．ここで，$\{U_i\}_{i\in I}$ の中から，$O_1 \subset U_{i_1}, O_2 \subset U_{i_2}, \cdots$ となるような部分族 $\{U_{i_k} \mid k=1,2,\cdots\}$ を考えれば，これが求める可算部分被覆を与える．∎

これまでの準備の下で，定理 2.30 の証明を行おう．補題 2.33, 2.34 により，可算開被覆に対して有限部分被覆が存在することを証明すれば十分である．

$\{U_1, U_2, \cdots\}$ を A の可算開被覆とする．背理法で証明するため，すべての n に対して，$A \subset U_1 \cup U_2 \cup \cdots \cup U_n$ が成り立たないと仮定しよう．$x_n \in A$ を，$U_1 \cup U_2 \cup \cdots \cup U_n$ には属さない点とする(言い換えれば，$n \geqq k$ のとき $x_n \notin U_k$)．A はコンパクトと仮定してあるから，点列 $\{x_n\}_{n=1}^{\infty}$ は収束する部分列 $\{x_{n_i}\}_{i=1}^{\infty}$ をもつ．$x = \lim_{i\to\infty} x_{n_i}$ とすると，x はある U_k の元である．U_k は開集合であるから，十分大きな i に対して，$x_{n_i} \in U_k$ となる．これは $n_i \geqq k$ のとき，$x_{n_i} \notin U_k$ となることに矛盾する．よって，ある n が存在して，$A \subset U_1 \cup U_2 \cup \cdots \cup U_n$ が成り立たなければならない．

逆を示すために，対偶を考えよう．A がコンパクトでないならば，どんな部分列も収束しないような A の点列 $\{x_n\}_{n=1}^{\infty}$ が存在する．$x_m \neq x_n$ $(m \neq n)$ と仮定しても一般性を失わない．このとき，集合 $E = \{x_1, x_2, \cdots, x_n, \cdots\}$ は集積点をもたない集合であるから，E の各点は孤立している．よって E は閉集合であり，各 n に対して $E \cap U(x_n, \varepsilon_n) = \{x_n\}$ となる正数 ε_n が存在する．このとき

$$\{X \backslash E, U(x_1, \varepsilon_1), U(x_2, \varepsilon_2), \cdots\}$$

は A の可算開被覆であって，有限部分被覆をもたない．∎

閉じた世界と宇宙の「有限性」

学習の手引きにおいて述べたように，古代ギリシャ以来，宇宙の有限性は，その外の世界の存在を認めた上で語ることのできる概念と思われていた．また，宇宙の「無限性」を主張するときにも，キリスト教神学に計り知れない影響を受けていた西欧の思想家や科学者たちは，絶対者(神)の存在とは切り離して考えることはできなかった．

距離空間のコンパクト性は，距離空間を宇宙と思えば，その「有限性」を表していると考えられる．それは，世界が「閉じている」とも言い換えられる．しかも，何ものかに対して「閉じている」というのではなく，それ自身で「閉じている」のである．すなわち，一切外側の世界も絶対者の存在も必要とはしていない．

ラプラスが彼の宇宙論を完成した後に，宇宙の成り立ちにおける絶対者の役割についてナポレオンに聞かれたという．このときの彼の象徴的言明を借りれば，我々が宇宙を語るのに「その存在の仮説を必要とはしない」．しかし，絶対者の存在の代わりに我々が必要としたもの，それは「論理」である．「論理」は，概念を形式化し，無限を自由に扱うことを許す．とくに20世紀になって数学者が手にした「論理」は，数学の自由な飛翔を保証したのである(本シリーズ『現代数学の流れ1』の「無限を数える」参照)．

最後に，一様連続性に関する定理を述べておこう．

定理 2.35　$f\colon (X,d) \longrightarrow (Y,d')$ を距離空間の間の連続写像とし，X はコンパクトとすると，次の性質が成り立つ: 任意の正数 ε に対して，

$$d(x,x') < \delta \ (x,x' \in X) \text{ であれば，} d'(f(x),f(x')) < \varepsilon$$

が成り立つような(ε のみに依存する)正数 δ が存在する．

一般に，このような性質を満たす写像を**一様連続**な写像という．

［証明］　写像 f は各点 x で連続であるから，与えられた正数 ε に対して

$$f(U(x,\delta(x))) \subset U'(f(x),\varepsilon/2)$$

となるような正数 $\delta(x)$ が存在する．$\{U(x,\delta(x)/2)\,|\,x\in X\}$ は X の開被覆であり，仮定によって X はコンパクトだから，X の有限個の点 $x_1, x_2, \cdots, x_n$ を

選んで

$$X = U(x_1, \delta(x_1)/2) \cup U(x_2, \delta(x_2)/2) \cup \cdots \cup U(x_n, \delta(x_n)/2)$$

とできる.

$$\delta = \min\{\delta(x_i)/2 \mid i = 1, 2, \cdots, n\}$$

とおこう．この δ について

$$d(x, x') < \delta \quad \Longrightarrow \quad d'(f(x), f(x')) < \varepsilon$$

が成り立つことをみる．$x \in U(x_i, \delta(x_i)/2)$ となるような x_i をとると

$$d(x_i, x') \leqq d(x_i, x) + d(x, x') < \delta(x_i)$$

であるから，x, x' はともに $U(x_i, \delta(x_i))$ に属する．よって

$$d'(f(x), f(x')) \leqq d'(f(x), f(x_i)) + d'(f(x_i), f(x')) < \varepsilon/2 + \varepsilon/2 = \varepsilon$$

が成り立つ. ∎

問5　$f\colon (X, d) \longrightarrow (Y, d')$ がリプシッツ連続であれば，f は一様連続であることを示せ.

(e)　曲線の長さ

第1章において，ユークリッド空間の中の滑らかな曲線の長さの定義を与えた．それは少々天下り的な定義でもあり，その背景にある考え方を説明しないですませたので，ここでは曲線の長さの意味について論じよう.

(X, d) を距離空間とする．X の中の**連続曲線**とは，数直線 $\mathbb{R}$ の区間 $[a, b]$ から X の中への連続写像 $c\colon [a, b] \longrightarrow X$ のことである．$c(a)$ を c の始点，$c(b)$ を c の終点という．また，2点 x, y について，始点が x，終点が y である曲線を，x と y を結ぶ曲線という.

$c\colon [a, b] \longrightarrow X$ を連続曲線とする．このとき区間 $[a, b]$ のコンパクト性により，c は一様連続である．すなわち，任意に正数 ε を与えたとき，正数 δ を十分に小さくとれば，$|s-t| < \delta$ を満たす $s, t \in [a, b]$ について，$d(c(s), c(t)) < \varepsilon$ が成り立つ(定理2.35参照).

曲線 c の長さを定義しよう．そのアイディアは『幾何入門』の第5章で与えた，円弧の長さの定義と本質的には同じである.

日常の言葉と数学的概念

数学に現れる概念は内容的に抽象的なものが多いが，それを表すのに日常的な言葉を用いることがよくある．たとえば，「距離」，「連続」，「コンパクト」など，それぞれ数学とは無関係なところでも使われる用語である．たとえば，辞書を見ると「距離」は「へだたり，あいだ」，「連続」は「ずっと続けること」，「コンパクト」は「ぎっしり詰まった様子」それが転じて「おしろい入れ」の意味をもつ．数学でそれらの言葉が使われるときにも，その「情緒的」意味は失われてはいない．むしろ，いかに形式化された概念でも，人間の行動やまわりで起こる現象から生み出されたともいえるのである．この意味で数学における言葉づかいは決して軽んじられてはならない．

一方，「広さ」，「確からしさ」など，日常的な使われ方では曖昧さを含んだ概念が，数学的に磨き上げられることにより「測度」，「確率」のような厳密な意味を持つこともある．前にも述べたように，宇宙の「有限性」についても数学が提供する概念により，曖昧さが消失する．歴史を振り返れば，数学ではこのような日常言語(あるいは形而上学的用語)の厳密化を絶えず行ってきたともいえるのである．

区間 $[a,b]$ の分割

$$\varDelta\colon t_0 < t_1 < \cdots < t_n \quad (t_0 = a,\ t_n = b)$$

に対して，c の長さの $\varDelta$-近似 $L(c;\varDelta)$ を

$$L(c;\ \varDelta) = \sum_{i=1}^{n} d(c(t_{i-1}), c(t_i))$$

により定義する．平面や空間の場合には，曲線上の点 $c(a), c(t_1), \cdots, c(t_{n-1})$, $c(b)$ を順次線分で結んで得られる折れ線の長さが $L(c;\ \varDelta)$ である(図 2.1)．

定義 2.36 $L(c) = \sup_{\varDelta} L(c;\ \varDelta)$ を c の**長さ**(length)という．

ここで，上限は $[a,b]$ のすべての分割にわたらせるものとする． □

この定義では，$L(c) = \infty$，すなわち長さが無限大であることも許される(後でそのような例をあげる)．

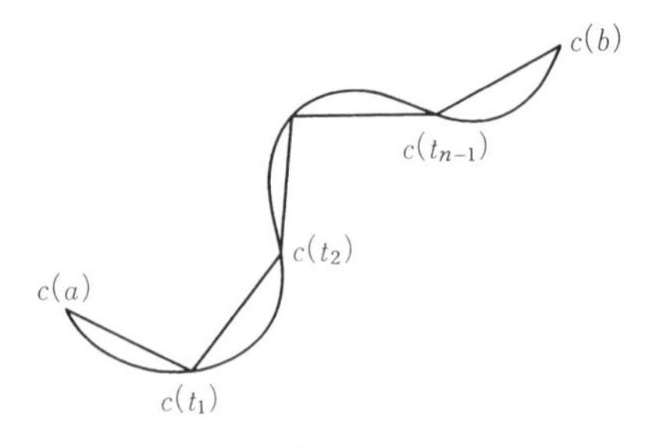

図 2.1

分割 Δ' が Δ の**細分**であるとは，Δ の分点が必ず Δ' の分点となっていることをいう．3 角不等式を使えば，Δ の細分 Δ' に対して，

$$L(c;\ \Delta') \geqq L(c;\ \Delta)$$

が成り立つことが分かる．

分割 $\Delta\colon t_0<t_1<\cdots<t_n$ の**細かさ**を

$$\mathrm{mes}(\Delta) = \max\{|t_i-t_{i-1}|;\ i=1,2,\cdots,n\}$$

により定義する．また $[t_{i-1},t_i]$ を Δ の細区間ということにする．

定理 2.37 $L(c)<\infty$ とする．このとき，$\mathrm{mes}(\Delta_k)\to 0$ となる，分割の列 $\{\Delta_k\}_{k=1}^{\infty}$ に対して，

$$\lim_{k\to\infty} L(c;\ \Delta_k) = L(c)$$

が成り立つ．

［証明］ ε を任意の正数とする．ε に対して，$[a,b]$ の分割 $\Delta\colon t_0<t_1<\cdots<t_n$ で，

$$L(c)-\varepsilon < L(c;\ \Delta)$$

となるものをとる．

曲線 c の一様連続性から，正数 δ を十分小さくとって，$|s-t|<\delta$ を満たす $s,t\in[a,b]$ に対して，$d(c(s),c(t))<\varepsilon/n$ を満たすようにできる．この δ について，分割列 $\{\Delta_k\}_{k=1}^{\infty}$ から，$\mathrm{mes}(\Delta_k)<\delta$ となる Δ_k をとる．必要なら δ をさらに小さくとって，Δ_k の各細区間 $[s_{j-1},s_j]$ は Δ の分点を高々1つしか含まないと仮定してよい．

Δ_k' を Δ と Δ_k の分点を合わせて生じる分割とする．$L(c;\ \Delta_k')-L(c;\ \Delta_k)$

を考えると，これは細区間 $[s_{j-1}, s_j]$ が $\varDelta$ の分点を含むような j についての和

$$\sum\{d(c(s_{j-1}), c(t_i)) + d(c(t_i), c(s_j)) - d(c(s_{j-1}), c(s_j))\}$$

に等しい．ここで t_i は，$s_{j-1} < t_i < s_j$ となる $\varDelta$ の分点 t_i である．

$$d(c(s_{j-1}), c(t_i)) < \varepsilon/n, \quad d(c(t_i), c(s_j)) < \varepsilon/n$$

であるから

$$\begin{aligned} &d(c(s_{j-1}), c(t_i)) + d(c(t_i), c(s_j)) - d(c(s_{j-1}), c(s_j)) \\ &\leqq d(c(s_{j-1}), c(t_i)) + d(c(t_i), c(s_j)) < 2\varepsilon/n\,. \end{aligned}$$

$\varDelta$ の分点の数は n であるから，

$$L(c;\, \varDelta_k') - L(c;\, \varDelta_k) < 2n(\varepsilon/n) = 2\varepsilon\,.$$

一方，$\varDelta_k'$ は $\varDelta$ と $\varDelta_k$ 双方の細分であるから

$$L(c;\, \varDelta_k') \geqq L(c;\, \varDelta_k), \quad L(c;\, \varDelta_k') \geqq L(c;\, \varDelta)\,.$$

よって

$$\begin{aligned} L(c) - L(c;\, \varDelta_k) &= (L(c) - L(c;\, \varDelta)) + (L(c;\, \varDelta) - L(c;\, \varDelta_k')) \\ &\quad + (L(c;\, \varDelta_k') - L(c;\, \varDelta_k)) \\ &\leqq (L(c) - L(c;\, \varDelta)) + (L(c;\, \varDelta_k') - L(c;\, \varDelta_k)) \\ &\leqq \varepsilon + 2\varepsilon = 3\varepsilon\,. \end{aligned}$$

こうして，

$$\lim_{k\to\infty} L(c;\, \varDelta_k) = L(c)$$

が証明された． ∎

$c\colon [a, b] \longrightarrow \boldsymbol{E}$ をユークリッド空間の中の滑らかな曲線としよう．次の定理は，前に与えた長さの定義が，上の定義と一致することを主張する．

定理 2.38

$$L(c) = \int_a^b \|\dot{c}(\tau)\| d\tau\,.$$

［証明］　$c(t) = (x_1(t), x_2(t), x_3(t))$ とする．平均値の定理により

$$\begin{aligned} x_1(t_i) - x_1(t_{i-1}) &= \dot{x}_1(\alpha_i)(t_i - t_{i-1}), \quad t_{i-1} \leqq \alpha_i \leqq t_i \\ x_2(t_i) - x_2(t_{i-1}) &= \dot{x}_2(\beta_i)(t_i - t_{i-1}), \quad t_{i-1} \leqq \beta_i \leqq t_i \\ x_3(t_i) - x_3(t_{i-1}) &= \dot{x}_3(\gamma_i)(t_i - t_{i-1}), \quad t_{i-1} \leqq \gamma_i \leqq t_i \end{aligned}$$

となる $\alpha_i, \beta_i, \gamma_i$ が存在する．よって

$$d(c(t_{i-1}), c(t_i)) = (\dot{x}_1(\alpha_i)^2 + \dot{x}_2(\beta_i)^2 + \dot{x}_3(\gamma_i)^2)^{1/2}(t_i - t_{i-1}).$$

ここで

$$(\dot{x}_1(\alpha_i)^2 + \dot{x}_2(\beta_i)^2 + \dot{x}_3(\gamma_i)^2)^{1/2} = (\dot{x}_1(t_i)^2 + \dot{x}_2(t_i)^2 + \dot{x}_3(t_i)^2)^{1/2} + \varepsilon_i$$

とおけば

$$L(c;\, \Delta) = \sum_{i=1}^{n} (t_i - t_{i-1})(\dot{x}_1(t_i)^2 + \dot{x}_2(t_i)^2 + \dot{x}_3(t_i)^2)^{1/2} + \sum_{i=1}^{n} \varepsilon_i (t_i - t_{i-1}).$$

1番目の和は連続関数の積分の定義から，$\mathrm{mes}(\Delta) \to 0$ としたとき $\int_a^b \|\dot{c}(\tau)\| d\tau$ に収束する．したがって

$$\lim_{\mathrm{mes}(\Delta) \to 0} \sum_{i=1}^{n} \varepsilon_i (t_i - t_{i-1}) = 0 \tag{2.3}$$

を示せばよい．ε_i の定義から

$$|\varepsilon_i| \leqq |\dot{x}_1(t_i) - \dot{x}_1(\alpha_i)| + |\dot{x}_2(t_i) - \dot{x}_2(\beta_i)| + |\dot{x}_3(t_i) - \dot{x}_3(\gamma_i)|$$

となるが(下の注意参照)，$\dot{x}_k(t)$ $(k = 1, 2, 3)$ は連続であり，よって有界閉区間 $[a, b]$ で一様連続であるから，任意の正数 ε を与えるとき，$\mathrm{mes}(\Delta)$ を十分小さくすれば

$$|\dot{x}_1(t_i) - \dot{x}_1(\alpha_i)| < \varepsilon, \quad |\dot{x}_2(t_i) - \dot{x}_2(\beta_i)| < \varepsilon, \quad |\dot{x}_3(t_i) - \dot{x}_3(\gamma_i)| < \varepsilon$$

とすることができる．よって

$$\left| \sum_{i=1}^{n} \varepsilon_i (t_i - t_{i-1}) \right| < 3\varepsilon(b - a)$$

となる．ε は任意にとれるから，(2.3)が成り立ち，次式を得る．

$$L(c) = \lim_{\mathrm{mes}(\Delta) \to 0} L(c;\, \Delta) = \int_a^b \|c'(\tau)\| d\tau$$

∎

注意 2.39　$\boldsymbol{a} = {}^t(a_1, a_2, a_3)$，$\boldsymbol{b} = {}^t(b_1, b_2, b_3)$ に対して，$|\|\boldsymbol{a}\| - \|\boldsymbol{b}\|| \leqq |a_1 - b_1| + |a_2 - b_2| + |a_3 - b_3|$ が成り立つことに注意．この不等式は $|\|\boldsymbol{a}\| - \|\boldsymbol{b}\|| \leqq \|\boldsymbol{a} - \boldsymbol{b}\|$ に帰着される．

例 2.40（コッホ曲線）　連続曲線で長さが無限大のものが存在する．次の例はフォン・コッホによる(図 2.2)．

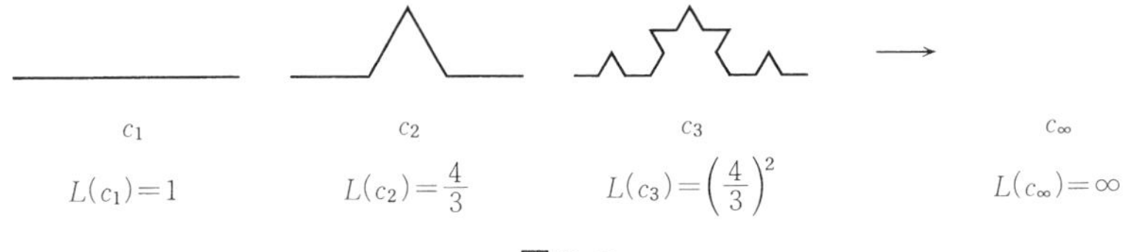

図 2.2

c_1 は長さ 1 の線分である．c_2 は，c_1 を 3 等分し，中央の辺の上に正 3 角形を立てて作った折れ線である．これを続けて，c_n は c_{n-1} の各辺を 3 等分し，それぞれの中央の辺に正 3 角形を立てて作った折れ線である．c_n はある連続曲線 c_∞ に一様収束する．$L(c_n)=(4/3)^{n-1}$ であり各 c_n は c_∞ の折れ線近似であるから，$L(c_n) \leqq L(c_\infty)$．よって，$L(c_\infty)=\infty$． □

例 2.41 (3 角形の 2 辺の和は他の 1 辺に等しい?) 図 2.3 のような $\triangle ABC$ と折れ線の列 c_n を考える．c_n は線分 BC に(一様)収束する．明らかに $AB+AC=L(c_1)=L(c_2)=\cdots$．よって

$$AB+AC = \lim_{n\to\infty} L(c_n) = BC\,.$$

どこに矛盾があるのだろうか．実は，c_n が c に一様収束していても，一般には $\lim_{n\to\infty} L(c_n)=L(c)$ とはならないことを意味しているに過ぎない． □

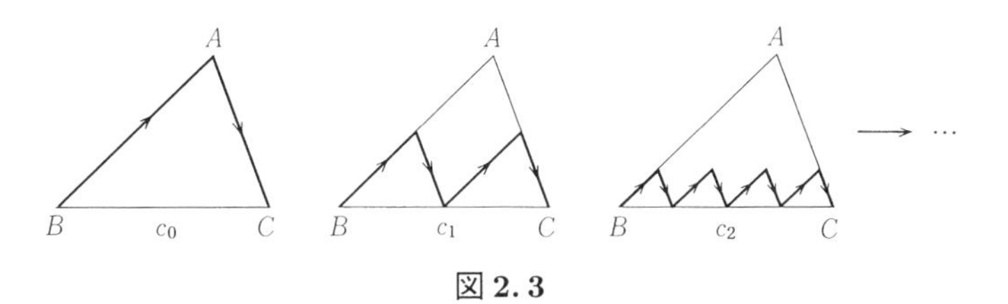

図 2.3

§2.2　位相空間

ユークリッド空間 $\boldsymbol{E}$ の中の点 o を中心とする球面 X と楕円面 Y を考えよう(図 2.4)．

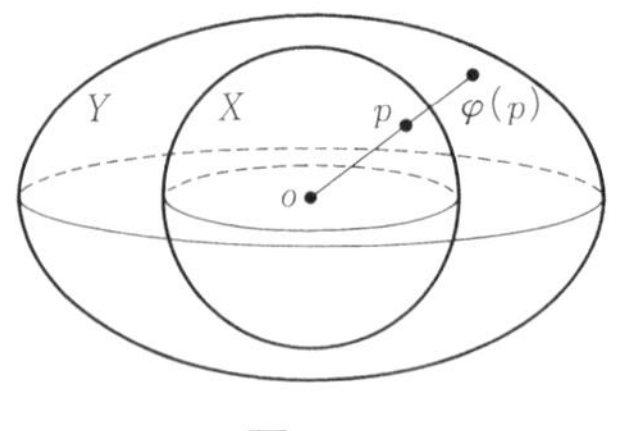

図 2.4

ユークリッド距離を X と Y にそれぞれ誘導して得られる距離空間 (X, d_X), (Y, d_Y) は，距離空間としては異なる(等距離同型ではない)．しかし，o を始点とする半直線を使って，X から Y への全単射 φ を作ると，定性的な意味で φ が 2 点の「遠近」を保つことは直観的に理解できるだろう．すなわち，距離という量的な概念から「遠近」を表現する定性的な構造を取り出せば，X と Y の間にはこの構造を保つ「同型」写像が存在することになる．この構造こそ，これから論じる「位相構造」というものである．

(a) 位　相

前節で論じたように，距離空間の多くの性質は開集合族を用いて記述できることがわかったが，位相空間の概念はこの開集合族の性質(定理 2.10)を公理化することにより与えられる．

定義 2.42　集合 X とその部分集合の族 $\mathcal{O}$ が次の性質を満たすとき，X と $\mathcal{O}$ の組 $(X, \mathcal{O})$ を**位相空間**(topological space)，$\mathcal{O}$ を**開集合系**，$\mathcal{O}$ の元を**開集合**(open set)という．

(開集合の公理)

(O–1)　$\emptyset, X \in \mathcal{O}$.

(O–2)　$\{O_i\}_{i \in I}$ を $\mathcal{O}$ の任意の部分集合族とすると，$\bigcup_{i \in I} O_i \in \mathcal{O}$.

(O–3)　$\{O_1, O_2, \cdots, O_k\}$ を $\mathcal{O}$ の有限部分集合族とすると，$\bigcap_{h=1}^{k} O_h \in \mathcal{O}$.　□

位相空間 $(X, \mathcal{O})$ を表すのに，開集合系 $\mathcal{O}$ を省略して，単に X と書くこともある．また，複数の位相空間を扱うときは，どの空間の位相を扱っているのかをはっきりさせるため，$\mathcal{O}_X$ のような記号を使う．

X の 2 つの開集合系 $\mathcal{O}_1, \mathcal{O}_2$ について，$\mathcal{O}_1 = \mathcal{O}_2$ であるとき，それらは X の**同じ位相**を定める，あるいは $\mathcal{O}_1, \mathcal{O}_2$ の定める X の位相は一致するという．

開集合の補集合として表される部分集合を**閉集合**(closed set)といい，閉集合の全体(**閉集合系**)を $\mathcal{F}$ で表す．$\mathcal{F}$ について次の性質(閉集合の公理)が成り立つ(前節参照)．

(F–1)　$\emptyset, X \in \mathcal{F}$.

(F–2)　$\{F_i\}_{i\in I}$ を $\mathcal{F}$ の任意の部分集合族とすると，$\bigcap_{i\in I} F_i \in \mathcal{F}$.

(F–3)　$\{F_1, F_2, \cdots, F_k\}$ を $\mathcal{F}$ の有限部分集合族とすると，$\bigcup_{h=1}^{k} F_h \in \mathcal{F}$.

逆に，閉集合の族を，公理(F–1),(F–2),(F–3)を満たす X の部分集合族として定義し，位相空間を X と閉集合系の組 $(X, \mathcal{F})$ として定義してもよい．実際，この場合には，開集合を閉集合の補集合として定義すれば，ド・モルガンの公式を使うことにより，開集合の公理を満たすことがわかり，もとの意味での位相空間が得られる．

一般に，x を含む開集合を部分集合として含む集合を，x の**近傍**という．とくに，x を含む開集合を，x の**開近傍**という．

例 2.43　X を任意の無限集合とし，$\mathcal{F}$ を X の有限部分集合(空集合も含む)の全体と X からなる集合族とする．この $\mathcal{F}$ は閉集合の公理を満たすことは容易に確かめられる．　□

これから見るように，距離空間において開集合(または閉集合)で言い表すことのできる概念は，そのまま位相空間における概念に移行される(点列の収束についての言及は一切行わないことに注意しよう)．

位相空間 X の部分集合 A の**閉包** $\overline{A}$ を，A を含むすべての閉集合の共通部分として定義する．したがって，$\overline{A}$ は A を含む最小の閉集合である．A が閉集合であることと，$\overline{A} = A$ となることは同値である．

例題 2.44　$\overline{A} = \{x \in X \mid x$ を含む任意の開集合 O について, $O \cap A \neq \emptyset\}$.

［解］　$x \in \overline{A}$ とする．もし，$x \in O$, $O \cap A = \emptyset$ となる開集合 O が存在し

たら，$A\subset O^c$, $x\notin O^c$. ところで，O^c は閉集合であるから，$\overline{A}\subset O^c$ となり，$x\in O^c$ となって矛盾.

逆に，$x\notin\overline{A}$ としよう．$O=(\overline{A})^c$ とおくと，O は x を含む開集合であり，$O\cap A=\emptyset$. 対偶を考えれば，x を含む任意の開集合 O について，$O\cap A\neq\emptyset$ であれば，$x\in\overline{A}$ となる. ∎

(b)　連続写像

2つの位相空間 $(X,\mathcal{O}_X),(Y,\mathcal{O}_Y)$ を考える．写像 $\varphi\colon X\longrightarrow Y$ は，Y の任意の開集合 O の逆像 $\varphi^{-1}(O)$ が X の開集合になっているとき，**連続写像**(continuous mapping)とよばれる．連続写像を表すのに，位相を明記して，$\varphi\colon(X,\mathcal{O}_X)\longrightarrow(Y,\mathcal{O}_Y)$ と書くこともある．定義から，2つの連続写像の合成は連続であることがわかる.

$\varphi\colon X\longrightarrow Y$ が連続であるための必要十分条件は，Y の任意の閉集合 F の逆像 $\varphi^{-1}(F)$ が X の閉集合になることである．これをみるには，$(\varphi^{-1}(F))^c=\varphi^{-1}(F^c)$ に注意すればよい.

距離空間の場合と同様，位相空間 X の中の連続曲線は，区間 $[a,b]$ から X の中への連続写像 $c\colon[a,b]\longrightarrow X$ のこととする.

定理2.45　次の2条件は互いに同値である.

(i)　$\varphi\colon X\longrightarrow Y$ は連続.

(ii)　X の任意の部分集合 A に対して

$$\varphi(\overline{A})\subset\overline{\varphi(A)}$$

が成り立つ.

[証明]　(i)$\Longrightarrow$(ii)の証明: 背理法による．$\varphi(x)\notin\overline{\varphi(A)}$ となる $x\in\overline{A}$ が存在すると仮定する．$Y\backslash\overline{\varphi(A)}$ は $\varphi(x)$ を含む開集合である．条件(i)により $\varphi^{-1}(Y\backslash\overline{\varphi(A)})$ は X の開集合でしかも x を含む．さらに $\varphi^{-1}(Y\backslash\overline{\varphi(A)})\cap A=\emptyset$ であるから，x は $\overline{A}$ に属さないことになって矛盾である(例題2.44参照).

(ii)$\Longrightarrow$(i)の証明: 背理法による．$\varphi^{-1}(O)$ が X の開集合とならないような Y の開集合 O が存在すると仮定．このとき $X\backslash\varphi^{-1}(O)$ は閉集合ではないから，$\overline{X\backslash\varphi^{-1}(O)}\neq X\backslash\varphi^{-1}(O)$. よって $x\in\varphi^{-1}(O)\cap\overline{X\backslash\varphi^{-1}(O)}$ となる

点 x が存在する．このとき，$\varphi(x)\in O$ であるが，さらに条件(ii)により，$\varphi(x)\in\overline{\varphi(X\backslash\varphi^{-1}(O))}$ であるから，$\varphi(x)\in O\cap\overline{\varphi(X\backslash\varphi^{-1}(O))}$．よって，$O\cap\overline{\varphi(X\backslash\varphi^{-1}(O))}\neq\emptyset$ となるが，O は開集合だから，$O\cap\varphi(X\backslash\varphi^{-1}(O))\neq\emptyset$ を得る．$y\in O\cap\varphi(X\backslash\varphi^{-1}(O))$ となる点 y をとれば，$y=\varphi(z)$ $(z\in X\backslash\varphi^{-1}(O))$ と表され，$y=\varphi(z)\notin O$ であることと矛盾する．よって，$\varphi^{-1}(O)$ は開集合でなければならない．∎

連続写像 $\varphi\colon(X,\mathcal{O}_X)\longrightarrow(Y,\mathcal{O}_Y)$ において，φ が全単射であり，しかも，逆写像 φ^{-1} も連続であるとき，φ は**同相写像**(homeomorphism)といわれる．2 つの位相空間 $(X,\mathcal{O}_X)$, $(Y,\mathcal{O}_Y)$ の間に同相写像が存在するとき，$(X,\mathcal{O}_X)$, $(Y,\mathcal{O}_Y)$ は互いに**同相**(homeomorphic)であるといわれる．

X の 2 つの開集合系 $\mathcal{O}_1,\mathcal{O}_2$ について，$\mathcal{O}_1\subset\mathcal{O}_2$ であるとき，$\mathcal{O}_1$ の位相は $\mathcal{O}_2$ の位相より**弱い**，逆に $\mathcal{O}_2$ の位相は $\mathcal{O}_1$ の位相より**強い**という．

問 6　X の 2 つの位相 $\mathcal{O}_1,\mathcal{O}_2$ について，次の 2 条件は互いに同値であることを示せ．

(1) X の恒等写像 $I\colon(X,\mathcal{O}_1)\longrightarrow(X,\mathcal{O}_2)$ は連続である．

(2) $\mathcal{O}_1$ の位相は $\mathcal{O}_2$ の位相より強い．

$\{\mathcal{O}_\alpha\}_{\alpha\in A}$ を X の位相の族としよう．X の位相 $\mathcal{O}$ で，恒等写像 $I\colon(X,\mathcal{O})\longrightarrow(X,\mathcal{O}_\alpha)$ がすべての $\alpha\in A$ について連続となり，かつ最弱なものが存在する．実際

$$U=O_1\cap\cdots\cap O_n\quad(O_i\in\mathcal{O}_{\alpha_i})$$

と表されるような集合 U 全体を $\mathcal{U}$ とし，$\mathcal{U}$ に属する集合の族の和集合として表されるような集合全体を $\mathcal{O}$ とすればよい．この $\mathcal{O}$ が位相となることを確かめよう．$\mathcal{O}$ に属する集合の族の和集合が $\mathcal{O}$ に属することは明らか．次に U_{ik} $(i=1,\cdots,n;\ k\in K_i)$ を $\mathcal{U}$ の元とする．

$$\bigcap_{i=1}^{n}\bigcup_{k\in K_i}U_{ik}=\bigcup_{\substack{k_i\in K_i\\ i=1,\cdots,n}}(U_{1k_1}\cap\cdots\cap U_{nk_n})$$

$$U_{1k_1}\cap\cdots\cap U_{nk_n}\in\mathcal{U}$$

となることから，$\mathcal{O}$ に属する集合の有限族の共通部分も $\mathcal{O}$ に属すことがわかる．$\emptyset, X \in \mathcal{O}$ は明らかだから，$\mathcal{O}$ は位相である．$\mathcal{O}$ が条件を満たすことは，定義の仕方から明らかであろう．この $\mathcal{O}$ を $\bigwedge_{\alpha \in A} \mathcal{O}_\alpha$ と表すことにする．

$(Y, \mathcal{O}_Y)$ を位相空間とし，$\varphi \colon X \longrightarrow Y$ を任意の写像とする．φ を連続とするような，X の最弱位相が存在する．実際，

$$\mathcal{O}_X = \{\varphi^{-1}(O) \mid O \in \mathcal{O}_Y\}$$

とおけば，$\mathcal{O}_X$ は開集合の公理を満たすことは容易に確かめることができる．さらに，連続写像の定義から，φ は $(X, \mathcal{O}_X)$ から $(Y, \mathcal{O}_Y)$ への連続写像である．X の位相 $\mathcal{O}$ に対して，$\varphi \colon (X, \mathcal{O}) \longrightarrow (Y, \mathcal{O}_Y)$ が連続であれば，明らかに，$\mathcal{O}_X \subset \mathcal{O}$ であるから，確かに $\mathcal{O}_X$ は $\varphi \colon (X, \mathcal{O}) \longrightarrow (Y, \mathcal{O}_Y)$ を連続にするような位相の中で最弱な位相である．

例 2.46　$(X, \mathcal{O})$ を位相空間とし，A を X の部分集合とする．包含写像 $\iota \colon A \longrightarrow X$ を連続とするような A の最弱位相 $\mathcal{O}_A$ に関して，A を位相空間と考えたとき，A を X の**部分(位相)空間**という．さらに，$\mathcal{O}_A$ を A に**誘導された位相**という．この位相に関して，A の部分集合 U が開集合(または閉集合)であるためには，X の開集合 O(または閉集合 F)により，$U = A \cap O$(または $U = A \cap F$)と表されることが必要十分である．とくに，A が X の閉(開)集合で，U が A の閉(開)集合であれば，U は X の閉(開)集合でもある．

前章で考察した曲面 X は，ユークリッド空間 $\boldsymbol{E}$ の部分集合であるから，$\boldsymbol{E}$ の距離空間としての位相を X に誘導したものを考えることができる．このようにして，曲面を位相空間と考えることにする．$S \colon U \longrightarrow X$ を局所径数表示とするとき，像 $S(U)$ は X の開集合である．　□

問 7　(X, d) を距離空間とすると，$A \subset X$ の誘導距離による位相は，上の例の意味での誘導された位相と一致することを示せ．

n 個の位相空間 $(X_1, \mathcal{O}_1), \cdots, (X_n, \mathcal{O}_n)$ に対して，直積 $X_1 \times \cdots \times X_n$ の位相を次のようにして導入する．

$$\pi_i \colon X_1 \times \cdots \times X_n \longrightarrow X_i$$

を射影とする：$\pi_i(x_1,\cdots,x_n)=x_i$．$\pi_i$ を連続とするような $X_1\times\cdots\times X_n$ の最弱位相を $\mathcal{O}_i$ として，$\bigwedge_{i=1}^{n}\mathcal{O}_i$ を考えると，これは，すべての射影 π_i $(i=1,2,\cdots,n)$ を連続にするような最弱位相である．この位相を**積位相**という．

問 8　$O_1,\cdots,O_n$ がそれぞれ $X_1,\cdots,X_n$ の開集合のとき，$O_1\times\cdots\times O_n$ は $X_1\times\cdots\times X_n$ の開集合であることを示せ．（ヒント．$O_1\times\cdots\times O_n=\pi_1^{-1}(O_1)\cap\cdots\cap\pi_n^{-1}(O_n)$．）

例題 2.47　位相空間 $(X,\mathcal{O}_X)$ と集合 Y，および全射 $\varphi\colon X\longrightarrow Y$ が与えられたとき，φ を連続とするような Y の位相の中で最強なものが存在する．

［解］　$\mathcal{O}_Y=\{O\mid O\subset Y,\ \varphi^{-1}(O)\in\mathcal{O}_X\}$ とおく．$\mathcal{O}_Y$ が開集合の公理を満たすことは次のことからわかる：

（O–1）　$\varphi^{-1}(\varnothing)=\varnothing\in\mathcal{O}_X$，$\varphi^{-1}(Y)=X\in\mathcal{O}_X$（$\Longleftarrow\varphi$ が全射）

（O–2）　$\varphi^{-1}(O_i)\in\mathcal{O}_X$ となる $\{O_i\}_{i\in I}$ に対して，$\varphi^{-1}\left(\bigcup_{i\in I}O_i\right)=\bigcup_{i\in I}\varphi^{-1}(O_i)\in\mathcal{O}_X$．

（O–3）　$\{O_1,O_2,\cdots,O_k\}$ を $\mathcal{O}_Y$ の有限部分族とすると，

$$\varphi^{-1}\left(\bigcap_{h=1}^{k}O_h\right)=\bigcap_{h=1}^{k}\varphi^{-1}(O_h)\in\mathcal{O}_X\,.$$

■

例 2.48　位相空間 X に同値関係 $\sim$ が与えられているとする．この同値関係による商集合 $X/\sim$ を Y により表し，X から Y への標準的な写像を $\pi\colon X\longrightarrow Y$ により表す(『幾何入門』第3章参照)．π は全射であるから，上の例題により，π を連続にするような Y の位相で最強のものが存在する．これを**商位相**といい，この位相をもつ商集合 Y を**商位相空間**という．

商位相空間の考え方は，図形の「張り合わせ」を行うときの数学的手段として使われる．例えば，図 2.5 のような長方形を考えよう．

この長方形を変形して，上下の辺を「張り合わせる」と，円柱ができるが，さらに左右の円周を「張り合わせた」結果はトーラス面になる．このことを，商位相空間の立場で見れば，次のようないい方になる．

X を座標平面における長方形

$$X=\{(x,y)\mid 0\leqq x\leqq a,\ 0\leqq y\leqq b\}$$

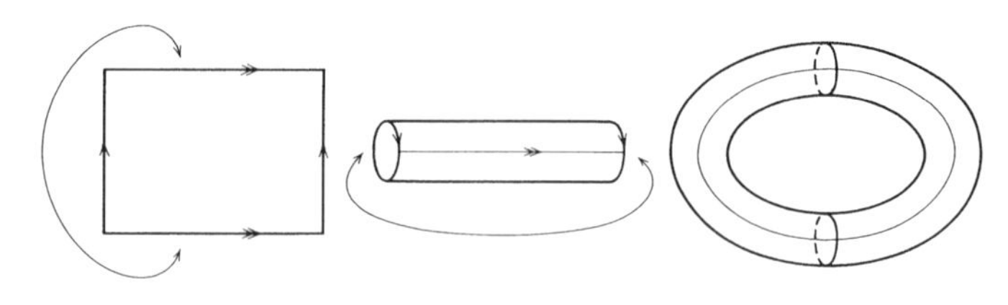

図 2.5

としたとき，X に次のような同値関係 $\sim$ を入れる：

$$(0,y)\sim(a,y)\quad(0\leqq y\leqq b),\quad(x,0)\sim(x,b)\quad(0\leqq x\leqq a),$$
$$(x,y)\sim(x,y)\quad(0<x<a,\ 0<y<b).$$

この同値関係による商位相空間がトーラス面である． □

例題 2.49 $A_1,\cdots,A_n$ を位相空間 X の閉部分集合で，$X=A_1\cup\cdots\cup A_n$ となるものとする．位相空間 Y と連続写像 $\varphi_i\colon A_i\longrightarrow Y$ $(i=1,2,\cdots,n)$ (A_i の位相は誘導位相を考える)が与えられ，$A_i\cap A_j\neq\emptyset$ となる任意の i,j について

$$\varphi_i(x)=\varphi_j(x),\quad x\in A_i\cap A_j$$

が成り立つと仮定する．このとき，$\varphi\colon X\longrightarrow Y$ を

$$\varphi(x)=\varphi_i(x),\quad x\in A_i$$

とおいて定義すれば，φ は連続写像であることを示せ．

［解］ F を Y の任意の閉集合とする．

$$\varphi^{-1}(F)=\bigcup_{i=1}^{n}\varphi_i^{-1}(F)$$

であるから，φ は連続である． ∎

例 2.50 $c_1\colon[0,1/2]\longrightarrow X$，$c_2\colon[1/2,1]\longrightarrow X$ を連続曲線とし，$c_1(1/2)=c_2(1/2)$ が成り立つとき，$c\colon[0,1]\longrightarrow X$ を

$$c(t)=\begin{cases}c_1(t), & 0\leqq t\leqq 1/2\\ c_2(t), & 1/2\leqq t\leqq 1\end{cases}$$

により定義すると，c も連続曲線である． □

例題 2.51 $\varphi\colon X\longrightarrow Y$ を連続写像とする．

（1）　A を X の部分集合とするとき，φ の A への制限 $\varphi|A\colon A\longrightarrow Y$ は，A の誘導位相に関して連続であることを示せ.

（2）　$\varphi(X)\subset B$ とする. φ を X から B への写像と考えたとき，B の誘導位相に関して連続であることを示せ.

［解］　(1) Y の開集合 O に対して，$(\varphi|A)^{-1}(O)=A\cap\varphi^{-1}(O)$ が成り立つことに注意すればよい.

(2) Y の開集合 O に対して，$\varphi^{-1}(B\cap O)=\varphi^{-1}(O)$ であることを使う. ∎

(c)　コンパクト性

位相空間 X の部分集合 A は，$A\subset\bigcup O_i$ となる任意の開集合の族 $\{O_i\}_{i\in I}$ に対して，その中から適当に有限個の $O_{i_1},O_{i_2},\cdots,O_{i_n}$ を取り出して，$A\subset O_{i_1}\cup O_{i_2}\cup\cdots\cup O_{i_n}$ とできるとき(すなわち，任意の開被覆が有限部分被覆をもつとき)，**コンパクト**(compact)であるといわれる. 明らかに，1点からなる集合はコンパクトである.

X 自身がコンパクトであるとき，X をコンパクトな位相空間という. $A\subset X$ が部分集合としてコンパクトであることと，誘導位相に関して A がコンパクトであることは同値である.

例題 2.52　有限個のコンパクト集合の和集合は，再びコンパクトである. とくに，有限部分集合はコンパクトである.

［解］　2つのコンパクト集合 A,B の和集合がコンパクトであることを示せば十分.

$$A\cup B\subset\bigcup O_i$$

とするとき，$\{O_i\}_{i\in I}$ は，A,B の開被覆であるから，

$$A\subset O_{i_1}\cup O_{i_2}\cup\cdots\cup O_{i_m},\quad B\subset O'_{j_1}\cup O'_{j_2}\cup\cdots\cup O'_{j_n}$$

となる部分被覆が存在する. このとき，$\{O_{i_1},O_{i_2},\cdots,O_{i_m},O'_{j_1},O'_{j_2},\cdots,O'_{j_n}\}$ が，$A\cup B$ の有限部分被覆である. ∎

例題 2.53　位相空間 X がコンパクトなとき，X の任意の閉集合 A はコンパクトである.

［解］ $\{O_i\}_{i\in I}$ を A の開被覆としよう．このとき

$$X=(X\backslash A)\cup(\bigcup O_i)$$

であり，$X\backslash A$ は開集合であるから，X のコンパクト性によって

$$X=(X\backslash A)\cup O_{i_1}\cup O_{i_2}\cup\cdots\cup O_{i_n}$$

となるような，$i_1,i_2,\cdots,i_n\in I$ が存在する．よって，

$$A\subset O_{i_1}\cup O_{i_2}\cup\cdots\cup O_{i_n}$$

となるから，A はコンパクトである． ∎

例題 2.54 $\varphi: X\longrightarrow Y$ を連続写像とし，A を X のコンパクト集合とするとき，$\varphi(A)$ は Y のコンパクト集合であることを示せ．

［解］ $\{O_i\}_{i\in I}$ を $\varphi(A)$ の任意の開被覆とする．このとき，$\{\varphi^{-1}(O_i)\}_{i\in I}$ は A の開被覆であるから，A のコンパクト性により，有限部分被覆 $\{\varphi^{-1}(O_1),\cdots,\varphi^{-1}(O_n)\}$ が存在する．このとき，$\{O_1,\cdots,O_n\}$ は $\varphi(A)$ の開被覆である． ∎

(d) 分離性

位相空間としての距離空間 (X,d) は，次の性質を満足する．

任意の異なる2点 x,y について，x を含む開集合 U と y を含む開集合 V で $U\cap V=\emptyset$ となるものが存在する．

実際，$d(x,y)=\delta$ としたとき，$U=U(x,\delta/2)$，$V=U(y,\delta/2)$ とおけばよい．3角不等式により，$U\cap V=\emptyset$ となることが簡単に証明できる．

一般に位相空間 X が**ハウスドルフ**(Hausdorff)**空間**(あるいはハウスドルフの**分離公理**を満たす)とは，任意の異なる2点 x,y について，x を含む開集合 U と y を含む開集合 V で $U\cap V=\emptyset$ となるものが存在することをいう．

定理 2.55 X がハウスドルフ空間であって，A が X のコンパクトな部分集合ならば，A は X における閉集合である．

［証明］ $x\in A^c$ としたとき，x の近傍 U で A と交わらないものが存在することを示せばよい．X がハウスドルフ空間であるから，A の任意の点 y に対して，x,y の開近傍 U_y,V_y で $U_y\cap V_y=\emptyset$ となるものが存在する．$\{V_y\}_{y\in Y}$ は A の開被覆となるが，A はコンパクトであるからその有限部分被覆 $\{V_{y_1},\cdots,V_{y_n}\}$ が存在する．そこで $V=V_{y_1}\cup\cdots\cup V_{y_n}$，$U=U_{y_1}\cap\cdots\cap U_{y_n}$ とお

けば，明らかに $A\subset V$, $U\cap V=\emptyset$ であるから，$U\cap A=\emptyset$ となる． ∎

問 9　X,Y がハウスドルフ空間であるとき，$X\times Y$ もハウスドルフ空間となることを示せ．

(e) 連結性

定義 2.56　位相空間 X に対して，

$$X=O_1\cup O_2,\quad O_1\cap O_2=\emptyset,\quad O_1\neq\emptyset,\quad O_2\neq\emptyset \qquad (2.4)$$

となる開集合 O_1,O_2 が存在するとき，X は**非連結**であるといわれる．非連結でないときは**連結**(connected)といわれる．位相空間 X の部分集合 E が連結であるとは，部分空間として連結であることをいう． □

例題 2.57　X が連結であるためには，X の開かつ閉な部分集合は X または $\emptyset$ のみであることが必要十分条件である．

［解］　(2.4)を満たす開集合 O_1,O_2 が存在すれば，$O_1=O_2{}^c$ は $X,\emptyset$ とは異なる開かつ閉な部分集合である．逆に，A が X の開かつ閉な部分集合であり，$A\neq X,\emptyset$ であれば，$O_1=A$, $O_2=A^c$ とおけば，O_1,O_2 は(2.4)を満たす開集合になる． ∎

例題 2.58　$\mathbb{R}$ の区間 $[a,b]$ は連結であることを示せ．

［解］　もし，$A=[a,b]$ が非連結とすると，

$$A=(A\cap O_1)\cup(A\cap O_2),\quad (A\cap O_1)\cap(A\cap O_2)=\emptyset,$$
$$A\cap O_1\neq\emptyset,\quad A\cap O_2\neq\emptyset$$

を満たす $\mathbb{R}$ の開集合 O_1,O_2 が存在する．$A\cap O_1$ の上限を a_1 としよう．O_1 が開集合であるから明らかに，$a<a_1$ である．$a_1\notin O_1$ と仮定しよう．このとき $a_1\in A\cap O_2$ であるが，O_2 は開集合であることから，$(a_1-\varepsilon,a_1]\subset O_2$ となる $\varepsilon>0$ が存在する．これは a_1 が $A\cap O_1$ の上限であることに反する．よって，$a_1\in O_1$ である．もし $a_1<b$ とすると，O_1 は開集合であることから，$a_1<x\leqq b$ を満たす $x\in O_1$ が存在することになり，a_1 が $A\cap O_1$ の上限であることに反する．こうして $a_1=b\in A\cap O_1$ でなければならない．同様に，$A\cap O_2$ の

上限を a_2 とすると，$a_2=b\in A\cap O_2$ である．これは $(A\cap O_1)\cap(A\cap O_2)=\emptyset$ であることに矛盾である． ∎

定理 2.59　$\varphi\colon X\longrightarrow Y$ を連続写像とし，A を X の連結な部分集合とするとき，$\varphi(A)$ は Y の連結な部分集合である．

［証明］　対偶を考える．$\varphi(A)$ が非連結とすると，

$$\varphi(A)=(\varphi(A)\cap U_1)\cup(\varphi(A)\cap U_2)\quad(=\varphi(A)\cap(U_1\cup U_2)),$$
$$(\varphi(A)\cap U_1)\cap(\varphi(A)\cap U_2)=\emptyset,$$
$$\varphi(A)\cap U_1\neq\emptyset,\quad \varphi(A)\cap U_2\neq\emptyset$$

を満たす Y の開集合 U_1,U_2 が存在する．このとき，$O_i=\varphi^{-1}(U_i)$ $(i=1,2)$ とおくと，$\varphi^{-1}(\varphi(A))\supset A$ であるから，

$$\begin{aligned}A&=\varphi^{-1}(\varphi(A))\cap A=\varphi^{-1}(\varphi(A))\cap\varphi^{-1}(U_1\cup U_2)\cap A\\&=A\cap(O_1\cup O_2)=(A\cap O_1)\cup(A\cap O_2).\end{aligned}$$

同様に

$$(A\cap O_1)\cap(A\cap O_2)=\emptyset,\quad A\cap O_1\neq\emptyset,\quad A\cap O_2\neq\emptyset$$

であるから，A は非連結である． ∎

問 10　$f\colon[a,b]\longrightarrow\mathbb{R}$ を連続関数としたとき，$f(a)$ と $f(b)$ の間にある c に対して，$f(x)=c$ となる $x\in[a,b]$ が存在することを示せ（中間値の定理）．（ヒント．$f(a)<f(b)$ とする．$[a,b]$ は連結であるから，$f([a,b])$ も連結である．よって $f([a,b])$ は $[f(a),f(b)]$ を含む．）

補題 2.60　$\{A_\lambda\}_{\lambda\in\Lambda}$ を位相空間 X の連結な部分集合族とし，Λ の任意の 2 つの元 λ,λ' に対して $A_\lambda\cap A_{\lambda'}\neq\emptyset$ と仮定する．このとき，和集合 $A=\bigcup_{\lambda\in\Lambda}A_\lambda$ も連結である．

［証明］

$$A=(A\cap O_1)\cup(A\cap O_2),\quad (A\cap O_1)\cap(A\cap O_2)=\emptyset$$

となる X の開集合 O_1,O_2 が存在したとする．このとき，$A\cap O_1=\emptyset$ または $A\cap O_2=\emptyset$ が成り立つことを示せばよい．各 $\lambda\in\Lambda$ に対して，

$$A_\lambda = (A_\lambda \cap O_1) \cup (A_\lambda \cap O_2), \quad (A_\lambda \cap O_1) \cap (A_\lambda \cap O_2) = \emptyset$$

であるから，A_λ の連結性により，$A_\lambda \cap O_1 = \emptyset$ または $A_\lambda \cap O_2 = \emptyset$ でなければならない．今，$A_{\lambda_0} \cap O_1 = \emptyset$ となる λ_0 が存在すると仮定すると，すべての $\lambda \in \Lambda$ について $A_\lambda \cap O_1 = \emptyset$ となることを示そう．もし，λ_1 について $A_{\lambda_1} \cap O_1 \neq \emptyset$ となったとすると，$A_{\lambda_1} \cap O_2 = \emptyset$ であるから，$(A_{\lambda_0} \cap A_{\lambda_1}) \cap (O_1 \cup O_2) = \emptyset$ でなければならない．一方仮定により $O_1 \cup O_2 \supset A \supset A_{\lambda_0} \cap A_{\lambda_1}$ であるから，$(A_{\lambda_0} \cap A_{\lambda_1}) \cap (O_1 \cup O_2) = A_{\lambda_0} \cap A_{\lambda_1}$．よって $A_{\lambda_0} \cap A_{\lambda_1} = \emptyset$ となって定理の仮定に反する．したがって，$A_\lambda \cap O_1 = \emptyset$ がすべての $\lambda \in \Lambda$ に対して成り立ち，$A \cap O_1 = \emptyset$ である．　■

定理 2.61　位相空間 X の 2 点 x, y に対し，x, y を含む連結部分集合 A が存在するとき，$x \sim y$ と表すことにする．このとき，関係 $\sim$ は同値関係である．

この同値関係の同値類を，X の**連結成分**(connected component)という．

［証明］　推移律

$$x \sim y,\ y \sim z \quad \Longrightarrow \quad x \sim z$$

だけが問題である．x, y を含む連結部分集合を A_1，y, z を含む連結部分集合を A_2 とするとき，$A_1 \cap A_2$ は y を含むから，上の補題によって $A = A_1 \cup A_2$ は連結である．A は x, z を含むから，$x \sim z$.　■

これまで述べた連結性より「強い」連結性の概念を定義しよう．

定義 2.62　位相空間 X の任意の 2 点 x, y に対して，x, y を結ぶ連続曲線が存在するとき，X は**弧状連結**(arc-wise connected)であるといわれる．　□

定理 2.63

$$x \approx y \quad \Longleftrightarrow \quad x, y \text{ を結ぶ連続曲線が存在する}$$

により関係 $\approx$ を定義すれば，$\approx$ は同値関係である(例 2.50 参照)．　□

この同値関係の同値類を，X の**弧状連結成分**という．

定理 2.64　X が弧状連結であれば，X は連結である．

［証明］　X が連結でなければ，

$$X = O_1 \cup O_2, \quad O_1 \cap O_2 = \emptyset, \quad O_1 \neq \emptyset, \quad O_2 \neq \emptyset$$

となる X の開集合 O_1, O_2 が存在する．$x \in O_1$，$y \in O_2$ として，x, y を結ぶ連

続曲線を $c\colon [a,b] \longrightarrow X$ とする．このとき，

$$[a,b] = c^{-1}(O_1) \cup c^{-1}(O_2), \quad c^{-1}(O_1) \cap c^{-1}(O_2) = \emptyset,$$
$$c^{-1}(O_1) \neq \emptyset, \quad c^{-1}(O_2) \neq \emptyset$$

となるから，$[a,b]$ の連結性に矛盾． ∎

例 2.65　数空間 $\mathbb{R}_n$ は連結である． □

次の補題は，弧状連結性の定義から明らかであろう．

補題 2.66　$\varphi\colon X \longrightarrow Y$ が連続写像とし，A を X の弧状連結な部分集合とするとき，$\varphi(A)$ は Y の弧状連結な部分集合である． □

例題 2.67　曲面の連結性と弧状連結性は一致することを示せ．

［解］　連結な曲面 X が弧状連結であることを示せばよい．このためには一般に，曲面の弧状連結成分が開集合であることを証明すれば十分である．A を弧状連結成分としよう．$p \in A$ に対して，p のまわりの局所径数表示 $S\colon U \longrightarrow X$ を選ぶ．$S(u_0, v_0) = p$ として，ε を十分小さくとり，$U_0 = \{(u,v) \in \mathbb{R}_2 \mid (u-u_0)^2 + (v-v_0)^2 < \varepsilon^2\}$ とおけば，$U_0 \subset U$ となるようにできる．U_0 は弧状連結であり，$S(U_0)$ の任意の点 $q = S(u,v)$ は連続曲線

$$c(t) = S((1-t)u_0 + tu,\ (1-t)v_0 + tv), \quad 0 \leqq t \leqq 1$$

により p と結ぶことができるから，$S(U_0) \subset A$ である．$S(U_0)$ は X の開集合であるから，結局 A は X の開集合である． ∎

《まとめ》

2.1　距離空間 (X,d) の点 x の ε 近傍 $U(x,\varepsilon)$ $(\varepsilon > 0)$ は

$$U(x,\varepsilon) = \{y \in X \mid d(x,y) < \varepsilon\}$$

として定義される．

2.2　距離空間 X の部分集合 A は，次の性質を満たすとき開集合とよばれる：任意の $x \in A$ に対して，$U(x,\varepsilon) \subset A$ となる正数 ε が存在する．

また，X の部分集合 A は，次の性質を満たすとき閉集合とよばれる：任意の

正数εに対して，$U(x,\varepsilon)\cap A\neq\phi$ であれば，x は A の元である．

2.3 距離空間(X,d)の任意の基本列が収束するとき，(X,d)は完備であるといわれる．

任意の距離空間(X,d)は，完備な距離空間の中の稠密な部分距離空間と考えることができる．

2.4 集合 X の部分集合の族 $\mathcal{O}$ が次の公理を満たすとき，$\mathcal{O}$ を開集合系といい，$(X,\mathcal{O})$ を位相空間という．

（1） $\phi, X\in\mathcal{O}$

（2） すべての $i\in I$ について $O_i\in\mathcal{O}$ となる任意の族 $\{O_i\}_{i\in I}$ について，$\bigcup_{i\in I} O_i \in\mathcal{O}$.

（3） $O_1, O_2\in\mathcal{O} \Longrightarrow O_1\cap O_2\in\mathcal{O}$

$\mathcal{O}$ の元は開集合とよばれ，開集合の補集合は閉集合とよばれる．

2.5 位相空間$(X,\mathcal{O}_X),(Y,\mathcal{O}_Y)$と写像$\varphi\colon X\longrightarrow Y$について，もし任意の$O\in\mathcal{O}_Y$に対して$\varphi^{-1}(O)\in\mathcal{O}_X$が成り立つならば，$\varphi$は連続であるといわれる．

2.6 位相空間 X の部分集合 A について，A の任意の開被覆が有限部分被覆をもつとき，A をコンパクトという．

2.7 位相空間 X の任意の異なる2点 x,y に対して，x の近傍 U と y の近傍 V で，$U\cap V=\phi$ となるものが存在するとき，X をハウスドルフ空間という．

2.8 位相空間 X の開かつ閉な集合が ϕ または X に限るとき，X は連結であるという．

演習問題

2.1 距離空間(X,d)の部分集合 A と点 $x\in A$ について，次の2条件は互いに同値であることを示せ:

(1) x を含み，A に含まれる開集合が存在する．

(2) $\lim_{n\to\infty} x_n=x$ となる任意の点列 $\{x_n\}$ に対して，n_0 を十分大きくとれば，$n>n_0$ となる任意の n について，$x_n\in A$ となる．

(このとき，x は A の**内点**(interior point)であるという．)

2.2 $(X,d),(Y,d')$ を距離空間とし，X はコンパクトとする．$C(X,Y)$ を X から Y への連続写像全体のなす集合とする．$f,g\in C(X,Y)$ に対して

$$D(f,g)=\sup d'(f(x),g(x)),\quad x\in X$$

とおく($f(X), g(X)$ はコンパクトであるから，この値は有限である).

(1) D は $C(X,Y)$ の距離関数となることを示せ.

(2) (Y,d') が完備であるとき，$(C(X,Y),D)$ も完備であることを示せ.

2.3　位相空間 X について，次の条件は互いに同値であることを示せ.

(1) X はコンパクトである.

(2) 有限交差性をもつ X の任意の閉集合族 $\{C_\alpha\}_{\alpha\in A}$ に対して，$\bigcap C_\alpha\neq\emptyset$ が成り立つ．ここで，一般に部分集合族 $\{C_\alpha\}_{\alpha\in A}$ が**有限交差性**をもつとは，添字の集合 A の任意の有限部分集合 $\{\alpha_1,\alpha_2,\cdots,\alpha_n\}$ に対して，

$$C_{\alpha_1}\cap C_{\alpha_2}\cap\cdots\cap C_{\alpha_n}\neq\emptyset$$

が成り立つことをいう.

2.4　集合 X のすべての有限部分集合と X を閉集合系とする位相空間 X はコンパクトであることを示せ.

2.5　位相空間 X について，次の2条件は同値であることを示せ.

(1) X はハウスドルフ空間である.

(2) $X\times X$ の対角線集合 $\triangle_X=\{(x,x)\in X\times X\mid x\in X\}$ は積位相に関して閉集合である.

2.6　位相空間 X の任意の2点 x,y $(x\neq y)$ に対して，$f(x)\neq f(y)$ となる X 上の連続関数 f が存在するとき，X はハウスドルフ空間であることを示せ.

2.7　位相空間 X について次の3条件は同値であることを示せ.

(1) X の1つの点からなる集合 $\{x\}$ はすべて閉集合である.

(2) X の各点 x において，x のすべての近傍の共通部分は $\{x\}$ である.

(3) X の任意の2点 x,y $(x\neq y)$ に対して，y の近傍 U で x を含まないものが存在する.

(条件(3)は，第1分離公理とよばれる).

2.8　A が位相空間 X の連結部分集合で，$A\subset A_1\subset\overline{A}$ であれば，A_1 も X の連結部分集合であることを示せ.

2.9　位相空間 X の1つの連結成分を C とし，x を C の1点とする．このとき，C は x を含む連結部分集合の和集合と一致することを示せ．さらに，C は X の極大な連結部分集合でありかつ閉集合であることも示せ.

3 多様体

色不異空. 空不異色.

——般若心経

前章で学んだ位相空間論は，空間概念の「内在性」を表現するのに最も適した理論である．しかし，それは我々のまわりの空間が身にまとっていた性質を徹底的に脱ぎ捨てたものといってよい．この「裸」の空間に新たな衣装を用意しよう．その基本的デザインを与えるのが，第1章で論じた曲面の径数表示の考え方である．

曲面 X は，ユークリッド空間から誘導される位相によりハウスドルフ空間であり，しかも，局所径数表示により，X の各点は2次元数空間 $\mathbb{R}_2$ の開集合と同相な開近傍(座標近傍)をもつ．さらに，互いに交わる2つの座標近傍の間で定義される座標変換は滑らかである(第1章§1.6；補題1.31)．本章で学ぶ**滑らかな $\boldsymbol{n}$ 次元多様体**は，曲面のこれらの性質において，$\mathbb{R}_2$ を n 次元数空間 $\mathbb{R}_n$ に取り替えたものである．言い換えれば，曲面は2次元多様体の例となる．

すでに，曲面における接平面の「内在性」を論じたときにも示唆したように(§1.6(c))，滑らかな多様体に対しても**接空間**というものを考えることができる．そして，第1基本形式は，この接空間に内積を入れたもの(**リーマン計量**)として一般化される．このような計量をもつ多様体を**リーマン多様体という．第1章で論じた曲面上の平行移動，測地線，曲率などの概念は，このリーマン多様体の幾何学的対象として，面目を一新して登場するのである．こうして，リーマンが就職講演で提示した「多重に拡がる空間」についての構想は，リーマン多様体という形で実現することになる．

§3.1　滑らかな多様体

(a)　多様体の定義

定義 3.1　次の性質を満たす位相空間 X を，**n 次元の位相多様体**(n-dimensional topological manifold)という．

(i)　X はハウスドルフ位相空間である．

(ii)　X の各点 p は n 次元数空間 $\mathbb{R}_n$ の開集合と同相な開近傍をもつ．言い換えれば，X の開被覆 $\{U_\alpha\}_{\alpha\in A}$ および写像 $\phi^\alpha\colon U_\alpha\longrightarrow\mathbb{R}_n$ $(\alpha\in A)$ で，

　(1)　$\phi^\alpha(U_\alpha)$ は $\mathbb{R}_n$ の開集合，

　(2)　$\phi^\alpha\colon U_\alpha\longrightarrow\phi^\alpha(U_\alpha)$ は同相写像

となるものが存在する．

(条件(i)は条件(ii)から帰結されると考える読者がいるかもしれないが，そうではない；演習問題 3.8 参照.) 次元を明示するために，X の代わりに X^n と書くこともある．□

一般に，X の開集合 U と写像 $\phi\colon U\longrightarrow\mathbb{R}_n$ について，$\phi(U)$ が $\mathbb{R}_n$ の開集合であり，$\phi\colon U\longrightarrow\phi(U)$ が同相写像であるような組 (U,ϕ)(あるいは単に U)を X の**座標近傍**(coordinate neighborhood)という．$\phi(p)=(x_1(p),x_2(p),\cdots,x_n(p))$ と表して，これを p の(**局所**)**座標**という．このようにして得られる U 上の n 個の関数の組 $(x_1,x_2,\cdots,x_n)$ を**局所座標系**(local coordinate system)とよぶ．

座標近傍の族 $\{(U_\alpha,\phi^\alpha)\}_{\alpha\in A}$ において，$\{U_\alpha\}_{\alpha\in A}$ が X の開被覆になっているとき，$\{(U_\alpha,\phi^\alpha)\}_{\alpha\in A}$ を X の**座標近傍系**とよぶ．

$U_\alpha\cap U_\beta\neq\emptyset$ としよう．$\phi^\alpha(U_\alpha\cap U_\beta)$，$\phi^\beta(U_\alpha\cap U_\beta)$ はともに $\mathbb{R}_n$ の開集合である．ϕ^α の $U_\alpha\cap U_\beta$ への制限は $U_\alpha\cap U_\beta$ から $\phi^\alpha(U_\alpha\cap U_\beta)$ への同相写像であ

るから，それを同じ ϕ^α で表し，その逆写像 $(\phi^\alpha)^{-1}\colon \phi^\alpha(U_\alpha\cap U_\beta)\longrightarrow U_\alpha\cap U_\beta$ を考える．$\phi^{\beta\alpha}=\phi^\beta(\phi^\alpha)^{-1}$ とおくと，

$$\phi^{\beta\alpha}\colon \phi^\alpha(U_\alpha\cap U_\beta)\longrightarrow \phi^\beta(U_\alpha\cap U_\beta)$$

は $\mathbb{R}_n$ の開集合の間の同相写像になる．これを座標近傍 (U_α,ϕ^α), (U_β,ϕ^β) の間の**座標変換**(coordinate transformation)という．

$$\phi^{\beta\alpha}(u_1,\cdots,u_n)=(f_1^{\beta\alpha}(u_1,\cdots,u_n),\cdots,f_n^{\beta\alpha}(u_1,\cdots,u_n))$$

と表すことにすると，明らかに

$$x_i^\beta(p)=f_i^{\beta\alpha}(x_1^\alpha(p),\cdots,x_n^\alpha(p))\quad (i=1,2,\cdots,n) \tag{3.1}$$

が成り立つ $(p\in U_\alpha\cap U_\beta)$．ここで $(x_1^\alpha,\cdots,x_n^\alpha)$, $(x_1^\beta,\cdots,x_n^\beta)$ はそれぞれ (U_α,ϕ^α), (U_β,ϕ^β) に対する局所座標系である．(3.1)において，p を省略して，

$$x_i^\beta=f_i^{\beta\alpha}(x_1^\alpha,\cdots,x_n^\alpha)\quad あるいは\quad x_i^\beta=x_i^\beta(x_1^\alpha,\cdots,x_n^\alpha)$$

と表すこともある．これは，2つの局所座標系 $(x_1^\alpha,\cdots,x_n^\alpha)$, $(x_1^\beta,\cdots,x_n^\beta)$ の間の変換式である．$f_i^{\beta\alpha}, f_i^{\alpha\beta}$ $(i=1,2,\cdots,n)$ を**変換関数**という．

定義から明らかに $\phi^{\alpha\alpha}=I$ (恒等写像), $\phi^{\alpha\beta}=(\phi^{\beta\alpha})^{-1}$ である．

第1章で扱った曲面が2次元の位相多様体であることは明白であろう．実際，ユークリッド空間 $\boldsymbol{E}$ の部分集合として，誘導位相により X にはハウスドルフ位相が入る．局所径数表示 $S\colon U\longrightarrow X$ の像 $S(U)$ と S の逆写像の組 $(S(U),S^{-1})$ は座標近傍を与える．2つの局所径数表示 $S_1\colon U_1\longrightarrow X$, $S_2\colon U_2\longrightarrow X$ に対して，$S_1(U_1)\cap S_2(U_2)\neq\emptyset$ であるとき，座標変換は

$$S_2^{-1}S_1\colon S_1^{-1}(S_1(U_1)\cap S_2(U_2))\longrightarrow S_2^{-1}(S_1(U_1)\cap S_2(U_2))$$

により与えられる．

さて，曲面の場合は，この座標変換は滑らかであった．すなわち，S_1 に対する局所座標系を (u,v), S_2 に対する局所座標系を (z,w) として，座標変換の関数を $z=z(u,v)$, $w=w(u,v)$ とすると，$z(u,v)$, $w=w(u,v)$ はともに滑らかな関数であった(補題1.31)．このことを念頭において，滑らかな多様体の概念を次のように定義しよう．

定義 3.2　n 次元位相多様体 X の座標近傍系 $\{(U_\alpha,\phi^\alpha)\}_{\alpha\in A}$ が次の性質をもつとき，$\{(U_\alpha,\phi^\alpha)\}_{\alpha\in A}$ を**滑らかな**(smooth)**座標近傍系**という：

$U_\alpha\cap U_\beta\neq\emptyset$ であるような任意の $\alpha,\beta\in A$ に対して，変換関数 $f_i^{\beta\alpha}$,

$f_i^{\alpha\beta}$ $(i=1,2,\cdots,n)$ がすべて滑らかである.

位相多様体 X が滑らかな座標近傍系をもつとき X を**滑らかな多様体**(smooth manifold)という. □

滑らかな多様体を C^∞ 級多様体とよぶテキストもある.

以下, 滑らかな多様体の座標近傍系というときは, 必ず滑らかな座標近傍系を意味する.

例 3.3　n 次元数空間 $\mathbb{R}_n$ は, ただ1つの座標近傍 $(\mathbb{R}_n, I)$ により滑らかな多様体と考えることができる. ここで, $I: \mathbb{R}_n \longrightarrow \mathbb{R}_n$ は恒等写像である. この座標近傍に対する座標系は**標準的座標系**とよばれる. □

例 3.4　滑らかな多様体 X の開集合 U を考える. X の座標近傍系 $\{(U_\alpha, \phi^\alpha)\}_{\alpha\in A}$ をとったとき,

$$V_\alpha = U_\alpha \cap U, \quad \psi_\alpha = \phi_\alpha \mid U_\alpha \cap U \quad (\phi_\alpha \text{ の } U_\alpha \cap U \text{ への制限})$$

とおく(ただし, α としては $U_\alpha \cap U \neq \emptyset$ となるもののみを考え, それらを集めたものを A' とする). このとき $\{(V_\alpha, \psi_\alpha)\}_{\alpha\in A'}$ は U の滑らかな座標近傍系である. このようにして, 開集合は滑らかな多様体と考えることができる. 開集合を今の方法で滑らかな多様体と考えるとき, **開部分多様体**(open submanifold)ということがある. □

例 3.5　X, Y を滑らかな多様体とするとき, 直積 $X\times Y$ にも自然に滑らかな多様体の構造を次のようにいれることができる. X の次元を m, Y の次元を n としよう. $\{(U_\alpha, \phi^\alpha)\}_{\alpha\in A}$ を X の座標近傍系, $\{(V_i, \psi^i)\}_{i\in I}$ を Y の座標近傍系とするとき,

$$W_{\alpha i} = U_\alpha \times V_i, \quad \phi^{\alpha i} = \phi^\alpha \times \psi^i : W_{\alpha i} \longrightarrow \mathbb{R}_m \times \mathbb{R}_n = \mathbb{R}_{m+n}$$

とおく. ここで

$$(\phi^\alpha \times \psi^i)(p, q) = (\phi^\alpha(p), \psi^i(q)), \quad (p, q) \in U_\alpha \times V_i$$

とする. $\{(W_{\alpha i}, \phi^{\alpha i})\}_{(\alpha, i)\in A\times I}$ は $X\times Y$ の滑らかな座標近傍系であることが容易に確かめられる. 滑らかな多様体 $X\times Y$ を, X と Y の**積多様体**という. 3つ以上の滑らかな多様体の積多様体も同様に定義される. □

次の定義は, 曲面の表裏の概念を多様体に対して一般化したものである(定

理 1.33 参照).

定義 3.6　滑らかな多様体 X において，次の性質を満たす座標近傍系 $\{(U_\alpha, \phi^\alpha)\}_{\alpha\in A}$ が存在するとき，X は**向き付け可能**であるといわれる: $U_\alpha \cap U_\beta \neq \emptyset$ であるような任意の $\alpha, \beta \in A$ に対して，変換関数 $f_i^{\beta\alpha}$ のヤコビ行列

$$\frac{D(x_1^\beta, \cdots, x_n^\beta)}{D(x_1^\alpha, \cdots, x_n^\alpha)} = \begin{pmatrix} \dfrac{\partial f_1^{\beta\alpha}}{\partial x_1^\alpha} & \cdots\cdots & \dfrac{\partial f_1^{\beta\alpha}}{\partial x_n^\alpha} \\ \vdots & \ddots & \vdots \\ \dfrac{\partial f_n^{\beta\alpha}}{\partial x_1^\alpha} & \cdots\cdots & \dfrac{\partial f_n^{\beta\alpha}}{\partial x_n^\alpha} \end{pmatrix}$$

の行列式が正である.　□

例 3.7 (n 次元球面)　$n+1$ 次元数空間 $\mathbb{R}_{n+1}$ の中の単位球面は

$$S^n = \{(x_1, x_2, \cdots, x_{n+1}) \in \mathbb{R}_{n+1} \mid (x_1)^2 + (x_2)^2 + \cdots + (x_{n+1})^2 = 1\}$$

として定義される集合である．S^n に滑らかな n 次元多様体の構造が入ることをみよう．$i = 1, 2, \cdots, n+1$ に対して

$$U_i^+ = \{(x_1, x_2, \cdots, x_{n+1}) \in S^n \mid x_i > 0\},$$
$$U_i^- = \{(x_1, x_2, \cdots, x_{n+1}) \in S^n \mid x_i < 0\}$$

とおく．$\phi_i^+ : U_i^+ \longrightarrow \mathbb{R}_n$, $\phi_i^- : U_i^- \longrightarrow \mathbb{R}_n$ を

$$\phi_i^\pm(x_1, x_2, \cdots, x_{n+1}) = (x_1, \cdots, x_{i-1}, x_{i+1}, \cdots, x_{n+1})$$

により定義する．容易に確かめられるように $\phi_i^\pm$ は，$U_i^\pm$ から $\{(y_1, \cdots, y_n) \in \mathbb{R}_n \mid y_1^2 + \cdots + y_n^2 < 1\}$ への位相同型写像である．実際,

$$(\phi_i^\pm)^{-1}(y_1, \cdots, y_n) = (y_1, \cdots, y_{i-1}, \pm\{1 - y_1^2 - \cdots - y_n^2\}^{1/2}, y_{i+1}, \cdots, y_n)$$

である．さらに任意の $(x_1, x_2, \cdots, x_{n+1}) \in S^n$ について，$x_i \neq 0$ となる番号 i が存在するから，$(x_1, x_2, \cdots, x_{n+1}) \in U_i^\pm$ となり，$\{U_i^\pm\}_{i=1}^{n+1}$ は S^n の開被覆になる．よって，$\{(U_i^\pm, \phi_i^\pm)\}_{i=1}^{n+1}$ は S^n の座標近傍系である．この座標近傍系に対する座標変換が滑らかになることは，$\phi_i^\pm, (\phi_i^\pm)^{-1}$ の式から明らかであろう．□

問 1　S^n は向き付け可能であることを示せ.

宇宙空間の向き付け可能性

学習の手引きでも述べたように，この宇宙空間が閉じている(コンパクト)かどうかは，「空間の形而上学」の観点から最も興味のある問題である．しかしこれは，むしろ相対論を考慮に入れた「時空」の構造についての宇宙物理学上の問題と考えるべきかもしれない．一方宇宙空間が閉じていると仮定したとき，空間の形状をすべて分類することは，純粋に数学的な問題として現在でも研究されている(3次元多様体の分類理論)．では，「この宇宙空間は向き付け可能か」という問題はどうだろうか．

もし，宇宙空間が向き付け「不可能」とすると，奇妙なことが起こる．たとえば，地球から出発して宇宙をぐるりと巡り，また地球に戻る宇宙旅行を考えよう(相対論の効果は考えず，短期間のうちに旅行は終了できるものとする)．この宇宙旅行の範囲が小規模なものならば，出発前と帰着後を比べたとき，この旅行の参加者には何の変化も起こらない．しかし，旅行の範囲が大きいときには，「場合によっては」参加者の姿形に微妙な変化が起きていることに気づくだろう．すなわち，帰ってきた旅行者全員，出発前の姿を鏡に写したかのように完全に「左右」が入れ替わることもあり得るのである！ 逆に旅行者から見れば，地球上のものすべての左右がそっくり逆になって見えるのだ(メビウスの帯でこのことを想像してほしい)．もちろん，このようなことが起こるには，宇宙空間の中のとてつもなく大きな曲線に沿って一回りしなければならないから，現実的には実行不可能である．しかし，「向き付け可能・不可能」性の意味を考える思考実験としては面白い．

(b) 滑らかな写像

X^m, Y^n は滑らかな多様体であるとする．$(U_\alpha, \phi^\alpha)\}_{\alpha\in A}$ を X の座標近傍系，$\{(V_i, \psi^i)\}_{i\in I}$ を Y の座標近傍系とする．連続写像 $\varphi\colon X \longrightarrow Y$ について，$\varphi^{-1}(V_i)\cap U_\alpha \neq \emptyset$ となる α, i に対して

$$\psi^i\varphi(\phi^\alpha)^{-1}\colon \phi^\alpha(\varphi^{-1}(V_i)\cap U_\alpha) \longrightarrow \mathbb{R}_n$$

は，$\mathbb{R}_m$ の開集合 $\phi^\alpha(\varphi^{-1}(V_i)\cap U_\alpha)$ から $\mathbb{R}_n$ への連続写像である($\varphi(\varphi^{-1}(V_i))\subset$

V_i に注意)．$\varphi^{-1}(V_i)\cap U_\alpha \neq \emptyset$ となる任意の α, i に対して $\psi^i\varphi(\phi^\alpha)^{-1}$ が滑らかであるとき，φ を**滑らかな写像**(smooth map)という．$(x_1^\alpha, \cdots, x_m^\alpha)$ を (U_α, ϕ^α) における局所座標系，$(y_1^i, \cdots, y_n^i)$ を (V_i, ψ^i) における局所座標系とする．$p \in \varphi^{-1}(V_i)\cap U_\alpha$ に対して，

$$\begin{aligned} &\psi^i\varphi(\phi^\alpha)^{-1}(x_1^\alpha(p), \cdots, x_m^\alpha(p)) \\ &\quad = (f_1(x_1^\alpha(p), \cdots, x_m^\alpha(p)), \cdots, f_n(x_1^\alpha(p), \cdots, x_m^\alpha(p))) \end{aligned}$$

とおくと，

$$y_1^i(\varphi(p)) = f_1(x_1^\alpha(p), \cdots, x_m^\alpha(p)), \quad \cdots, \quad y_n^i(\varphi(p)) = f_n(x_1^\alpha(p), \cdots, x_m^\alpha(p))$$

となっている．これを，

$$y_k^i \circ \varphi = f_k(x_1^\alpha, \cdots, x_m^\alpha) \quad (k = 1, 2, \cdots, n)$$

と表し，$(f_1, \cdots, f_n)$ を φ の**局所座標表示**という．

これからの議論でも,「滑らか」な幾何学的対象がたびたび現れるが，今述べた写像の場合と同様に，つねに局所座標系を通して「滑らかさ」を定義することになる．

問2　X, Y, Z を滑らかな多様体とし，$\varphi\colon X \longrightarrow Y$, $\psi\colon Y \longrightarrow Z$ が滑らかであるとき，合成写像 $\psi\varphi\colon X \longrightarrow Z$ も滑らかであることを示せ．

2つの多様体 X, Y の間の滑らかな写像 $\varphi\colon X \longrightarrow Y$ が逆写像 $\varphi^{-1}\colon Y \longrightarrow X$ をもち，しかも φ^{-1} も滑らかなとき，φ は**微分同型写像**とよばれる．

滑らかな多様体 X の座標近傍 (U, ϕ) が与えられたとき，$\phi\colon U \longrightarrow \phi(U)$ $(\subset \mathbb{R}_n)$ は微分同型写像である．ϕ の逆写像 $S = \phi^{-1}$ を，曲面の場合にならって X の**局所径数表示(写像)**とよぶことにする．

$Y = \mathbb{R}$ の場合，滑らかな写像 $f\colon X \longrightarrow Y$ は**滑らかな関数**(smooth function)とよばれる．$(x_1, x_2, \cdots, x_n)$ を (U, ϕ) における局所座標系とするとき，$F = f\phi^{-1}$ は $\phi(U)$ 上の滑らかな関数である．

記号の簡略化のため，F を同じ f により表すことにする：$f(p) = f(x_1(p), \cdots, x_n(p))$．そして

$$\frac{\partial F}{\partial x_i}(x_1(p),\cdots,x_n(p)) = \frac{\partial f}{\partial x_i}(p)$$

と表す．X 上の滑らかな関数全体を $C^\infty(X)$ により表す．

開区間 (a,b) は1次元多様体である数直線 $\mathbb{R}_1$ の開集合であるから，(a,b) は $\mathbb{R}_1$ の開部分多様体である．(a,b) から多様体 X への滑らかな写像を X の**滑らかな曲線**という．閉区間 $[a,b]$ から X への写像 c について，$[a,b]$ を含む開区間 (a',b') と滑らかな曲線 $c'\colon (a',b') \longrightarrow X$ が存在して，c が c' の $[a,b]$ への制限となっているとき，c も滑らかな曲線という．

(c) 接空間

空間の中の曲面には各点で接平面というものを考えることができた(§1.6 (c))．その「内在的」記述を参考にして，一般の滑らかな多様体に対しても，接空間の概念を定義しよう．

$C_p(X)$ により，p のある近傍で定義された滑らかな関数全体を表す(近傍は関数ごとに異なってもよい)．点 p における X の**接ベクトル**は，次の性質を満たす写像 $\boldsymbol{\xi}\colon C_p(X) \longrightarrow \mathbb{R}$ として定義される．

(i) $\boldsymbol{\xi}(f+g) = \boldsymbol{\xi}(f)+\boldsymbol{\xi}(g)$

(ii) $\boldsymbol{\xi}(af) = a\boldsymbol{\xi}(f)$

(iii) (ライプニッツ則) $\boldsymbol{\xi}(fg) = \boldsymbol{\xi}(f)\cdot g(p)+f(p)\cdot\boldsymbol{\xi}(g)$．

点 p における接ベクトル全体のなす集合を $T_p(X)$ により表して，p における X の**接空間**という．接空間は，自然な演算により線形空間となる．

曲面の場合，曲線の速度ベクトルが接ベクトルの例になっていた．一般の多様体の場合はどうだろうか．

$c\colon (a,b) \longrightarrow X$ を滑らかな曲線とする．$c(t_0) = p$ $(a < t_0 < b)$ としよう．$f \in C_p(X)$ に対して，合成写像 fc は t_0 の近傍で定義された滑らかな実数値関数である．写像 $\boldsymbol{\xi}\colon C_p(X) \longrightarrow \mathbb{R}$ を

$$\boldsymbol{\xi}(f) = \frac{d}{dt} fc\Big|_{t=t_0}$$

とおくことにより定義しよう．$\boldsymbol{\xi}$ が接ベクトルの条件(i), (ii), (iii)を満たす

ことは容易に確かめることができる．この $\boldsymbol{\xi}$ を $\dot{c}(t_0)$ により表して，曲線 c の $t=t_0$ における**速度ベクトル**という．

$(x_1, x_2, \cdots, x_n)$ を座標近傍 U における局所座標系としよう．$f \in C_p(X)$ に対して

$$\left(\frac{\partial}{\partial x_i}\right)_p f = \frac{\partial f}{\partial x_i}(p)$$

とおくと，明らかに $\left(\dfrac{\partial}{\partial x_i}\right)_p$ は p における接ベクトルである．

例 3.8　曲面の局所径数表示 $S \colon U \longrightarrow X$ が定める局所座標系 (u,v) については，$p=S(u,v)$ において $S_u = \left(\dfrac{\partial}{\partial u}\right)_p$，$S_v = \left(\dfrac{\partial}{\partial v}\right)_p$ である．　□

定理 3.9　$\left\{\left(\dfrac{\partial}{\partial x_1}\right)_p, \cdots, \left(\dfrac{\partial}{\partial x_n}\right)_p\right\}$ は $T_p(X)$ の基底である．特に，$T_p(X)$ の線形空間としての次元は，X の次元に等しい．　□

$\left\{\left(\dfrac{\partial}{\partial x_1}\right)_p, \cdots, \left(\dfrac{\partial}{\partial x_n}\right)_p\right\}$ を，局所座標系 $(x_1, \cdots, x_n)$ に関する**標準的な基底**という．

［証明］　$f(q)=x_j(q)$ とおいて定義される $f \in C_p(X)$ に対して

$$\left(\frac{\partial}{\partial x_i}\right)_p f = \frac{\partial x_j}{\partial x_i}(p) = \delta_{ij}$$

であることに注意．よって，線形関係

$$a_1\left(\frac{\partial}{\partial x_1}\right)_p + \cdots + a_n\left(\frac{\partial}{\partial x_n}\right)_p = \mathbf{0}$$

があるとき，

$$\mathbf{0} = a_1\left(\frac{\partial}{\partial x_1}\right)_p f + \cdots + a_n\left(\frac{\partial}{\partial x_n}\right)_p f = a_j$$

となるから，

$$\left(\frac{\partial}{\partial x_1}\right)_p, \ \cdots, \ \left(\frac{\partial}{\partial x_n}\right)_p$$

は線形独立である．$T_p(X)$ の任意のベクトルが，これらの線形結合で

表されることの証明は，補題 1.38 の証明とまったく同様である．実際，$(x_1(p),\cdots,x_n(p))=(a_1,a_2,\cdots,a_n)$ とおくと，

$$f(x_1,x_2,\cdots,x_n)=f(a_1,a_2,\cdots,a_n)+\sum_{i=1}^{n}\frac{\partial f}{\partial x_i}(p)(x_i-a_i)$$
$$+\sum_{i,j=1}^{n}h_{ij}(x_1,x_2,\cdots,x_n)(x_i-a_i)(x_j-a_j)$$

を満たす $h_{ij}\in C_p(X)$ が存在する(補題 1.15 の一般化)．曲面の場合とまったく同様に，$\boldsymbol{\xi}\in T_p(X)$ に対して

$$\boldsymbol{\xi}(f)=\sum_{i=1}^{n}\boldsymbol{\xi}(x_i)\frac{\partial f}{\partial x_i}(p)$$

となるから，

$$\boldsymbol{\xi}=\sum_{i=1}^{n}\boldsymbol{\xi}(x_i)\left(\frac{\partial}{\partial x_i}\right)_p \tag{3.2}$$

である．∎

$(x_1,x_2,\cdots,x_n)$，$(y_1,y_2,\cdots,y_n)$ を p のまわりの局所座標系としよう．このとき，

$$\left\{\left(\frac{\partial}{\partial x_1}\right)_p,\cdots,\left(\frac{\partial}{\partial x_n}\right)_p\right\},\quad \left\{\left(\frac{\partial}{\partial y_1}\right)_p,\cdots,\left(\frac{\partial}{\partial y_n}\right)_p\right\}$$

は両者とも $T_p(X)$ の基底になるが，これらの間には

$$\left(\frac{\partial}{\partial y_i}\right)_p=\sum_{j=1}^{n}\frac{\partial x_j}{\partial y_i}(p)\left(\frac{\partial}{\partial x_j}\right)_p, \tag{3.3}$$

$$\left(\frac{\partial}{\partial x_i}\right)_p=\sum_{j=1}^{n}\frac{\partial y_j}{\partial x_i}(p)\left(\frac{\partial}{\partial y_j}\right)_p \tag{3.4}$$

が成り立つ．実際，(3.2)において $\boldsymbol{\xi}=\left(\frac{\partial}{\partial y_i}\right)_p$ とおけば，等式(3.3)が得られる．(3.4)については，(x_i) と (y_i) の役割を取り替えればよい．

例 3.10　$c\colon(a,b)\longrightarrow X$ を滑らかな曲線とし，$t_0\in(a,b)$ とする．$p=c(t_0)$ における局所座標系 $(x_1,x_2,\cdots,x_n)$ に対して $c_i(t)=x_i(c(t))$ とおくとき，

$$\dot{c}(t_0)=\sum_{i=1}^{n}\dot{c}_i(t_0)\left(\frac{\partial}{\partial x_i}\right)_p$$

が成り立つ．これも，(3.2)からただちに導かれる． □

例 3.11　X を $\mathbb{R}_n$ の開部分多様体とする．$\mathbb{R}_n$ の標準座標系 $(x_1,\cdots,x_n)$ を X に制限することにより，X の(局所)座標系と見なせる．p を X の点とするとき，$\mathbb{R}^n$ のベクトル ${}^t(a_1,\cdots,a_n)$ に対して，p における接ベクトル

$$a_1\left(\frac{\partial}{\partial x_1}\right)_p+\cdots+a_n\left(\frac{\partial}{\partial x_n}\right)_p$$

を対応させることにより，$\mathbb{R}^n$ から $T_p(X)$ への線形同型写像が得られる． □

(d)　単位の分割

滑らかな多様体上の滑らかな関数の定義は与えたが，それがどの程度多くあるのかについては言及しなかった．ここでは，特殊な性質をもつ関数を構成することにより，滑らかな関数が十分多くあることを見るとともに，多様体上の「大域的」対象を「局所化」するのに使われる方法(単位の分割)を述べよう．

定理 3.12　多様体 X のコンパクト部分集合 K と，それを含む開集合 U に対して，次の性質を満たす関数 $f\in C^\infty(X)$ が存在する：

(i)　$f\geqq 0$,

(ii)　K 上で $f>0$,

(iii)　U^c 上で $f=0$. □

系 3.13　X の任意の異なる 2 点 p,q に対して，$f(p)\neq 0$, $f(q)=0$ となる $f\in C^\infty(X)$ が存在する． □

実際，X がハウスドルフ空間であることから，p の近傍 U と q の近傍 V で，$U\cap V=\emptyset$ となるものが存在することに注意して，$K=\{p\}$ と U に対して定理を適用すればよい．

多様体の定義 3.1 において，ハウスドルフ空間の条件(i)を除くと，系 3.13 は一般には成り立たないことが知られている(演習問題 3.8 参照)．

定理 3.12 の証明のため，次のようにして定義される関数を考えよう．

$$h(t) = \begin{cases} \exp(-1/t^2) & (t > 0) \\ 0 & (t \leqq 0) \end{cases}$$

$t>0$ において，h の k 階微分 $h^{(k)}(t)$ は

$$(t^{-1} \text{ の多項式}) \times \exp(-1/t^2)$$

のように表される．x の任意の多項式 $p(x)$ に対して

$$p(x)\exp(-x^2) \to 0 \quad (x \to \infty)$$

が成り立つことから，$h^{(k)}(t) \to 0$ $(t \downarrow 0)$．よって，h は $t=0$ で何回でも微分可能であり，h は滑らかな関数であることがわかる．この $h(t)$ を使って

$$g(t) = \frac{h(t)}{h(t)+h(1-t)}$$

とおく．明らかに $g(t)$ も滑らかであり，

$$\begin{aligned} &g(t) = 0 && (t \leqq 0), \\ &0 < g(t) < 1 && (0 < t < 1), \\ &g(t) = 1 && (t \geqq 1) \end{aligned}$$

を満たす．さらに，$0<a<b$ のとき

$$k(t) = g((b-a)^{-1}(t+b)) \cdot g((b-a)^{-1}(-t+b))$$

とおけば，$k(t)$ も滑らかであり，

$$\begin{aligned} &0 \leqq k(t) \leqq 1, \\ &k(t) = 0 \quad (|t| \geqq b), \\ &k(t) = 1 \quad (|t| \leqq a) \end{aligned}$$

を満たす．

X の点 p を含む座標近傍 U の局所座標系 $(x_1, \cdots, x_n)$ を $x_i(p)=0$ $(i=1, \cdots, n)$ となるように選ぶ(x_i の代わりに $x_i - x_i(p)$ を考えればよい)．$0<a<b$ を十分小さくとれば

$$\begin{aligned} V &= \{q \mid |x_i(q)| < a,\ i = 1, \cdots, n\}, \\ W &= \{q \mid |x_i(q)| < b,\ i = 1, \cdots, n\} \end{aligned}$$

とおくとき，

$$\overline{V} \subset W \subset \overline{W} \subset U$$

とすることができる．上で構成した $k(t)$ を利用して，X 上の関数 f を

$$f(q)=\begin{cases} k(x_1(q))\cdots k(x_n(q)) & (q\in W) \\ 0 & (q\in W^c) \end{cases}$$

により定義する．f は滑らかであり，しかも $k(t)$ の性質から，

$$0\leqq f(q)\leqq 1,\quad f(q)=1\quad (q\in \overline{V})$$

となる．

今示したことから，K の各点 p に対して，$f_p\in C^\infty(X)$ と p の近傍 V_p ($\overline{V}_p\subset U$) で

$$0\leqq f_p\leqq 1,\quad f_p(q)=1\quad (q\in\overline{V_p}),\quad f_p(q)=0\quad (q\in U^c)$$

となるものが存在する．K のコンパクト性により，K から有限個の点 $p_1,p_2,\cdots,p_k$ を選んで，$K\subset V_{p_1}\cup\cdots\cup V_{p_k}$ となるようにできる．そこで

$$f=k^{-1}(f_{p_1}+\cdots+f_{p_k})$$

とおけば，f が定理 3.12 の条件を満たす．

多様体 X 上の関数 f に対し，X の部分集合 $\{p\in X\mid f(p)\neq 0\}$ の閉包を f の**台**(support)とよび，$\mathrm{supp}\, f$ により表す．

次に述べる概念は，多様体の研究において重要である(定義において仮定する多様体のコンパクト性はゆるめることができる；多様体の専門書を参照)．

定義 3.14　X をコンパクトな多様体とする．X の開被覆 $\{U_1,\cdots,U_k\}$ に対して，次の性質を満たす X 上の滑らかな関数の族 $\{f_i\mid i=1,\cdots,k\}$ を開被覆 $\{U_1,\cdots,U_k\}$ に従属する**単位の分割**(partition of unity)という．

(i)　$0\leqq f_i\leqq 1\quad (i=1,\cdots,k)$,

(ii)　$\mathrm{supp}\, f_i\subset U_i\quad (i=1,\cdots,k)$,

(iii)　X 上で $\sum_{i=1}^{k} f_i=1$.　□

定理 3.15　コンパクトな多様体 X の任意の開被覆 $\{U_1,\cdots,U_k\}$ に対して，それに従属する単位の分割が存在する．　□

まず，次の補題を証明する．

補題 3.16　$\{U_1,\cdots,U_k\}$ を X の開被覆とする．このとき，X の開被覆

$\{V_1, \cdots, V_k\}$ で，各 i $(1 \leqq i \leqq k)$ に対して，$\overline{V_i} \subset U_i$ となるものが存在する．

［証明］ X の各点 p に対し，p の開近傍 V_p を

$$\overline{V_p} \text{ がある } U_i \text{ に含まれる}$$

ように選ぶ．X はコンパクトであるから，X の開被覆 $\{V_p\}_{p \in X}$ の有限部分被覆 $\{V_{p_1}, \cdots, V_{p_h}\}$ が存在する．各 α に対して

$$V_i = \bigcup V_{p_j}$$

とおく．ただし，ここで集合の和は，$\overline{V_{p_j}} \subset U_i$ となる p_j についてとるものとする．この $\{V_i\}$ が補題の条件を満たすことは明らかであろう． ▮

［定理3.15の証明］ 開被覆 $\{V_1, \cdots, V_k\}$ を上の補題の条件が成り立つように選び，各 i に対して，$f_i \in C^\infty(X)$ を

$$0 \leqq h_i \leqq 1, \quad V_i \text{ 上で } h_i > 0, \quad U_i^c \text{ 上で } h_i = 0$$

となるようにとる(定理3.12)．

$$h = h_1 + \cdots + h_k$$

とおくと，$h \in C^\infty(X)$ であり，$\{V_1, \cdots, V_k\}$ が X の開被覆であることから，X 上で $h>0$．ここで $f_i = h_i/h$ とおけば $\{f_i \mid i=1, \cdots, k\}$ が求める単位の分割を与える． ▮

(e) ベクトル場

多様体 X の各点 p に接ベクトル $\boldsymbol{\xi}_p \in T_p(X)$ を対応させる対応 $\boldsymbol{\xi}$ を X の(接)**ベクトル場**という．

$(x_1, x_2, \cdots, x_n)$ を X の座標近傍 U における局所座標系とすると，U の各点 p において

$$\boldsymbol{\xi}_p = \sum_{i=1}^{n} \xi_i(p) \left(\frac{\partial}{\partial x_i} \right)_p$$

と一意的に表すことができる．U 上の n 個の関数 ξ_i $(i=1, 2, \cdots, n)$ をベクトル場 $\boldsymbol{\xi}$ の局所座標系 $(x_1, x_2, \cdots, x_n)$ に関する**成分**(component)とよぶ．$(y_1, y_2, \cdots, y_n)$ を U における別の局所座標系とし，これに関する $\boldsymbol{\xi}$ の成分を η_i とすると

$$\eta_i(p) = \sum_{j=1}^{n} \frac{\partial y_i}{\partial x_j}(p)\xi_j(p)$$

が成り立つ．これは，基底の変換(3.4)の帰結である．

もし，任意の座標近傍に対して，$\boldsymbol{\xi}$ の成分が滑らかであるならば，$\boldsymbol{\xi}$ を**滑らかなベクトル場**という．$\mathfrak{X}(X)$ により，X 上の滑らかなベクトル場全体からなる集合を表す．$\mathfrak{X}(X)$ は自然な演算

$$(\boldsymbol{\xi}+\boldsymbol{\eta})_p = \boldsymbol{\xi}_p+\boldsymbol{\eta}_p, \quad (a\boldsymbol{\xi})_p = a\cdot\boldsymbol{\xi}_p$$

により，$\mathbb{R}$ 上の線形空間になる．さらに，$f\in C^\infty(X)$，$\boldsymbol{\xi}\in\mathfrak{X}(X)$ に対して，

$$(f\boldsymbol{\xi})_p = f(p)\boldsymbol{\xi}_p$$

とおくと，$f\boldsymbol{\xi}\in\mathfrak{X}(X)$ であり，$f,h\in C^\infty(X)$，$\boldsymbol{\xi},\boldsymbol{\eta}\in\mathfrak{X}(X)$ に対して

$$f(h\boldsymbol{\xi}) = (fh)\boldsymbol{\xi}, \quad f(\boldsymbol{\xi}+\boldsymbol{\eta}) = f\boldsymbol{\xi}+f\boldsymbol{\eta}, \quad (f+h)\boldsymbol{\xi} = f\boldsymbol{\xi}+h\boldsymbol{\xi}$$

が成り立つことは容易に確かめられる．

座標近傍 U における局所座標系 $(x_1,x_2,\cdots,x_n)$ について，対応 $p\longmapsto\left(\dfrac{\partial}{\partial x_i}\right)_p$ は U 上の滑らかなベクトル場である．これを $\left(\dfrac{\partial}{\partial x_i}\right)$ により表す．すると，ベクトル場 $\boldsymbol{\xi}$ は U 上で

$$\boldsymbol{\xi} = \sum_{i=1}^{n} \xi_i\left(\frac{\partial}{\partial x_i}\right)$$

と表すことができる．ここで ξ_i は $\boldsymbol{\xi}$ の成分である．

$\boldsymbol{\xi}\in\mathfrak{X}(X)$ と $f\in C^\infty(X)$ に対して，関数 $\boldsymbol{\xi}f$ を

$$(\boldsymbol{\xi}f)(p) = \boldsymbol{\xi}_p(f)$$

として定義すれば，

$$\boldsymbol{\xi}f = \sum_{i=1}^{n} \xi_i\left(\frac{\partial f}{\partial x_i}\right)$$

となるから，$\boldsymbol{\xi}f\in C^\infty(X)$ である．$f\in C_p(X)$ に対して，f の定義域 U 上で $\boldsymbol{\xi}f$ を考えれば，$\boldsymbol{\xi}f\in C_p(X)$ が定義される．明らかに

$$\boldsymbol{\xi}(fh) = (\boldsymbol{\xi}f)h+f(\boldsymbol{\xi}h).$$

ベクトル場のなす線形空間 $\mathfrak{X}(X)$ は，さらに重要な演算をもつ．$\boldsymbol{\xi},\boldsymbol{\eta}\in\mathfrak{X}(X)$，$f\in C_p(X)$ に対して

$$[\boldsymbol{\xi},\boldsymbol{\eta}]_pf = \boldsymbol{\xi}_p(\boldsymbol{\eta}f)-\boldsymbol{\eta}_p(\boldsymbol{\xi}f)$$

とおこう.

補題 3.17

$$[\boldsymbol{\xi},\boldsymbol{\eta}]_p\in T_p(X).$$

［証明］　ライプニッツ則を確かめれば十分.

$$\begin{aligned}
[\boldsymbol{\xi},\boldsymbol{\eta}]_p(fh) &= \boldsymbol{\xi}_p(\boldsymbol{\eta}(fh))-\boldsymbol{\eta}_p(\boldsymbol{\xi}(fh))\\
&= \boldsymbol{\xi}_p((\boldsymbol{\eta}f)h+f(\boldsymbol{\eta}h))-\boldsymbol{\eta}_p((\boldsymbol{\xi}f)h+f(\boldsymbol{\xi}h))\\
&= (\boldsymbol{\xi}_p(\boldsymbol{\eta}f))h(p)+(\boldsymbol{\eta}_pf)(\boldsymbol{\xi}_ph)+(\boldsymbol{\xi}_pf)(\boldsymbol{\eta}_ph)+f(p)\boldsymbol{\xi}_p(\boldsymbol{\eta}h)\\
&\quad -(\boldsymbol{\eta}_p(\boldsymbol{\xi}f))h(p)-(\boldsymbol{\xi}_pf)(\boldsymbol{\eta}_ph)-(\boldsymbol{\eta}_pf)(\boldsymbol{\xi}_ph)-f(p)\boldsymbol{\eta}_p(\boldsymbol{\xi}h)\\
&= (\boldsymbol{\xi}_p(\boldsymbol{\eta}f)-\boldsymbol{\eta}_p(\boldsymbol{\xi}f))h(p)+f(p)(\boldsymbol{\xi}_p(\boldsymbol{\eta}h)-\boldsymbol{\eta}_p(\boldsymbol{\xi}h))\\
&= ([\boldsymbol{\xi},\boldsymbol{\eta}]_pf)h(p)+f(p)([\boldsymbol{\xi},\boldsymbol{\eta}]_ph).
\end{aligned}$$

∎

U における局所座標系 $(x_1,x_2,\cdots,x_n)$ に関する $\boldsymbol{\xi},\boldsymbol{\eta}$ の成分を ξ_i,η_i とすると，$p\in U$ において

$$\begin{aligned}
[\boldsymbol{\xi},\boldsymbol{\eta}]_pf &= \sum_{i=1}^n\xi_i\left(\frac{\partial}{\partial x_i}\left\{\sum_{j=1}^n\eta_j\frac{\partial f}{\partial x_j}\right\}\right)-\sum_{i=1}^n\eta_i\left(\frac{\partial}{\partial x_i}\left\{\sum_{j=1}^n\xi_j\frac{\partial f}{\partial x_j}\right\}\right)\\
&= \sum_{i,j=1}^n\xi_i\frac{\partial\eta_j}{\partial x_i}\frac{\partial f}{\partial x_j}+\sum_{i,j=1}^n\xi_i\eta_j\frac{\partial^2 f}{\partial x_i\partial x_j}\\
&\quad -\sum_{i,j=1}^n\eta_i\frac{\partial\xi_j}{\partial x_i}\frac{\partial f}{\partial x_j}-\sum_{i,j=1}^n\xi_j\eta_i\frac{\partial^2 f}{\partial x_i\partial x_j}
\end{aligned}$$

が成り立つ(右辺で p は省略してある). $\dfrac{\partial^2 f}{\partial x_i\partial x_j}=\dfrac{\partial^2 f}{\partial x_j\partial x_i}$ であるから,

$$\begin{aligned}
[\boldsymbol{\xi},\boldsymbol{\eta}]_pf &= \sum_{i,j=1}^n\xi_i\frac{\partial\eta_j}{\partial x_i}\frac{\partial f}{\partial x_j}-\sum_{i,j=1}^n\eta_i\frac{\partial\xi_j}{\partial x_i}\frac{\partial f}{\partial x_j}\\
&= \sum_{j=1}^n\left(\sum_{i=1}^n\left(\xi_i\frac{\partial\eta_j}{\partial x_i}-\eta_i\frac{\partial\xi_j}{\partial x_i}\right)\right)\left(\frac{\partial}{\partial x_j}\right)_pf
\end{aligned}$$

この式から，$[\boldsymbol{\xi},\boldsymbol{\eta}]\in\mathfrak{X}(X)$ となることがわかる．とくに U 上で

$$\left[\frac{\partial}{\partial x_i},\frac{\partial}{\partial x_j}\right]=0\quad(i,j=1,2,\cdots,n)$$

である．$[\boldsymbol{\xi},\boldsymbol{\eta}]$ を $\boldsymbol{\xi}$ と $\boldsymbol{\eta}$ の**交換子積**という．交換子積についての次の性質は，定義から明らかである.

$$
\begin{aligned}
&[\boldsymbol{\xi},\boldsymbol{\eta}] = -[\boldsymbol{\eta},\boldsymbol{\xi}],\\
&[\boldsymbol{\xi}+\boldsymbol{\eta},\boldsymbol{\zeta}] = [\boldsymbol{\xi},\boldsymbol{\zeta}]+[\boldsymbol{\eta},\boldsymbol{\zeta}],\\
&[\boldsymbol{\xi},\boldsymbol{\eta}+\boldsymbol{\zeta}] = [\boldsymbol{\xi},\boldsymbol{\eta}]+[\boldsymbol{\xi},\boldsymbol{\zeta}],\\
&[f\boldsymbol{\xi},h\boldsymbol{\eta}] = fh[\boldsymbol{\xi},\boldsymbol{\eta}]+f(\boldsymbol{\xi}h)\boldsymbol{\eta}-h(\boldsymbol{\eta}f)\boldsymbol{\xi},\\
&[\boldsymbol{\xi},[\boldsymbol{\eta},\boldsymbol{\zeta}]]+[\boldsymbol{\eta},[\boldsymbol{\zeta},\boldsymbol{\xi}]]+[\boldsymbol{\zeta},[\boldsymbol{\xi},\boldsymbol{\eta}]] = 0.
\end{aligned}
$$

最後の式は**ヤコビの恒等式**とよばれる．簡単のため接ベクトルが作用する関数を省略して計算すると，その証明は次のようになされる：

$$
\begin{aligned}
&\boldsymbol{\xi}(\boldsymbol{\eta}\boldsymbol{\zeta}-\boldsymbol{\zeta}\boldsymbol{\eta})-(\boldsymbol{\eta}\boldsymbol{\zeta}-\boldsymbol{\zeta}\boldsymbol{\eta})\boldsymbol{\xi}+\boldsymbol{\eta}(\boldsymbol{\zeta}\boldsymbol{\xi}-\boldsymbol{\xi}\boldsymbol{\zeta})\\
&\quad-(\boldsymbol{\zeta}\boldsymbol{\xi}-\boldsymbol{\xi}\boldsymbol{\zeta})\boldsymbol{\eta}+\boldsymbol{\zeta}(\boldsymbol{\xi}\boldsymbol{\eta}-\boldsymbol{\eta}\boldsymbol{\xi})-(\boldsymbol{\xi}\boldsymbol{\eta}-\boldsymbol{\eta}\boldsymbol{\xi})\boldsymbol{\zeta}\\
&\quad=\boldsymbol{\xi}\boldsymbol{\eta}\boldsymbol{\zeta}-\boldsymbol{\xi}\boldsymbol{\zeta}\boldsymbol{\eta}-\boldsymbol{\eta}\boldsymbol{\zeta}\boldsymbol{\xi}+\boldsymbol{\zeta}\boldsymbol{\eta}\boldsymbol{\xi}+\boldsymbol{\eta}\boldsymbol{\zeta}\boldsymbol{\xi}-\boldsymbol{\eta}\boldsymbol{\xi}\boldsymbol{\zeta}\\
&\qquad-\boldsymbol{\zeta}\boldsymbol{\xi}\boldsymbol{\eta}+\boldsymbol{\xi}\boldsymbol{\zeta}\boldsymbol{\eta}+\boldsymbol{\zeta}\boldsymbol{\xi}\boldsymbol{\eta}-\boldsymbol{\zeta}\boldsymbol{\eta}\boldsymbol{\xi}-\boldsymbol{\xi}\boldsymbol{\eta}\boldsymbol{\zeta}+\boldsymbol{\eta}\boldsymbol{\xi}\boldsymbol{\zeta}\\
&\quad=0.
\end{aligned}
$$

補題 3.18 $\boldsymbol{\eta}$ を p の近傍 U 上で定義された滑らかなベクトル場とする．U に含まれる p の近傍 V を十分小さく選べば，V 上で $\boldsymbol{\eta}$ と一致し，U^c 上で 0 になるベクトル場 $\boldsymbol{\xi}\in\mathfrak{X}(X)$ が存在する．

［証明］ V を小さく選べば，V 上で 1 に等しく，U^c 上で 0 になる関数 $f\in C^\infty(X)$ が存在するから(定理 3.12 の証明参照)，

$$
\boldsymbol{\xi}=\begin{cases} f\boldsymbol{\eta} & (U\text{上で})\\ 0 & (U^c\text{上で})\end{cases}
$$

とおけば，$\boldsymbol{\xi}$ が求めるベクトル場である． ∎

系 3.19 $\boldsymbol{\eta}\in T_p(X)$ に対して，p における値が $\boldsymbol{\eta}$ に一致するような $\boldsymbol{\xi}\in\mathfrak{X}(X)$ が存在する． □

実際，p のまわりの局所座標系 $(x_1,\cdots,x_n)$ をとり，これに関する成分を定数関数として，座標近傍に拡張したものに上の補題を使えばよい．

(f) 微分写像

曲面の場合の微分写像の定義を，一般の多様体の場合に拡張する．

φ を多様体 X から Y への滑らかな写像とする．$\varphi(p)=q$ としよう．φ^*:

$C_q(Y) \longrightarrow C_p(X)$ が,

$$\varphi^*(f) = f\varphi \quad (f \in C_q(Y))$$

により定義される. φ^* は線形写像であり, さらに

$$\varphi^*(fh) = \varphi^*(f)\varphi^*(h) \quad (f, h \in C_q(Y))$$

を満たす. よって, $\boldsymbol{\xi} \in T_p(X)$ に対して, 対応

$$f \longmapsto \boldsymbol{\xi}(\varphi^*(f))$$

は q における接ベクトルを定める. この写像を $\varphi_{*p}(\boldsymbol{\xi})$ とおく: $\varphi_{*p}(\boldsymbol{\xi})(f) = \boldsymbol{\xi}(\varphi^*(f))$. 定義の仕方から, $\varphi_{*p}\colon T_p(X) \longrightarrow T_q(Y)$ は線形写像である. φ_{*p} を p における φ の**微分写像**(differential map)という. 接ベクトルの始点が明らかな場合には, p を省略して, 単に φ_* と書くこともある.

問3　$c\colon (a,b) \longrightarrow X$ を滑らかな曲線とするとき, $c_1 = \varphi c\colon (a,b) \longrightarrow Y$ とすれば

$$\varphi_*(\dot{c}(t)) = \dot{c}_1(t)$$

が成り立つことを示せ.

問4　曲面 X の局所径数表示 $S\colon U \longrightarrow X$ に対して$(U \subset \mathbb{R}_2)$,

$$S_*\left(\frac{\partial}{\partial u}\right) = S_u, \quad S_*\left(\frac{\partial}{\partial v}\right) = S_v$$

であることを示せ. ここで, $\partial/\partial u, \partial/\partial v$ は, U の接空間 $T_{(u,v)}(U)$ の(標準的座標系に付随する)基底である.

p のまわりの X の局所座標系を $(x_1, x_2, \cdots, x_m)$, $q = \varphi(p)$ のまわりの Y の局所座標系を $(y_1, y_2, \cdots, y_n)$ とし, φ の局所座標表示を

$$y_i = f_i(x_1, x_2, \cdots, x_m) \quad (i = 1, 2, \cdots, n)$$

とするとき,

$$\varphi_{*p}\left(\left(\frac{\partial}{\partial x_i}\right)_p\right) = \sum_{j=1}^{n} \frac{\partial f_j}{\partial x_i}(p)\left(\frac{\partial}{\partial y_j}\right)_q$$

が成り立つ. これは, $T_p(X)$ と $T_q(Y)$ の標準的基底

$$\left\{\left(\frac{\partial}{\partial x_1}\right)_p, \cdots, \left(\frac{\partial}{\partial x_m}\right)_p\right\}, \quad \left\{\left(\frac{\partial}{\partial y_1}\right)_q, \cdots, \left(\frac{\partial}{\partial y_n}\right)_q\right\}$$

に関する φ_{*p} の行列表示が, ヤコビ行列

$$\frac{D(f_1,\cdots,f_n)}{D(x_1,\cdots,x_m)} = \begin{pmatrix} \dfrac{\partial f_1}{\partial x_1} & \cdots\cdots & \dfrac{\partial f_1}{\partial x_m} \\ \vdots & \ddots & \vdots \\ \dfrac{\partial f_n}{\partial x_1} & \cdots\cdots & \dfrac{\partial f_n}{\partial x_m} \end{pmatrix}$$

により与えられることを意味する.

問5 $\varphi\colon X \longrightarrow Y$ が微分同型写像であるとき，任意の点 $p \in X$ について，$\varphi_{*p}\colon T_p(X) \longrightarrow T_{\varphi(p)}(Y)$ は線形同型写像であることを示せ.（ヒント. §1.7(a)）

$\varphi\colon X \longrightarrow Y$ を微分同型写像とする. $f \in C^\infty(Y)$ に対して，$\varphi^*(f) = f\varphi$ とおけば，$\varphi^*\colon C^\infty(Y) \longrightarrow C^\infty(X)$ は線形同型写像である. ベクトル場 $\boldsymbol{\xi} \in \mathfrak{X}(X)$ に対して，$\varphi_*(\boldsymbol{\xi}) \in \mathfrak{X}(Y)$ を次のように定義する. 任意の点 $q \in Y$ に対して，$\varphi(p) = q$ となる点 $p \in X$ をとり，

$$(\varphi_*(\boldsymbol{\xi}))_q = \varphi_{*p}(\boldsymbol{\xi}_p)$$

とおく. $\varphi_{*p}(\boldsymbol{\xi}_p)(f) = \boldsymbol{\xi}_p(\varphi^*(f))$ であるから，$\boldsymbol{\xi}' = \varphi_*(\boldsymbol{\xi})$ は

$$\varphi^*(\boldsymbol{\xi}'(f)) = \boldsymbol{\xi}(\varphi^*(f)) \quad (f \in C^\infty(Y))$$

により特徴づけられる Y 上のベクトル場である. 実際，点 $p \in X$ において，左辺は

$$(\boldsymbol{\xi}'(f))(\varphi(p)) = \boldsymbol{\xi}'(f)(q) = \boldsymbol{\xi}'_q(f),$$

右辺は

$$\boldsymbol{\xi}_p(\varphi^*(f)) = \varphi_{*p}(\boldsymbol{\xi}_p)(f)$$

となるから，$\boldsymbol{\xi}'_q = \varphi_{*p}(\boldsymbol{\xi}_p) = (\varphi_*(\boldsymbol{\xi}))_q$ を得る.

$\varphi_*\colon \mathfrak{X}(X) \longrightarrow \mathfrak{X}(Y)$ は線形な同型写像であり

$$[\varphi_*(\boldsymbol{\xi}), \varphi_*(\boldsymbol{\eta})] = \varphi_*[\boldsymbol{\xi}, \boldsymbol{\eta}] \tag{3.5}$$

がすべての $\boldsymbol{\xi}, \boldsymbol{\eta} \in \mathfrak{X}(X)$ について成り立つ. これを見るのに，$\boldsymbol{\xi}' = \varphi_*(\boldsymbol{\xi})$，$\boldsymbol{\eta}' = \varphi_*(\boldsymbol{\eta})$ とおけば，$f \in C^\infty(Y)$ に対して，

$$[\boldsymbol{\xi}, \boldsymbol{\eta}](\varphi^*(f)) = \boldsymbol{\xi}(\boldsymbol{\eta}(\varphi^*(f))) - \boldsymbol{\eta}(\boldsymbol{\xi}(\varphi^*(f)))$$

$$
\begin{aligned}
&= \boldsymbol{\xi}(\varphi^*(\boldsymbol{\eta}'(f))) - \boldsymbol{\eta}(\varphi^*(\boldsymbol{\xi}'(f))) \\
&= \varphi^*((\boldsymbol{\xi}'\boldsymbol{\eta}' - \boldsymbol{\eta}'\boldsymbol{\xi}')(f)) \\
&= \varphi^*([\boldsymbol{\xi}', \boldsymbol{\eta}'](f))
\end{aligned}
$$

が成り立つから，上の特徴づけを使えば $[\varphi_*(\boldsymbol{\xi}), \varphi_*(\boldsymbol{\eta})] = [\boldsymbol{\xi}', \boldsymbol{\eta}'] = \varphi_*[\boldsymbol{\xi}, \boldsymbol{\eta}]$ となることがわかる．

§3.2　リーマン多様体

(a)　リーマン計量

まず曲面 X の特性として，各接平面 $T_p(X)$ には，幾何ベクトルの内積を制限することにより得られる計量 $\langle\ ,\ \rangle_p$ が割り当てられていたことを思い出そう(第1章§1.6(d))．さらに局所径数表示 $S: U \longrightarrow X$ に対して

$$
E = \langle S_u, S_u \rangle_p = \left\langle \left(\frac{\partial}{\partial u}\right)_p, \left(\frac{\partial}{\partial u}\right)_p \right\rangle_p,
$$

$$
F = \langle S_u, S_v \rangle_p = \left\langle \left(\frac{\partial}{\partial u}\right)_p, \left(\frac{\partial}{\partial v}\right)_p \right\rangle_p,
$$

$$
G = \langle S_v, S_v \rangle_p = \left\langle \left(\frac{\partial}{\partial v}\right)_p, \left(\frac{\partial}{\partial v}\right)_p \right\rangle_p
$$

であり，それらは座標近傍 $S(U)$ 上の滑らかな関数であった．この事実を基にして，リーマン多様体の概念を次のようにして定義する．

定義 3.20　n 次元の滑らかな多様体 X において，各接空間 $T_p(X)$ に内積 $\langle\ ,\ \rangle_p$ が与えられているとする．X の任意の座標近傍 U とその局所座標系 $(x_1, x_2, \cdots, x_n)$ に対して

$$
g_{ij}(p) = \left\langle \left(\frac{\partial}{\partial x_i}\right)_p, \left(\frac{\partial}{\partial x_j}\right)_p \right\rangle_p
$$

により定義される関数が U 上滑らかであるとき，内積の族 $\{\langle\ ,\ \rangle_p\}_{p \in X}$ を X の**リーマン計量**(Riemannian metric)といい，リーマン計量が与えられた多様体を**リーマン多様体**(Riemannian manifold)という．曲面の場合に因んで

$\{g_{ij}\}$ を，局所座標系 $(x_1, x_2, \cdots, x_n)$ に関する**第 1 基本形式の係数**とよぶ．リーマン計量を表すのに古典的記法 $ds^2 = \sum_{i,j=1}^{n} g_{ij}dx_i dx_j$ を使うこともある．□

$$\boldsymbol{\xi} = \sum_{i=1}^{n} a_i \left(\frac{\partial}{\partial x_i}\right)_p, \quad \boldsymbol{\eta} = \sum_{i=1}^{n} b_i \left(\frac{\partial}{\partial x_i}\right)_p$$

に対して，

$$\langle \boldsymbol{\xi}, \boldsymbol{\eta} \rangle_p = \sum_{i,j=1}^{n} g_{ij} a_i b_j$$

となることに注意．接ベクトル $\boldsymbol{\xi} \in T_p(X)$ の大きさ（ノルム）$\|\boldsymbol{\xi}\|_p$ は，$\langle \boldsymbol{\xi}, \boldsymbol{\xi} \rangle_p^{1/2}$ として定義される．さらに，$\boldsymbol{\xi}, \boldsymbol{\eta} \in T_p(X)$ のなす角 θ が

$$\cos\theta = \frac{\langle \boldsymbol{\xi}, \boldsymbol{\eta} \rangle_p}{\|\boldsymbol{\xi}\|_p \|\boldsymbol{\eta}\|_p}$$

により定義される．

曲面の場合と同様に，リーマン多様体上の曲線 $c\colon [a, b] \longrightarrow X$ に対して，その長さ $L(c)$ が

$$L(c) = \int_a^b \|\dot{c}(\tau)\|_{c(\tau)} d\tau$$

により定義される．$\|\dot{c}(\tau)\|_{c(\tau)} \equiv 1$ であるとき，c が弧長径数をもつというのも，曲面の場合と同じである．

$\boldsymbol{G}(p)$ をその (i, j) 成分が $g_{ij}(p)$ であるような n 次の正方行列とすると $\boldsymbol{G} = \boldsymbol{G}(p)$ は正値対称行列に値をもつ U 上の関数である．$\boldsymbol{G}$ を第 1 基本形式の係数行列ということにする．微分幾何学における習慣に従って，$\boldsymbol{G}$ の逆行列 $\boldsymbol{G}^{-1}$ の (i, j) 成分を g^{ij} により表すことにする：

$$\sum_{j=1}^{n} g^{ij} g_{jk} = \sum_{j=1}^{n} g_{ij} g^{jk} = \delta_{ik}\,.$$

U 上の別の局所座標系 $(y_1, y_2, \cdots, y_n)$ に対して

$$h_{kl}(p) = \left\langle \left(\frac{\partial}{\partial y_k}\right)_p, \left(\frac{\partial}{\partial y_l}\right)_p \right\rangle_p, \quad \boldsymbol{H} = (h_{kl})$$

とおくと，次の変換公式を得る：

$$h_{kl} = \left\langle \sum_{i=1}^{n} \frac{\partial x_i}{\partial y_k}\left(\frac{\partial}{\partial x_i}\right), \sum_{j=1}^{n} \frac{\partial x_j}{\partial y_l}\left(\frac{\partial}{\partial x_j}\right) \right\rangle = \sum_{i,j=1}^{n} \frac{\partial x_i}{\partial y_k}\frac{\partial x_j}{\partial y_l} g_{ij},$$

$$\boldsymbol{H} = {}^t\!\left(\frac{D(x_1,\cdots,x_n)}{D(y_1,\cdots,y_n)}\right) \boldsymbol{G} \left(\frac{D(x_1,\cdots,x_n)}{D(y_1,\cdots,y_n)}\right). \tag{3.6}$$

よって，(3.6)の両辺の行列式を考えることにより

$$\det \boldsymbol{H} = \left(\det \frac{D(x_1,\cdots,x_n)}{D(y_1,\cdots,y_n)}\right)^2 \det \boldsymbol{G}$$

を得る．X が曲面の場合は，$\det \boldsymbol{G} = EG-F^2$ である．

例 3.21　$X=\mathbb{R}_n$ のリーマン計量として，$\mathbb{R}_n$ の標準的座標系 $(x_1,\cdots,x_n)$ に関する第1基本形式の係数が δ_{ij} となるものを考える．これを $\mathbb{R}_n$ の**標準的(平坦)計量**といい，$\mathbb{R}_n$ にこのリーマン計量を合わせて考えたリーマン多様体を **n 次元ユークリッド空間**という．　□

例 3.22　$\mathbb{R}_2$ に次のような同値関係を入れる:

$$(x_1,y_1) \sim (x_2,y_2) \quad \Longleftrightarrow \quad x_1-x_2,\ y_1-y_2 \text{ はともに整数.}$$

このとき商空間 $X=\mathbb{R}_2/\sim$ は(位相も込めて)トーラス面と同一視される．実際，X は正方形 $\{(x,y)\,|\,0 \leqq x,\ y \leqq 1\}$ の上下，左右の辺をそれぞれ張り合わせた空間と同じものである．$\pi\colon \mathbb{R}_2 \longrightarrow X$ を標準的写像としよう．任意の $(x_0,y_0)\in\mathbb{R}_2$ に対して，$V=\{(x,y)\,|\,|x-x_0|<1/2,\ |y-y_0|<1/2\}$ とおけば，$U=\pi(V)$ は X の開集合であり，制限 $\pi\,|\,V$ は V から U への同相写像である．こうして $((\pi\,|\,V)^{-1},U)$ は X の座標近傍となり，しかもこのようにして得られる座標近傍の全体は，X 上の滑らかな座標近傍系を与えることが容易に確かめられる．さらに，π は滑らかな写像であり，$\pi_{*p}\colon T_p(\mathbb{R}_2) \longrightarrow T_{\pi(p)}(X)$ は線形同型写像である．π_{*p} を用いて，$\mathbb{R}_2$ の標準的計量を X に誘導することができる．X にこのリーマン計量を合わせて考えたものを，**標準的平坦トーラス**という．　□

例 3.23　『幾何入門』の第7章(§7.3)において，非ユークリッド平面のモデルとして単位円板(の内部)を考えた:

$$X = \{(u,v)\in\mathbb{R}_2 \mid u^2+v^2<1\}.$$

これを $\mathbb{R}_2$ の開部分多様体と考え，次のようなリーマン計量 $\{\ ,\ \}_p$ を導入しよう．$p=(u,v)$ において

$$g_{11}(p)=\left\{\frac{\partial}{\partial u},\frac{\partial}{\partial u}\right\}_p=\frac{4}{(1-u^2-v^2)^2},$$

$$g_{12}=g_{21}=\left\{\frac{\partial}{\partial u},\frac{\partial}{\partial v}\right\}_p=0,$$

$$g_{22}(p)=\left\{\frac{\partial}{\partial v},\frac{\partial}{\partial v}\right\}_p=\frac{4}{(1-u^2-v^2)^2}.$$

言い換えれば，$T_p(X)$ のベクトル $\boldsymbol{\xi},\boldsymbol{\eta}$ を平面 $\mathbb{R}_2$ の幾何ベクトルと同一視するとき，

$$\{\boldsymbol{\xi},\boldsymbol{\eta}\}_p=4(1-\|p\|^2)^{-2}\langle\boldsymbol{\xi},\boldsymbol{\eta}\rangle \quad (\|p\|^2=u^2+v^2)$$

(あるいは $g_{ij}=4(1-u^2-v^2)^{-2}\delta_{ij}$)である．ここで，右辺の $\langle\boldsymbol{\xi},\boldsymbol{\eta}\rangle$ は $\mathbb{R}^2$ における通常の内積である．このリーマン計量を通常の内積と区別するため，$\langle\ ,\ \rangle_p$ の代わりに $\{\ ,\ \}_p$ を用いている．また，この計量に対するノルムは $|\ |_p$ により表すことにする．

単位円板上のこのような計量を，とくに**ポアンカレ計量**という．ポアンカレ計量をもつ単位円板は，ユークリッド空間の中の曲面としては実現できないことが知られている(局所的には可能である；演習問題 3.4)．ポアンカレ計量と平坦な計量の関係から，ポアンカレ計量に関して $\boldsymbol{\xi},\boldsymbol{\eta}\in T_p(X)$ のなす角は，幾何ベクトルとしての通常の角と一致することに注意しよう．

後で見るように，非ユークリッド平面の幾何学は，特殊な2次元リーマン多様体の幾何学と考えるのが自然である．　□

これから，一般のリーマン多様体における共変微分，平行移動，測地線，曲率を定義するが，これらが曲面における対応する概念の一般化であること，言い換えれば第1章で考察したそれらの概念が完全な意味で「内在的」なものであることを順次見ていく．

X,Y をリーマン多様体とし，$\varphi\colon X\longrightarrow Y$ を微分同型写像とする．もし，任意の点 $p\in X$ に対して，微分写像 $\varphi_{*p}\colon T_p(X)\longrightarrow T_{\varphi(p)}(Y)$ がユニタリ同型

写像(内積を保つ線形同型写像)であるとき，φ を(リーマン多様体としての)**等距離同型写像**という．

例 3.24 X をポアンカレ計量をもつ単位円板とする．非ユークリッドモデルとしての X の「線対称変換」は等距離同型写像である．

これを示すため，X の「直線」に対応する円 C の中心を p_0，半径を r とする．この「直線」に関する「対称変換」τ は

$$\tau(p) = p_0 + r^2\|p-p_0\|^{-2}(p-p_0), \quad p \in X$$

により定義される(円 C に関する反転)．C は X の境界のなす円に直交するという条件から，

$$\begin{aligned} r^2 &= \|p_0\|^2 - 1, \\ 1-\|\tau(p)\|^2 &= r^2(1-\|p\|^2)\|p-p_0\|^{-2} \end{aligned}$$

である．$T_p(X)$ のベクトルを平面の幾何ベクトル $\boldsymbol{\xi}$ と同一視すると，

$$\begin{aligned} \tau_{*p}(\boldsymbol{\xi}) &= \lim_{t\to 0} t^{-1}\{\tau(p+t\boldsymbol{\xi})-\tau(p)\} \\ &= \lim_{t\to 0} t^{-1}r^2\|(p-p_0)+t\boldsymbol{\xi}\|^{-2}\|p-p_0\|^{-2} \\ &\qquad \times\{t\|p-p_0\|^2\boldsymbol{\xi}-2t\langle p-p_0,\boldsymbol{\xi}\rangle(p-p_0)-t^2\|\boldsymbol{\xi}\|^2(p-p_0)\} \\ &= r^2\|p-p_0\|^{-2}(\boldsymbol{\xi}-2\langle\boldsymbol{\eta},\boldsymbol{\xi}\rangle\boldsymbol{\eta}) \end{aligned}$$

となる．ここで，$\boldsymbol{\eta}=\|p-p_0\|^{-1}(p-p_0)$ とおいた．線形変換

$$T(\boldsymbol{\xi}) = \boldsymbol{\xi}-2\langle\boldsymbol{\eta},\boldsymbol{\xi}\rangle\boldsymbol{\eta}$$

は内積 $\langle\ ,\ \rangle$ を保つことに注意しよう(実際，T は通常の意味の線対称変換の線形部分である)．こうして，ポアンカレ計量に関して

$$\begin{aligned} |\tau_{*p}(\boldsymbol{\xi})|_{\tau(p)}^2 &= 4(1-\|\tau(p)\|^2)^{-2}\|\tau_{*p}(\boldsymbol{\xi})\|^2 \\ &= 4r^4(1-\|\tau(p)\|^2)^{-2}\|p-p_0\|^{-4}\|\boldsymbol{\xi}\|^2 \\ &= 4(1-\|p\|^2)^{-2}\|\boldsymbol{\xi}\|^2 \\ &= |\boldsymbol{\xi}|_p^2 \end{aligned}$$

を得る．これは τ が等距離同型写像であることを意味する．非ユークリッド平面 X の「合同変換」は，いくつかの「線対称変換」の合成であるから，

「合同変換」も X の等距離同型写像である. □

リーマン多様体 X 上のベクトル場 $\boldsymbol{\xi}, \boldsymbol{\eta}$ に対して，関数 $\langle \boldsymbol{\xi}, \boldsymbol{\eta} \rangle$ を $\langle \boldsymbol{\xi}, \boldsymbol{\eta} \rangle(p) = \langle \boldsymbol{\xi}_p, \boldsymbol{\eta}_p \rangle_p$ として定義する．もし $\boldsymbol{\xi}, \boldsymbol{\eta} \in \mathfrak{X}(X)$ であれば，明らかに $\langle \boldsymbol{\xi}, \boldsymbol{\eta} \rangle \in C^\infty(X)$ である．

補題 3.25　$\boldsymbol{\xi}$ を(滑らかとは限らない)ベクトル場とする．もし，任意の $\boldsymbol{\eta} \in \mathfrak{X}(X)$ に対して，$\langle \boldsymbol{\xi}, \boldsymbol{\eta} \rangle \in C^\infty(X)$ であれば，$\boldsymbol{\xi} \in \mathfrak{X}(X)$.

［証明］　任意の局所座標系 $(x_1, \cdots, x_n)$ について，座標近傍上で $\boldsymbol{\eta}_i = \dfrac{\partial}{\partial x_i}$ $(i=1, \cdots, n)$ となる $\boldsymbol{\eta}_i \in \mathfrak{X}(X)$ をとる(補題 3.18)．$\boldsymbol{\xi} = \sum_{i=1}^n \xi_i \left(\dfrac{\partial}{\partial x_i} \right)$ と表したとき，

$$\langle \boldsymbol{\xi}, \boldsymbol{\eta}_i \rangle = \sum_{j=1}^n g_{ij} \xi_j$$

であるから，これを ξ_j について解けば(両辺に g^{ki} を掛けて，i について 1 から n まで足し合わせれば)，

$$\xi_k = \sum_{i=1}^n g^{ki} \langle \boldsymbol{\xi}, \boldsymbol{\eta}_i \rangle$$

を得る．仮定により $\langle \boldsymbol{\xi}, \boldsymbol{\eta}_i \rangle$ は滑らかであるから，$\boldsymbol{\xi}$ の成分も滑らかである．■

(b)　共変微分

一般に，$\mathbb{R}$ 上の k 個の線形空間 $\boldsymbol{L}_1, \cdots, \boldsymbol{L}_k$ の直積 $\boldsymbol{L}_1 \times \cdots \times \boldsymbol{L}_k$ から，線形空間 $\boldsymbol{L}$ への写像 $A \colon \boldsymbol{L}_1 \times \cdots \times \boldsymbol{L}_k \longrightarrow \boldsymbol{L}$ が，

$$\begin{aligned} &A(\boldsymbol{x}_1, \cdots, \boldsymbol{x}_{i-1}, \alpha \boldsymbol{x}_i + \beta \boldsymbol{y}_i, \boldsymbol{x}_{i+1}, \cdots, \boldsymbol{x}_k) \\ &\quad = \alpha A(\boldsymbol{x}_1, \cdots, \boldsymbol{x}_i, \cdots, \boldsymbol{x}_k) + \beta A(\boldsymbol{x}_1, \cdots, \boldsymbol{y}_i, \cdots, \boldsymbol{x}_k) \\ &\qquad (\alpha, \beta \in \mathbb{R},\ i = 1, \cdots, k) \end{aligned}$$

を満たすとき，A は **k 重線形写像**であるといわれる．

$\mathfrak{X}^k(X)$ により，$\mathfrak{X}(X)$ の k 個の直積 $\mathfrak{X}(X) \times \cdots \times \mathfrak{X}(X)$ を表す．

補題 3.26　k 重線形写像 $A \colon \mathfrak{X}^k(X) \longrightarrow \mathfrak{X}(X)$(または，$A \colon \mathfrak{X}^k(X) \longrightarrow C^\infty(X)$)が

$$A(\boldsymbol{\xi}_1,\cdots,\boldsymbol{\xi}_{i-1},f\boldsymbol{\xi}_i,\boldsymbol{\xi}_{i+1},\cdots,\boldsymbol{\xi}_k)$$
$$= fA(\boldsymbol{\xi}_1,\cdots,\boldsymbol{\xi}_i,\cdots,\boldsymbol{\xi}_k)$$
$$(f\in C^\infty(X),\ \boldsymbol{\xi}_1,\cdots,\boldsymbol{\xi}_k\in\mathfrak{X}(X),\ i=1,\cdots,k))$$

を満たすと仮定する．このとき，X の点 p における $A(\boldsymbol{\xi}_1,\cdots,\boldsymbol{\xi}_k)$ の値 $A(\boldsymbol{\xi}_1,\cdots,\boldsymbol{\xi}_k)_p$ は，$(\boldsymbol{\xi}_1)_p,\cdots,(\boldsymbol{\xi}_k)_p$ のみによる．すなわち，各点 p に対して，k 重線形写像 $A_p\colon T_p(X)\times\cdots\times T_p(X)\longrightarrow T_p(X)$（または，$A_p\colon T_p(X)\times\cdots\times T_p(X)\longrightarrow\mathbb{R}$）が存在して，$A(\boldsymbol{\xi}_1,\cdots,\boldsymbol{\xi}_k)_p=A_p((\boldsymbol{\xi}_1)_p,\cdots,(\boldsymbol{\xi}_k)_p)$ と表すことができる．

このような性質をもつ A を**テンソル**(tensor)という．

［証明］　$i\in\{1,\cdots,k\}$ とする．まず，X の開集合 U に対して，U 上で $\boldsymbol{\xi}_i=\boldsymbol{\eta}_i$ であるとき，

$$A(\boldsymbol{\xi}_1,\cdots,\boldsymbol{\xi}_{i-1},\boldsymbol{\eta}_i,\boldsymbol{\xi}_{i+1},\cdots,\boldsymbol{\xi}_k)=A(\boldsymbol{\xi}_1,\cdots,\boldsymbol{\xi}_i,\cdots,\boldsymbol{\xi}_k) \tag{3.7}$$

が U 上で成り立つことを示す．$p\in U$ に対して，$f\in C^\infty(X)$ を，$f(p)=1$，U^c 上で $f=0$，となるように選ぶ（定理3.12）．このとき $f(\boldsymbol{\xi}_i-\boldsymbol{\eta}_i)\equiv 0$ であるから，

$$A(\boldsymbol{\xi}_1,\cdots,\boldsymbol{\xi}_{i-1},f(\boldsymbol{\xi}_i-\boldsymbol{\eta}_i),\boldsymbol{\xi}_{i+1},\cdots,\boldsymbol{\xi}_k)\equiv 0$$
$$\Longrightarrow\quad fA(\boldsymbol{\xi}_1,\cdots,\boldsymbol{\xi}_{i-1},\boldsymbol{\xi}_i,\boldsymbol{\xi}_{i+1},\cdots,\boldsymbol{\xi}_k)$$
$$=fA(\boldsymbol{\xi}_1,\cdots,\boldsymbol{\xi}_{i-1},\boldsymbol{\eta}_i,\boldsymbol{\xi}_{i+1},\cdots,\boldsymbol{\xi}_k).$$

特に，(3.7)の両辺の p における値は一致する．p は U の任意の点であることから，(3.7)が U 上で成り立つ．

今証明したことから，すべての i に対して，U 上で $\boldsymbol{\xi}_i=\boldsymbol{\eta}_i$ が成り立っていれば，やはり同じ U 上で

$$A(\boldsymbol{\eta}_1,\cdots,\boldsymbol{\eta}_k)=A(\boldsymbol{\xi}_1,\cdots,\boldsymbol{\xi}_k)$$

が成り立つことが分かる．

V を点 p を含む座標近傍，その局所座標系を $(x_1,\cdots,x_n)$ とする．$f\in C^\infty(X)$ を p の十分小さい近傍 U 上で 1，しかも f の台 $\operatorname{supp} f$ が V に含まれるようなものとする．このとき，$f\boldsymbol{\xi}_i$ と $\boldsymbol{\xi}_i$ は U 上では一致するから，

$$A(\boldsymbol{\xi}_1,\cdots,\boldsymbol{\xi}_k)=A(f\boldsymbol{\xi}_1,\cdots,f\boldsymbol{\xi}_k)$$

が U 上で成り立つ．

$$\boldsymbol{\xi}_i = \sum_{j=1}^{n} \xi_{ij} \frac{\partial}{\partial x_j} \quad (i = 1, \cdots, k)$$

と表したとき，仮定により

$$A(f\boldsymbol{\xi}_1, \cdots, f\boldsymbol{\xi}_k) = \sum_{j_1, \cdots, j_k}^{n} \xi_{1j_1} \cdots \xi_{kj_k} A\left(f\frac{\partial}{\partial x_{j_1}}, \cdots, f\frac{\partial}{\partial x_{j_k}}\right)$$

が成り立つから，

$$A(\boldsymbol{\xi}_1, \cdots, \boldsymbol{\xi}_k)_p = \sum_{j_1, \cdots, j_k}^{n} \xi_{1j_1}(p) \cdots \xi_{kj_k}(p) A\left(f\frac{\partial}{\partial x_{j_1}}, \cdots, f\frac{\partial}{\partial x_{j_k}}\right)_p$$

を得る．ここで，$f\dfrac{\partial}{\partial x_j}$ は，V の外で 0 とおくことにより，$\mathfrak{X}(X)$ の元と考えている．上の式の右辺は，$\xi_{ij}(p)$ にだけ依存するから，$T(\boldsymbol{\xi}_1, \cdots, \boldsymbol{\xi}_k)_p$ は，$(\boldsymbol{\xi}_1)_p, \cdots, (\boldsymbol{\xi}_k)_p$ のみによることが分かる． ∎

定理 3.27 リーマン多様体 X において，次の性質を満たす 2 重線形写像 $\nabla\colon \mathfrak{X}(X) \times \mathfrak{X}(X) \longrightarrow \mathfrak{X}(X)$ がただ 1 つ存在する．$\nabla(\boldsymbol{\xi}, \boldsymbol{\eta}) = \nabla_{\xi}(\boldsymbol{\eta})$ と表すとき，

(i) $\nabla_{f\xi}(\boldsymbol{\eta}) = f \cdot \nabla_{\xi}(\boldsymbol{\eta})$

(ii) $\nabla_{\xi}(f\boldsymbol{\eta}) = \boldsymbol{\xi}(f) \cdot \boldsymbol{\eta} + f \cdot \nabla_{\xi}(\boldsymbol{\eta})$

(iii) $\nabla_{\xi}(\boldsymbol{\eta}) - \nabla_{\eta}(\boldsymbol{\xi}) = [\boldsymbol{\xi}, \boldsymbol{\eta}]$

(iv) $\boldsymbol{\xi}\langle \boldsymbol{\eta}, \boldsymbol{\zeta} \rangle = \langle \nabla_{\xi}(\boldsymbol{\eta}), \boldsymbol{\zeta} \rangle + \langle \boldsymbol{\eta}, \nabla_{\xi}(\boldsymbol{\zeta}) \rangle$

$\nabla_{\xi}(\boldsymbol{\eta})$ を，$\boldsymbol{\xi}$ による $\boldsymbol{\eta}$ の**共変微分**(covariant differentiation)という．

[証明] まず一意性から証明しよう．実際，一意性は(iii)と(iv)の帰結である．

$$\begin{aligned}
\langle \nabla_{\xi}(\boldsymbol{\eta}), \boldsymbol{\zeta} \rangle &= \boldsymbol{\xi}\langle \boldsymbol{\eta}, \boldsymbol{\zeta} \rangle - \langle \boldsymbol{\eta}, \nabla_{\xi}(\boldsymbol{\zeta}) \rangle \\
&= \boldsymbol{\xi}\langle \boldsymbol{\eta}, \boldsymbol{\zeta} \rangle - \langle \boldsymbol{\eta}, \nabla_{\zeta}(\boldsymbol{\xi}) + [\boldsymbol{\xi}, \boldsymbol{\zeta}] \rangle \\
&= \boldsymbol{\xi}\langle \boldsymbol{\eta}, \boldsymbol{\zeta} \rangle - \langle \boldsymbol{\eta}, \nabla_{\zeta}(\boldsymbol{\xi}) \rangle - \langle \boldsymbol{\eta}, [\boldsymbol{\xi}, \boldsymbol{\zeta}] \rangle \\
&= \boldsymbol{\xi}\langle \boldsymbol{\eta}, \boldsymbol{\zeta} \rangle - \boldsymbol{\zeta}\langle \boldsymbol{\eta}, \boldsymbol{\xi} \rangle + \langle \nabla_{\zeta}(\boldsymbol{\eta}), \boldsymbol{\xi} \rangle - \langle \boldsymbol{\eta}, [\boldsymbol{\xi}, \boldsymbol{\zeta}] \rangle \\
&= \boldsymbol{\xi}\langle \boldsymbol{\eta}, \boldsymbol{\zeta} \rangle - \boldsymbol{\zeta}\langle \boldsymbol{\eta}, \boldsymbol{\xi} \rangle + \langle \nabla_{\eta}(\boldsymbol{\zeta}), \boldsymbol{\xi} \rangle + \langle [\boldsymbol{\zeta}, \boldsymbol{\eta}], \boldsymbol{\xi} \rangle - \langle \boldsymbol{\eta}, [\boldsymbol{\xi}, \boldsymbol{\zeta}] \rangle \\
&= \boldsymbol{\xi}\langle \boldsymbol{\eta}, \boldsymbol{\zeta} \rangle - \boldsymbol{\zeta}\langle \boldsymbol{\eta}, \boldsymbol{\xi} \rangle + \boldsymbol{\eta}\langle \boldsymbol{\zeta}, \boldsymbol{\xi} \rangle - \langle \boldsymbol{\zeta}, \nabla_{\eta}(\boldsymbol{\xi}) \rangle + \langle [\boldsymbol{\zeta}, \boldsymbol{\eta}], \boldsymbol{\xi} \rangle - \langle \boldsymbol{\eta}, [\boldsymbol{\xi}, \boldsymbol{\zeta}] \rangle \\
&= \boldsymbol{\xi}\langle \boldsymbol{\eta}, \boldsymbol{\zeta} \rangle - \boldsymbol{\zeta}\langle \boldsymbol{\eta}, \boldsymbol{\xi} \rangle + \boldsymbol{\eta}\langle \boldsymbol{\zeta}, \boldsymbol{\xi} \rangle - \langle \boldsymbol{\zeta}, \nabla_{\xi}(\boldsymbol{\eta}) \rangle - \langle \boldsymbol{\zeta}, [\boldsymbol{\eta}, \boldsymbol{\xi}] \rangle
\end{aligned}$$

$$+\langle[\boldsymbol{\zeta},\boldsymbol{\eta}],\boldsymbol{\xi}\rangle-\langle\boldsymbol{\eta},[\boldsymbol{\xi},\boldsymbol{\zeta}]\rangle.$$

こうして

$$\begin{aligned}2\langle\nabla_{\boldsymbol{\xi}}(\boldsymbol{\eta}),\boldsymbol{\zeta}\rangle= {}&\boldsymbol{\xi}\langle\boldsymbol{\eta},\boldsymbol{\zeta}\rangle-\boldsymbol{\zeta}\langle\boldsymbol{\eta},\boldsymbol{\xi}\rangle+\boldsymbol{\eta}\langle\boldsymbol{\zeta},\boldsymbol{\xi}\rangle\\&-\langle\boldsymbol{\zeta},[\boldsymbol{\eta},\boldsymbol{\xi}]\rangle+\langle\boldsymbol{\xi},[\boldsymbol{\zeta},\boldsymbol{\eta}]\rangle-\langle\boldsymbol{\eta},[\boldsymbol{\xi},\boldsymbol{\zeta}]\rangle.\end{aligned}\tag{3.8}$$

右辺は，リーマン計量と交換子積のみで表されていることに注意しよう．よって，∇' が ∇ と同じ性質をもつ写像とすると，$\langle\nabla_{\boldsymbol{\xi}}(\boldsymbol{\eta}),\boldsymbol{\zeta}\rangle=\langle\nabla'_{\boldsymbol{\xi}}(\boldsymbol{\eta}),\boldsymbol{\zeta}\rangle$ がすべての $\boldsymbol{\zeta}$ について成り立つ．したがって $\nabla_{\boldsymbol{\xi}}(\boldsymbol{\eta})=\nabla'_{\boldsymbol{\xi}}(\boldsymbol{\eta})$ がすべての $\boldsymbol{\xi},\boldsymbol{\eta}$ について成り立つ．ゆえに，$\nabla=\nabla'$ である．

次に存在を示す．$\boldsymbol{\eta}\in\mathfrak{X}(X)$ に対して，2重線形写像 $A_\eta\colon\mathfrak{X}(X)\times\mathfrak{X}(X)\longrightarrow C^\infty(X)$ を

$$\begin{aligned}2A_\eta(\boldsymbol{\xi},\boldsymbol{\zeta})= {}&\boldsymbol{\xi}\langle\boldsymbol{\eta},\boldsymbol{\zeta}\rangle-\boldsymbol{\zeta}\langle\boldsymbol{\eta},\boldsymbol{\xi}\rangle+\boldsymbol{\eta}\langle\boldsymbol{\zeta},\boldsymbol{\xi}\rangle\\&-\langle\boldsymbol{\zeta},[\boldsymbol{\eta},\boldsymbol{\xi}]\rangle+\langle\boldsymbol{\xi},[\boldsymbol{\zeta},\boldsymbol{\eta}]\rangle-\langle\boldsymbol{\eta},[\boldsymbol{\xi},\boldsymbol{\zeta}]\rangle\end{aligned}$$

により定義する．ライプニッツ則と交換子積の性質により，

$$A_\eta(f\boldsymbol{\xi},\boldsymbol{\zeta})=A_\eta(\boldsymbol{\xi},f\boldsymbol{\zeta})=fA_\eta(\boldsymbol{\xi},\boldsymbol{\zeta}),\tag{3.9}$$

$$A_{f\eta}(\boldsymbol{\xi},\boldsymbol{\zeta})=(\boldsymbol{\xi}f)\langle\boldsymbol{\eta},\boldsymbol{\zeta}\rangle+fA_\eta(\boldsymbol{\xi},\boldsymbol{\zeta})\quad(f\in C^\infty(X)),\tag{3.10}$$

$$\boldsymbol{\xi}\langle\boldsymbol{\eta},\boldsymbol{\zeta}\rangle=A_\eta(\boldsymbol{\xi},\boldsymbol{\zeta})+A_\zeta(\boldsymbol{\xi},\boldsymbol{\eta}),\tag{3.11}$$

$$A_\eta(\boldsymbol{\xi},\boldsymbol{\rho})-A_\xi(\boldsymbol{\eta},\boldsymbol{\rho})=\langle[\boldsymbol{\xi},\boldsymbol{\eta}],\boldsymbol{\rho}\rangle\tag{3.12}$$

を満たすことは容易に確かめられる．とくに(3.9)により，A_η はテンソルであり，補題3.26により，$A_\eta(\boldsymbol{\xi},\boldsymbol{\zeta})$ の p における値は，$\boldsymbol{\xi}_p,\boldsymbol{\zeta}_p\in T_p(X)$ のみによる．対応

$$\boldsymbol{\zeta}_p\in T_p(X)\longmapsto(A_\eta(\boldsymbol{\xi},\boldsymbol{\zeta}))(p)\in\mathbb{R}$$

は $T_p(X)$ 上の線形汎関数であるから，

$$(A_\eta(\boldsymbol{\xi},\boldsymbol{\zeta}))(p)=\langle\boldsymbol{\omega}_p,\boldsymbol{\zeta}_p\rangle_p$$

となる $\boldsymbol{\omega}_p\in T_p(X)$ がただ1つだけ存在する(『行列と行列式』参照)．

$$\boldsymbol{\omega}_p=(\nabla_{\boldsymbol{\xi}}(\boldsymbol{\eta}))_p$$

とおこう．こうして定義された $\nabla_{\boldsymbol{\xi}}(\boldsymbol{\eta})$ が $\mathfrak{X}(X)$ の元であることは，補題3.25

による．さらに(3.10),(3.11),(3.12)により，$\nabla_{\boldsymbol{\xi}}(\boldsymbol{\eta})$ が定理に述べた条件を満たすことは明らか． ▮

注意 3.28 $\nabla_{\xi}(\boldsymbol{\eta})$ の定義の仕方から，X の任意の開集合 U と $\boldsymbol{\xi},\boldsymbol{\eta}\in\mathfrak{X}(U)$ に対して，$\nabla_{\xi}(\boldsymbol{\eta})\in\mathfrak{X}(U)$ が定義されることに注意．

上の定理 3.27 の(i)($\nabla_{f\boldsymbol{\xi}}(\boldsymbol{\eta})=f\cdot\nabla_{\boldsymbol{\xi}}(\boldsymbol{\eta})$)に注意して，各 $\boldsymbol{\eta}\in\mathfrak{X}(X)$ に対して，線形写像

$$\begin{array}{ccc} \mathfrak{X}(X) & \longrightarrow & \mathfrak{X}(X) \\ \Psi & & \Psi \\ \boldsymbol{\xi} & \longmapsto & \nabla_{\boldsymbol{\xi}}(\boldsymbol{\eta}) \end{array}$$

に補題 3.26 を適用すれば，$(\nabla_{\boldsymbol{\xi}}(\boldsymbol{\eta}))_p$ は $\boldsymbol{\xi}_p$ にのみよることが分かる．これを $\nabla_{\boldsymbol{\xi}_p}(\boldsymbol{\eta})$ と表し，$\boldsymbol{\eta}$ の $\boldsymbol{\xi}_p$ 方向の**共変微分**という．

座標近傍 U 上の局所座標系 $(x_1,\cdots,x_n)$ が与えられたとき，U 上の n^3 個の滑らかな関数 Γ_{ij}^k を使って

$$\nabla_{\partial/\partial x_i}\left(\frac{\partial}{\partial x_j}\right)=\sum_{k=1}^n\Gamma_{ij}^k\frac{\partial}{\partial x_k}\quad(i,j=1,\cdots,n)$$

と表すことができる．$\{\Gamma_{ij}^k\}$ を局所座標系 $(x_1,\cdots,x_n)$ に関する**クリストッフェルの記号**とよぶ(下の例題参照)．

$$\boldsymbol{\xi}=\sum_{i=1}^n\xi_i\frac{\partial}{\partial x_i},\quad \boldsymbol{\eta}=\sum_{j=1}^n\eta_j\frac{\partial}{\partial x_j}$$

に対しては，

$$\nabla_{\boldsymbol{\xi}}(\boldsymbol{\eta})=\sum_{k=1}^n\sum_{i=1}^n\xi_i\left\{\frac{\partial\eta_k}{\partial x_i}+\sum_{j=1}^n\Gamma_{ij}^k\eta_j\right\}\frac{\partial}{\partial x_k}$$

と表される．これが，共変微分の局所表示である．

例題 3.29 次の事柄を証明せよ．

(1) $\Gamma_{ij}^k=\Gamma_{ji}^k$

(2) $\Gamma_{ij}^k=\dfrac{1}{2}\displaystyle\sum_{l=1}^n g^{kl}\left(\frac{\partial g_{jl}}{\partial x_i}+\frac{\partial g_{il}}{\partial x_j}-\frac{\partial g_{ij}}{\partial x_l}\right)$

（3）　X を曲面とし，局所座標表示 S が与える局所座標系に関する Γ_{ij}^k は，第1章§1.7(c)で与えたクリストッフェルの記号に一致する．

［解］　(1) 定理3.27の(iii)により

$$\nabla_{\partial/\partial x_i}\left(\frac{\partial}{\partial x_j}\right)-\nabla_{\partial/\partial x_j}\left(\frac{\partial}{\partial x_i}\right)=\left[\frac{\partial}{\partial x_j},\frac{\partial}{\partial x_i}\right]=0$$

であることから得られる．

(2) (3.8)において，$\boldsymbol{\xi}=\dfrac{\partial}{\partial x_i}$，$\boldsymbol{\eta}=\dfrac{\partial}{\partial x_j}$，$\boldsymbol{\zeta}=\dfrac{\partial}{\partial x_l}$ とおくと，

$$\sum_{h=1}^n g_{lh}\Gamma_{ij}^h=\frac{1}{2}\left(\frac{\partial g_{jl}}{\partial x_i}+\frac{\partial g_{il}}{\partial x_j}-\frac{\partial g_{ij}}{\partial x_l}\right)$$

となるから，これから Γ_{ij}^k について解くことにより，主張を得る(両辺に g^{kl} を掛けて，l について足し合わせればよい)．

(3) 他の場合も同様であるから，Γ_{11}^1 について示す．$g=EG-F^2$ とするとき，

$$g^{11}=g^{-1}G,\quad g^{12}=g^{21}=-g^{-1}F,\quad g^{22}=g^{-1}E$$

であるから，(2)において $u=x_1$，$v=x_2$ とすることにより

$$\begin{aligned}2\Gamma_{11}^1&=g^{-1}G\left(\frac{\partial E}{\partial u}+\frac{\partial E}{\partial u}-\frac{\partial E}{\partial u}\right)-g^{-1}F\left(\frac{\partial F}{\partial u}+\frac{\partial F}{\partial u}-\frac{\partial E}{\partial v}\right)\\&=g^{-1}(GE_u-2FF_u+FE_v)\end{aligned}$$

を得る．よって，Γ_{11}^1 は曲面に対するクリストッフェルの記号に一致することがわかる．■

X,Y をリーマン多様体とし，$\varphi\colon X\longrightarrow Y$ を等距離同型写像とするとき，

$$\varphi_*(\nabla_{\boldsymbol{\xi}}(\boldsymbol{\eta}))=\nabla_{\varphi_*(\boldsymbol{\xi})}(\varphi_*(\boldsymbol{\eta}))$$

が成り立つことは，共変微分が，リーマン計量(および交換子積)のみを用いて表されていることから明らかであろう(§3.1(f)参照)．

次に，曲線に沿う共変微分を定義しよう．

$c\colon[a,b]\longrightarrow X$ を滑らかな曲線とする．**$\boldsymbol{c}$ に沿うベクトル場**は，各 $t\in[a,b]$ に対して，$\boldsymbol{\xi}(t)\in T_{c(t)}(X)$ を対応させる写像のことである．各 $t_0\in[a,b]$ について，$c(t_0)$ のまわりの局所座標系 $(x_1,\cdots,x_n)$ により

$$\boldsymbol{\xi}(t)=\sum_{i=1}^{n}\xi_i(t)\left(\frac{\partial}{\partial x_i}\right)_{c(t)}$$

と表したとき，ξ_i は t_0 の近傍で定義された関数であるが，これが滑らかであるとき，$\boldsymbol{\xi}$ は c に沿う滑らかなベクトル場といわれる．以下，c に沿うベクトル場といえばつねに滑らかなものとし，$\mathfrak{X}_c(X)$ により，c に沿うベクトル場の全体のなす集合を表す．$\mathfrak{X}_c(X)$ には，自然に線形空間の構造が入る．

c の速度ベクトル $\dot{c}(t)$ は，c に沿うベクトル場である．f を $[a,b]$ 上の滑らかな関数，$\boldsymbol{\xi}$ を c に沿うベクトル場とするとき，$(f\boldsymbol{\xi})(t)=f(t)\boldsymbol{\xi}(t)$ とおいて定義される $f\boldsymbol{\xi}$ も c に沿うベクトル場である．また，$\boldsymbol{\eta}$ を X 上のベクトル場とするとき，$\boldsymbol{\xi}(t)=\boldsymbol{\eta}_{c(t)}$ として定義される $\boldsymbol{\xi}$ も c に沿うベクトル場である．これを $\boldsymbol{\eta}$ を曲線 c に制限して得られるベクトル場という．

定理 3.30　次の性質を満たす線形写像

$$\frac{D}{dt}:\mathfrak{X}_c(X)\longrightarrow\mathfrak{X}_c(X)$$

が1つ，そしてただ1つ存在する：

（i）（ライプニッツ則）$[a,b]$ 上の滑らかな関数 f に対して

$$\frac{D(f\boldsymbol{\xi})}{dt}=\frac{df}{dt}\boldsymbol{\xi}+f\frac{D\boldsymbol{\xi}}{dt}\quad(\boldsymbol{\xi}\in\mathfrak{X}_c(X)).$$

（ii）$\boldsymbol{\xi}\in\mathfrak{X}_c(X)$ が X 上のベクトル場 $\boldsymbol{\eta}$ を c に制限して得られるベクトル場の場合には，

$$\frac{D\boldsymbol{\xi}}{dt}=\nabla_{\dot{c}}(\boldsymbol{\eta}).$$

$\dfrac{D\boldsymbol{\xi}}{dt}$ を $\boldsymbol{\xi}$ の**共変導関数**という．

［証明］　まず一意性を見よう．$t_0\in[a,b]$ に対して，$c(t_0)$ のまわりの局所座標系 $(x_1,\cdots,x_n)$ を選ぶ．$c(t)$ の座標を $(x_1(t),\cdots,x_n(t))$ とし，$\boldsymbol{\xi}\in\mathfrak{X}_c(X)$ を

$$\boldsymbol{\xi}(t)=\sum_{i=1}^{n}v_i(t)\left(\frac{\partial}{\partial x_i}\right)_{c(t)}$$

と表したとき，(i), (ii)により

$$\frac{D\boldsymbol{\xi}}{dt}=\sum_{k=1}^{n}\left(\frac{dv_k}{dt}+\sum_{i,j=1}^{n}\Gamma_{ij}^{k}\frac{dx_i}{dt}v_j\right)\frac{\partial}{\partial x_k}$$

である．逆に，この式により $\dfrac{D\boldsymbol{\xi}}{dt}$ を定義すれば，これが条件(i), (ii)を満たすことは容易に確かめることができる． ∎

c に沿うベクトル場 $\boldsymbol{\xi}$ は，その共変導関数 $\dfrac{D\boldsymbol{\xi}}{dt}$ が恒等的に 0 に等しいとき，**平行**であるといわれる．平行ベクトル場(の成分)は，線形常微分方程式

$$\frac{dv_k}{dt}+\sum_{i,j=1}^{n}\Gamma_{ij}^{k}\frac{dx_i}{dt}v_j=0\quad(k=1,\cdots,n)$$

の解として表されるから，曲面の場合と同様に，任意の $\boldsymbol{v}\in T_{c(a)}(X)$ に対して，$\boldsymbol{\xi}(a)=\boldsymbol{v}$ を満たす平行な $\boldsymbol{\xi}\in\mathfrak{X}_c(X)$ がただ 1 つ存在する．$P_c(\boldsymbol{v})=\boldsymbol{\xi}(b)$ とおくと，$P_c\colon T_{c(a)}(X)\longrightarrow T_{c(b)}(X)$ は線形同型写像である．

次の補題は，共変微分の性質から，ただちに証明できる．

補題 3.31

(i)　$\boldsymbol{\xi},\boldsymbol{\zeta}\in\mathfrak{X}_c(X)$ に対して

$$\frac{d}{dt}\langle\boldsymbol{\xi},\boldsymbol{\zeta}\rangle=\left\langle\frac{D\boldsymbol{\xi}}{dt},\boldsymbol{\zeta}\right\rangle+\left\langle\boldsymbol{\xi},\frac{D\boldsymbol{\zeta}}{dt}\right\rangle.$$

(ii)　$\varphi\colon X\to Y$ が等距離同型写像，c を X の曲線とする．$c_1=\varphi c$ とおき，$\boldsymbol{\xi}\in\mathfrak{X}_c(X)$ に対して $\boldsymbol{\xi}_1(t)=\varphi_*(\boldsymbol{\xi}(t))$ とおくと，$\boldsymbol{\xi}_1\in\mathfrak{X}_{c_1}(Y)$ であり，

$$\frac{D}{dt}\varphi_*(\boldsymbol{\xi})=\varphi_*\left(\frac{D}{dt}\boldsymbol{\xi}\right)$$

が成り立つ．ここで左辺は c_1 に沿う共変導関数であり，右辺は c に沿う共変導関数を表す． □

とくに，$\boldsymbol{\xi},\boldsymbol{\eta}\in\mathfrak{X}_c(X)$ が平行であるとき，(i)により $\langle\boldsymbol{\xi},\boldsymbol{\zeta}\rangle$ は定数となる．よって，$P_c\colon T_{c(a)}(X)\longrightarrow T_{c(b)}(X)$ はユニタリ同型写像である．

U を $\mathbb{R}_2$ の開集合とし，$S\colon U\longrightarrow X$ を滑らかな写像とする．S に沿うベクトル場 $\boldsymbol{\xi}$ とは，各 $(u,v)\in U$ に対して，$\boldsymbol{\xi}(u,v)\in T_{S(u,v)}(X)$ を対応させる写像のことである．$\boldsymbol{\xi}$ の滑らかさの定義は，曲線に沿うベクトル場の場合と同様である．

$$\frac{\partial S}{\partial u} = S_*\left(\frac{\partial}{\partial u}\right), \quad \frac{\partial S}{\partial v} = S_*\left(\frac{\partial}{\partial v}\right)$$

とおこう(X が曲面で，S が局所径数表示の場合には，$\partial S/\partial u = S_u$, $\partial S/\partial v = S_v$ である)．$\partial S/\partial u, \partial S/\partial v$ とも，S に沿うベクトル場である．

S に沿うベクトル場 $\boldsymbol{\xi}$ について，v を固定して考えれば，$\boldsymbol{\xi}(u,v)$ は曲線 $u \longrightarrow c(u) = S(u,v)$ に沿うベクトル場であるから，u に関する共変導関数が考えられる．これを $\left(\dfrac{D\boldsymbol{\xi}}{\partial u}\right)_{(u,v)}$ により表す．同様に変数 v に関する共変導関数も定義される．これらは S に沿うベクトル場である．

補題 3.32

$$\frac{D}{\partial u}\frac{\partial S}{\partial v} = \frac{D}{\partial v}\frac{\partial S}{\partial u}.$$

［証明］　X の局所座標をとり，$S(u,v)$ の座標を $(S_1(u,v),\cdots,S_n(u,v))$ とする．

$$\frac{D}{\partial u}\frac{\partial S}{\partial v} = \sum_{k=1}^{n}\left(\frac{\partial^2 S_k}{\partial u \partial v} + \sum_{i,j=1}^{n}\Gamma_{ij}^k \frac{\partial S_i}{\partial u}\frac{\partial S_j}{\partial v}\right)\frac{\partial}{\partial x_k}$$

であり，$\Gamma_{ij}^k = \Gamma_{ji}^k$ であるから，上式は $\dfrac{D}{\partial v}\dfrac{\partial S}{\partial u}$ に等しい．　■

曲線に沿うベクトル場の共変微分の概念のもとで，測地線の定義は曲面の場合と同様に行われる：曲線 c は，その「内在的」加速度ベクトル $\dfrac{D}{dt}\dfrac{dc}{dt}$ が恒等的に 0 に等しいとき，**測地線**とよばれる．

局所座標系を使えば，測地線 $c(t) = (x_1(t),\cdots,x_n(t))$ の方程式が

$$\frac{d^2 x_k}{dt^2} + \sum_{i,j=1}^{n}\Gamma_{ij}^k \frac{dx_i}{dt}\frac{dx_j}{dt} = 0 \quad (k = 1,\cdots,n) \tag{3.13}$$

となることは，これまでの計算から明らかだろう．さらに，この方程式が曲面上の測地線の方程式の一般化になっていることは容易に見てとることができる(式(1.32))．曲面の場合と同様，初期速度ベクトルが与えられれば，測地線は一意的に決まる．正確にいえば，$\boldsymbol{v} \in T_p(X)$ に対して，$\dot{c}_v(0) = \boldsymbol{v}$ を満たす測地線 $c_v : [0,\delta] \longrightarrow X$ が存在する．ここで δ は($\boldsymbol{v}$ に依存する)正数または ∞ である．さらに，微分方程式(3.13)の形から，任意の実数 α に対して，

$c_1(t)=c_v(\alpha t)$ とおいて定義される c_1 も測地線であり，$c_1=c_{\alpha v}$ となることがわかる：$c_{\alpha v}(t)=c_v(\alpha t)$．このことから，次のことが結論される．

補題 3.33　$\varepsilon>0$ を適当にとれば，$\|\boldsymbol{v}\|<\varepsilon$ を満たす任意の $\boldsymbol{v}\in T_p(X)$ に対して $\dot{c}_v(0)=\boldsymbol{\xi}$ を満たす測地線 $c_v\colon[0,1]\longrightarrow X$ が存在する．　□

次の補題も明らかであろう(補題3.31(ii)参照)．

補題 3.34　$\varphi\colon X\longrightarrow Y$ が等距離同型写像であるとき，X の任意の測地線 c に対して，φc は Y の測地線である．　□

(c)　リーマンの曲率テンソル

次の定理は共変微分と交換子積の性質から導かれる．

定理 3.35　3重線形写像 $A\colon\mathfrak{X}(X)^3\longrightarrow\mathfrak{X}(X)$ を

$$A(\boldsymbol{\xi},\boldsymbol{\eta},\boldsymbol{\zeta})=\nabla_{\xi}\nabla_{\eta}(\boldsymbol{\zeta})-\nabla_{\eta}\nabla_{\xi}(\boldsymbol{\zeta})-\nabla_{[\xi,\eta]}(\boldsymbol{\zeta})$$

により定義すると，A はテンソルである．　□

$R(\boldsymbol{\xi},\boldsymbol{\eta})\boldsymbol{\zeta}=A(\boldsymbol{\xi},\boldsymbol{\eta},\boldsymbol{\zeta})$ とおいて，R を**リーマンの曲率テンソル**(Riemannian curvature tensor)という．

定義の仕方から，$R(\boldsymbol{\xi},\boldsymbol{\eta})\boldsymbol{\zeta}=-R(\boldsymbol{\eta},\boldsymbol{\xi})\boldsymbol{\zeta}$ である．

補題 3.36

$$\langle R(\boldsymbol{\xi},\boldsymbol{\eta})\boldsymbol{\zeta},\boldsymbol{\rho}\rangle=-\langle R(\boldsymbol{\xi},\boldsymbol{\eta})\boldsymbol{\rho},\boldsymbol{\zeta}\rangle.$$

［証明］　$\langle R(\boldsymbol{\xi},\boldsymbol{\eta})\boldsymbol{\zeta},\boldsymbol{\zeta}\rangle=0$ を示せば十分である：

$$\begin{aligned}\langle R(\boldsymbol{\xi},\boldsymbol{\eta})\boldsymbol{\zeta},\boldsymbol{\zeta}\rangle&=\langle\nabla_{\xi}\nabla_{\eta}\boldsymbol{\zeta},\boldsymbol{\zeta}\rangle-\langle\nabla_{\eta}\nabla_{\xi}\boldsymbol{\zeta},\boldsymbol{\zeta}\rangle-\langle\nabla_{[\xi,\eta]}\boldsymbol{\zeta},\boldsymbol{\zeta}\rangle\\&=\boldsymbol{\xi}\langle\nabla_{\eta}(\boldsymbol{\zeta}),\boldsymbol{\zeta}\rangle-\langle\nabla_{\eta}(\boldsymbol{\zeta}),\nabla_{\xi}(\boldsymbol{\zeta})\rangle-\boldsymbol{\eta}\langle\nabla_{\xi}(\boldsymbol{\zeta}),\boldsymbol{\zeta}\rangle\\&\quad+\langle\nabla_{\xi}(\boldsymbol{\zeta}),\nabla_{\eta}(\boldsymbol{\zeta})\rangle-\langle\nabla_{[\xi,\eta]}(\boldsymbol{\zeta}),\boldsymbol{\zeta}\rangle\\&=2^{-1}\{\boldsymbol{\xi}\boldsymbol{\eta}\langle\boldsymbol{\zeta},\boldsymbol{\zeta}\rangle-\boldsymbol{\eta}\boldsymbol{\xi}\langle\boldsymbol{\zeta},\boldsymbol{\zeta}\rangle-[\boldsymbol{\xi},\boldsymbol{\eta}]\langle\boldsymbol{\zeta},\boldsymbol{\zeta}\rangle\}\\&=0.\end{aligned}$$

■

曲面 X を2次元リーマン多様体と考えたとき，X のガウス曲率はリーマンの曲率テンソルを使って表すことができる．これを示すため，まずそれ自身重要な概念である断面曲率について述べよう．以下，$\dim X\geqq 2$ とする．

$\boldsymbol{\xi},\boldsymbol{\eta}\in T_p(X)$ を線形独立な接ベクトルとする．記号の簡略化のため

$$|\boldsymbol{\xi}\wedge\boldsymbol{\eta}| = \{\|\boldsymbol{\xi}\|^2\|\boldsymbol{\eta}\|^2 - \langle\boldsymbol{\xi},\boldsymbol{\eta}\rangle^2\}^{1/2}$$

とおこう．$\boldsymbol{\xi},\boldsymbol{\eta}$ で張られる $T_p(X)$ の 2 次元部分空間 H に対して

$$K(H) = \frac{\langle R(\boldsymbol{\xi},\boldsymbol{\eta})\boldsymbol{\eta},\, \boldsymbol{\xi}\rangle}{|\boldsymbol{\xi}\wedge\boldsymbol{\eta}|^2}$$

とおく．

補題 3.37 $K(H)$ は，H を張る接ベクトル $\boldsymbol{\xi},\boldsymbol{\eta}$ のとり方にはよらない．

[証明] $\boldsymbol{\xi} = a\boldsymbol{\xi}_1 + b\boldsymbol{\eta}_1$，$\boldsymbol{\eta} = c\boldsymbol{\xi}_1 + d\boldsymbol{\eta}_1$ とする．初等的計算により

$$|\boldsymbol{\xi}\wedge\boldsymbol{\eta}|^2 = (ad-bc)^2|\boldsymbol{\xi}_1\wedge\boldsymbol{\eta}_1|^2$$

となることが確かめられる．一方，

$$\begin{aligned} R(\boldsymbol{\xi},\boldsymbol{\eta})\boldsymbol{\eta} &= R(a\boldsymbol{\xi}_1+b\boldsymbol{\eta}_1,\, c\boldsymbol{\xi}_1+d\boldsymbol{\eta}_1)\boldsymbol{\eta} = (ad-bc)R(\boldsymbol{\xi}_1,\boldsymbol{\eta}_1)\boldsymbol{\eta}, \\ \langle R(\boldsymbol{\xi}_1,\boldsymbol{\eta}_1)\boldsymbol{\eta},\boldsymbol{\xi}\rangle &= \langle R(\boldsymbol{\xi}_1,\boldsymbol{\eta}_1)(c\boldsymbol{\xi}_1+d\boldsymbol{\eta}_1),\, a\boldsymbol{\xi}_1+b\boldsymbol{\eta}_1\rangle \\ &= (ad-bc)\langle R(\boldsymbol{\xi}_1,\boldsymbol{\eta}_1)\boldsymbol{\eta}_1,\boldsymbol{\xi}_1\rangle \end{aligned}$$

であるから(補題 3.36)，

$$\langle R(\boldsymbol{\xi},\boldsymbol{\eta})\boldsymbol{\eta},\boldsymbol{\xi}\rangle = (ad-bc)^2\langle R(\boldsymbol{\xi}_1,\boldsymbol{\eta}_1)\boldsymbol{\eta}_1,\boldsymbol{\xi}_1\rangle\,.$$

ゆえに，主張が成り立つ． ∎

定義 3.38 $K(H)$ を，点 p における平面 H による**断面曲率**(sectional curvature)という． □

X が 2 次元の場合は，$H = T_p(X)$ であるから，$K(H)$ は p のみによる．次の小節で次の定理を証明する．

定理 3.39 曲面 X の点 p におけるガウス曲率 $K(p)$ は断面曲率 $K(T_p(X))$ に等しい． □

これが，ガウス曲率の内在性の真の意味である．この定理に鑑みて，一般の 2 次元リーマン多様体 X の点 p における断面曲率を $K(p)$ により表し，p におけるガウス曲率とよぶことにする．

(d) 極座標

X を 2 次元リーマン多様体とし，$p\in X$ とする．p のまわりの局所座標系を (x,y) とする．$T_p(X)$ の正規直交基底 $\boldsymbol{e}_1,\boldsymbol{e}_2$ を選び

$$\boldsymbol{e}_1=\alpha\frac{\partial}{\partial x}+\beta\frac{\partial}{\partial y},\quad \boldsymbol{e}_2=\gamma\frac{\partial}{\partial x}+\delta\frac{\partial}{\partial y}$$

とする．接ベクトル $\boldsymbol{v}\in T_p(X)$ に対して，$c_{\boldsymbol{v}}$ により $\dot{c}_{\boldsymbol{v}}(0)=\boldsymbol{v}$ を満たす測地線を表す．$\varepsilon>0$ を十分小さくとり，$\|\boldsymbol{v}\|<\varepsilon$ を満たすようなベクトル $\boldsymbol{v}=a\boldsymbol{e}_1+b\boldsymbol{e}_2$ に対して

$$T(a,b)=c_{\boldsymbol{v}}(1)$$

とおこう．T は $\{(a,b)\,|\,a^2+b^2<\varepsilon^2\}$ から X への滑らかな写像である．$T(a,b)$ の座標を $(T_1(a,b),T_2(a,b))$ とするとき，$(a,b)=(0,0)$ において

$$\begin{aligned}&\frac{\partial T}{\partial a}=\boldsymbol{e}_1,\quad \frac{\partial T}{\partial b}=\boldsymbol{e}_2,\\ &\frac{\partial T}{\partial a}=\frac{\partial T_1}{\partial a}\frac{\partial}{\partial x}+\frac{\partial T_2}{\partial a}\frac{\partial}{\partial y},\quad \frac{\partial T}{\partial b}=\frac{\partial T_1}{\partial b}\frac{\partial}{\partial x}+\frac{\partial T_2}{\partial b}\frac{\partial}{\partial y}\end{aligned}$$

であるから，

$$\begin{aligned}&\frac{\partial T_1}{\partial a}=\alpha,\quad \frac{\partial T_2}{\partial a}=\beta,\quad \frac{\partial T_1}{\partial b}=\gamma,\quad \frac{\partial T_2}{\partial b}=\delta,\\ &\det\frac{D(T_1,T_2)}{D(a,b)}=\alpha\delta-\beta\gamma\neq 0.\end{aligned}$$

よって(必要ならば ε をさらに小さくとれば)，逆関数定理により T は微分同型写像である．

$$S(u,v)=T(u\cos v,u\sin v)\quad (0\leqq u<\varepsilon,\ v\in\mathbb{R})$$

とおこう．今示したことから $U=\{(u,v)\,|\,0<u<\varepsilon,\ -\pi<v<\pi\}$ とすると，$S\colon U\longrightarrow X$ は局所径数表示を与える．これを p を中心とする**極座標表示**という．以下，曲面の場合の記号にならって，U 上で

$$S_u=\frac{\partial S}{\partial u},\quad S_v=\frac{\partial S}{\partial v}$$

とおく．$u\longmapsto S(u,v)$ は弧長径数をもつ測地線であるから，

$$\frac{D}{\partial u}S_u=0,\quad \langle S_u,S_u\rangle=1$$

である．$\langle S_u,S_v\rangle=0$ を示そう．補題3.31(i)により

$$\frac{\partial}{\partial u}\langle S_u, S_v\rangle = \left\langle \frac{D}{\partial u}S_u, S_v\right\rangle + \left\langle S_u, \frac{D}{\partial u}S_v\right\rangle = \left\langle S_u, \frac{D}{\partial v}S_u\right\rangle$$
$$= \frac{1}{2}\frac{\partial}{\partial v}\langle S_u, S_u\rangle = 0\,.$$

よって，$\langle S_u, S_v\rangle$ は u の関数として定数である．一方，$S(0,v)\equiv p$ であるから，$S_v(0,v)\equiv 0$ となり，

$$\langle S_u, S_v\rangle \equiv \langle S_u(0,v), S_v(0,v)\rangle = 0\,.$$

慣例にならって，$E=\langle S_u, S_u\rangle$，$F=\langle S_u, S_v\rangle$，$G=\langle S_v, S_v\rangle$ とおこう．今見たことから，U 上で $E\equiv 1$，$F\equiv 0$ となっている $(ds^2=du^2+Gdv^2)$．以下の計算は，第1基本形式がこの形をしているという仮定だけを使う．

この仮定の下にクリストッフェルの記号について，次のような式を得る(§1.7(c)参照)．

$$\Gamma^1_{11}=\Gamma^2_{11}=0,\quad \Gamma^1_{12}=0,\quad \Gamma^2_{12}=\frac{G_u}{2G},\quad \Gamma^1_{22}=-\frac{1}{2}G_u,\quad \Gamma^2_{22}=\frac{G_v}{2G}.$$

断面曲率の定義において，$\boldsymbol{\xi}=S_u$，$\boldsymbol{\eta}=S_v$ とおくことにより $K(H)$ を計算しよう．

$$|S_u\wedge S_v|^2 = EG-F^2 = G,$$
$$\langle R(S_u,S_v)S_v, S_u\rangle = \langle \nabla_{S_u}\nabla_{S_v}S_v, S_u\rangle - \langle \nabla_{S_v}\nabla_{S_u}S_v, S_u\rangle$$

である．一方，上で計算したことにより

$$\nabla_{S_u}(S_u) = \Gamma^1_{11}S_u+\Gamma^2_{11}S_v = 0,$$
$$\nabla_{S_u}(S_v) = \nabla_{S_v}(S_u) = \Gamma^1_{12}S_u+\Gamma^2_{12}S_v = \frac{G_u}{2G}S_v,$$
$$\nabla_{S_v}(S_v) = \Gamma^1_{22}S_u+\Gamma^2_{22}S_v = -\frac{1}{2}G_uS_u+\frac{G_v}{2G}S_v$$

であるから，

$$\nabla_{S_u}\nabla_{S_v}S_v = \nabla_{S_u}\left(-\frac{1}{2}G_uS_u+\frac{G_v}{2G}S_v\right) = -\frac{1}{2}G_{uu}S_u+\left(\frac{G_{uv}}{2G}-\frac{G_uG_v}{4G^2}\right)S_v,$$
$$\langle \nabla_{S_u}\nabla_{S_v}S_v, S_u\rangle = -\frac{1}{2}G_{uu}.$$

同様な計算により，

$$\langle \nabla_{S_v} \nabla_{S_u} S_v, S_u \rangle = -\frac{G_u^2}{4G}$$

を得る．したがって，

$$\langle R(S_u, S_v)S_v, S_u \rangle = -\frac{1}{2}G_{uu} + \frac{G_u^2}{4G},$$

$$K(T_p(X)) = \frac{\langle R(S_u, S_v)S_v, S_u \rangle}{|S_u \wedge S_v|^2} = \frac{G_u^2}{4G^2} - \frac{G_{uu}}{2G} \left(= -\frac{1}{\sqrt{G}} \frac{\partial^2 \sqrt{G}}{\partial u^2} \right).$$

X がユークリッド空間の中の曲面の場合には，ガウス曲率 $K(p)$ について，§1.7 で与えた公式から

$$\begin{aligned} K(p) &= E^{-1}\{(\Gamma_{11}^2)_v + \Gamma_{11}^1\Gamma_{12}^2 + \Gamma_{11}^2\Gamma_{22}^2 - (\Gamma_{12}^2)_u - \Gamma_{12}^1\Gamma_{11}^2 - \Gamma_{12}^2\Gamma_{12}^2\} \\ &= -\frac{\partial}{\partial u}\left(\frac{G_u}{2G}\right) - \frac{G_u}{4G^2} \\ &= \frac{G_u^2}{4G^2} - \frac{G_{uu}}{2G}. \end{aligned}$$

よって，$K(p) = K(T_p(X))$ となり，定理 3.39 の証明が完成した．

これまでの計算の結果をまとめておこう：

定理 3.40　2 次元リーマン多様体 X の局所座標系 (u, v) に関する第 1 基本形式の係数について，$E \equiv 1$，$F \equiv 0$ が成り立つとき $(ds^2 = du^2 + G\,dv^2)$，ガウス曲率は

$$K = -\frac{1}{\sqrt{G}} \frac{\partial^2 \sqrt{G}}{\partial u^2}$$

により与えられる．　□

補題 3.41　一般の局所径数表示 $S: U \longrightarrow X$ において $E \equiv 1$，$F \equiv 0$ であるとき，対応 $u \longmapsto S(u, v)$ は弧長径数をもつ測地線である．

［証明］　弧長径数をもつことは $E \equiv 1$ による．

$$\left\langle \frac{D}{\partial u} \frac{\partial S}{\partial u}, \frac{\partial S}{\partial u} \right\rangle = 0 \quad \cdots\cdots①, \quad \left\langle \frac{D}{\partial u} \frac{\partial S}{\partial u}, \frac{\partial S}{\partial v} \right\rangle = 0 \quad \cdots\cdots②$$

を示せば，$\dfrac{D}{\partial u}\dfrac{\partial S}{\partial u}=0$ となるから，対応 $u\longmapsto S(u,v)$ は測地線である．①は $\left\langle\dfrac{\partial S}{\partial u},\dfrac{\partial S}{\partial u}\right\rangle=1$ の両辺を u で微分することにより得られる．②については $\left\langle\dfrac{\partial S}{\partial u},\dfrac{\partial S}{\partial v}\right\rangle=0$ に注意して補題3.32を適用すれば

$$\begin{aligned}\left\langle\frac{D}{\partial u}\frac{\partial S}{\partial u},\frac{\partial S}{\partial v}\right\rangle &= \frac{\partial}{\partial u}\left\langle\frac{\partial S}{\partial u},\frac{\partial S}{\partial v}\right\rangle-\left\langle\frac{\partial S}{\partial u},\frac{D}{\partial u}\frac{\partial S}{\partial v}\right\rangle\\ &=-\left\langle\frac{\partial S}{\partial u},\frac{D}{\partial v}\frac{\partial S}{\partial u}\right\rangle=-\frac{1}{2}\frac{\partial}{\partial v}\left\langle\frac{\partial S}{\partial u},\frac{\partial S}{\partial u}\right\rangle\\ &=0\end{aligned}$$

を得る． ∎

例3.42 標準的平坦トーラス X は，局所的には標準的計量をもつ $\mathbb{R}_2$ の開集合と同一視されるから，$E=G=1$，$F=0$ であり，ガウス曲率はいたるところ0に等しい． □

例3.43 ポアンカレ計量をもつ単位円板 X において，次のような写像 $S\colon[0,\infty)\times[0,2\pi)\longrightarrow X$ を考える：

$$S(u,v)=\left(\tanh\frac{u}{2}\cos v,\ \tanh\frac{u}{2}\sin v\right).$$

ここで，$\tanh x=\sinh x/\cosh x$ である．簡単な計算により

$$\begin{aligned}S_u&=\left(\frac{1}{2}\left(\cosh\frac{u}{2}\right)^{-2}\cos v,\ \frac{1}{2}\left(\cosh\frac{u}{2}\right)^{-2}\sin v\right),\\ S_v&=\left(-\tanh\frac{u}{2}\sin v,\ \tanh\frac{u}{2}\cos v\right).\end{aligned}$$

ゆえに，ポアンカレ計量に関して，第1基本形式の係数は次のようになる．

$$\begin{aligned}E&=\langle S_u,S_u\rangle=\frac{4\cdot(1/4)\cdot(\cosh(u/2))^{-4}}{\{1-\tanh^2(u/2)\}^2}=1,\\ F&=\langle S_u,S_v\rangle=0,\\ G&=\langle S_v,S_v\rangle=\frac{4\tanh^2(u/2)}{\{1-\tanh^2(u/2)\}^2}=4\sinh^2(u/2)\cosh^2(u/2)\\ &=\sinh^2 u.\end{aligned}$$

よって，X のガウス曲率は

$$K = -\frac{1}{\sqrt{G}}\frac{\partial^2\sqrt{G}}{\partial u^2} = -1$$

である．すなわち，ポアンカレ計量をもつ単位円板のガウス曲率は一定であり，それは -1 に等しい．さらに，上の補題3.41で示したように，曲線

$$c(t) = \left(\tanh\frac{t}{2}\cos v, \tanh\frac{t}{2}\sin v\right)$$

は弧長径数をもつ測地線である(言い換えれば，上の S は原点を中心とする極座標表示を与える)．c の像は原点を通る直線と X の共通部分であり，非ユークリッド平面としての「直線」でもある．X の任意の「直線」は「合同変換」により，原点を通る「直線」に写されるから，補題3.34を適用すれば，任意の「直線」は測地線(の像)であり，逆に任意の測地線(の像)は「直線」となることがわかる．

このようにして，非ユークリッド平面における幾何学的対象(「合同変換」，「直線」など)は，リーマン多様体としての対象としてとらえることができるのである．　□

(e)　リーマン多様体上の積分と体積

曲面上の積分と表面積の概念を一般化しよう．X をリーマン多様体とし，(U,ϕ) を X の座標近傍とする．$(x_1,\cdots,x_n)$ をその局所座標系とし，$\boldsymbol{G}=(g_{ij})$ を対応する第1基本形式の係数行列とする．

f を X の連続関数とし，f の台が U に含まれるとき，f の積分を次のように定義する:

$$\int_X f\,dV = \int_{\phi(U)} f(x_1,\cdots,x_n)(\det\boldsymbol{G})^{1/2}dx_1\cdots dx_n$$

(いつものように $f(x_1,\cdots,x_n)$ は $f\phi^{-1}(x_1,\cdots,x_n)$ を略記したものである)．この右辺が，f の台を含む座標近傍のとり方によらないことを示そう．(V,ψ) を f の台を含む別の座標近傍とし，$(y_1,\cdots,y_n)$ をその局所座標系，$\boldsymbol{H}=(h_{kl})$ を対応する第1基本形式の係数行列とする．

$$(\det \boldsymbol{H})^{1/2} = \left|\det \frac{D(x_1, \cdots, x_n)}{D(y_1, \cdots, y_n)}\right| (\det \boldsymbol{G})^{1/2}$$

であるから，積分の変数変換公式を適用して

$$\begin{aligned}
&\int_{\psi(U)} f(y_1, \cdots, y_n)(\det \boldsymbol{H})^{1/2} dy_1 \cdots dy_n \\
&= \int_{\psi(U)} f(y_1, \cdots, y_n)(\det \boldsymbol{G})^{1/2} \left|\det \frac{D(x_1, \cdots, x_n)}{D(y_1, \cdots, y_n)}\right| dy_1 \cdots dy_n \\
&= \int_{\phi(U)} f(x_1, \cdots, x_n)(\det \boldsymbol{G})^{1/2} dx_1 \cdots dx_n
\end{aligned}$$

を得る．よって，積分は f の台を含む座標近傍のとり方によらず一意に確定する．さらに，X 上の 2 つの連続関数 f, h の台が同じ座標近傍に含まれていれば

$$\int_X (f+h) dV = \int_X f\, dV + \int_X h\, dV$$

が成り立つことは，定義から明らかである(3 つ以上の和に対しても同様)．

次に，X をコンパクトなリーマン多様体とする．この場合に，X 上の連続関数 f の積分を定義したい．コンパクト性から，有限個の座標近傍からなる座標近傍系が存在するから，それを $\{(U_1, \phi^1), \cdots, (U_k, \phi^k)\}$ とする．X の開被覆 $\{U_1, \cdots, U_k\}$ に従属する単位の分割を $\{f_i \mid i=1, \cdots, k\}$ としよう．各 i に対して，$f_i f$ の台は U_i に含まれるから，$f_i f$ の積分は定義されている．$f = f_1 f + \cdots + f_k f$ に注意して

$$\int_X f\, dV = \sum_{i=1}^{k} \int_X f_i f\, dV$$

とおこう．これを f の X 上の**積分**という．チェックすべきことは，別の座標近傍系 $\{(V_1, \psi^1), \cdots, (V_l, \psi^l)\}$ と，開被覆 $\{V_1, \cdots, V_l\}$ に従属する単位の分割 $\{h_i \mid i=1, \cdots, l\}$ をとったとき，

$$\sum_{i=1}^{k} \int_X f_i f\, dV = \sum_{j=1}^{l} \int_X h_j f\, dV \tag{3.14}$$

となることである(さもないと，積分の定義が一意には決まらない)．任意の

j に対して $h_j f_i f$ の台は U_i に含まれるから，上の和の公式を利用して

$$\int_X f_i f\,dV = \sum_{j=1}^{l} \int_X h_j f_i f\,dV$$

である．一方，任意の i に対して $h_j f_i f$ の台は V_j に含まれるから，次のようにして(3.14)を得る．

$$\sum_{i=1}^{k} \int_X f_i f\,dV = \sum_{i=1}^{k} \sum_{j=1}^{l} \int_X h_j f_i f\,dV = \sum_{j=1}^{l} \sum_{i=1}^{k} \int_X h_j f_i f\,dV$$
$$= \sum_{j=1}^{l} \int_X h_j f\,dV\,.$$

コンパクトなリーマン多様体 X の体積(2次元の場合は面積ともいう)は

$$\mathrm{Vol}(X) = \int_X 1\,dV \quad (1\text{ は恒等的に }1\text{ に等しい関数})$$

により定義される．X が曲面の場合に $\mathrm{Vol}(X)$ が X の表面積に等しいことは，局所径数表示 S に対する局所座標系に対して $\det \boldsymbol{G} = EG - F^2$ となることから明らか．

§3.3　ガウス–ボンネの定理

いよいよ，曲面論における最も美しい結果であり，本書の目標の1つであったガウス–ボンネの定理を証明する．

(a)　測地的3角形とガウスの定理

X を2次元リーマン多様体とする．次の性質を満たす X の部分集合 $\triangle$ を，X の中の3角形という：局所径数表示 $S\colon U \longrightarrow X$ と，U に含まれる3角形 $\triangle ABC$ が存在して，$\triangle$ は S による $\triangle ABC$ の像になっている．頂点 A, B, C の像を $\triangle$ の頂点といい，辺 AB, BC, CA の像を $\triangle$ の辺という．とくに，辺が測地線(の像)であるような X の中の3角形を**測地的3角形**という．

定理 3.44（ガウス）　p, q, r を頂点とする十分小さい測地的3角形 $\triangle$ に対

してガウスの定理

$$\int_{\triangle} K\,dV = \angle p + \angle q + \angle r - \pi$$

が成り立つ．ここで，$\angle p$ は，点 p における 2 辺の接ベクトル(測地線としての速度ベクトル)のなす角を表す． □

2 点 q, r が点 p を中心とする極座標表示 $S\colon U \longrightarrow X$ の像 $S(U)$ に含まれていると仮定する．$q = S(u_1, 0)$，$r = S(u_2, v_2)$ としよう．

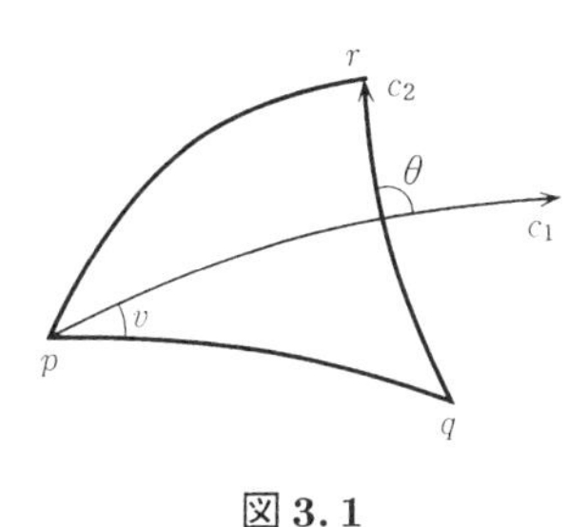

図 3.1

補題 3.45

$$\lim_{u\to 0} \frac{\partial}{\partial u}\sqrt{G} = 1\,.$$

［証明］　補題 3.32 を使って

$$\begin{aligned}\frac{\partial}{\partial u}\sqrt{G} &= \frac{1}{2\sqrt{G}}G_u = \frac{1}{2\sqrt{G}}\frac{\partial}{\partial u}\langle S_v, S_v\rangle \\ &= \frac{1}{\sqrt{G}}\left\langle \frac{D}{\partial u}\frac{\partial S}{\partial v}, \frac{\partial S}{\partial v}\right\rangle = \frac{1}{\sqrt{G}}\left\langle \frac{D}{\partial v}\frac{\partial S}{\partial u}, \frac{\partial S}{\partial v}\right\rangle.\end{aligned}$$

まず

$$\frac{\partial S}{\partial u}(0, v) = \cos v\cdot \boldsymbol{e}_1 + \sin v\cdot \boldsymbol{e}_2$$

に注意すれば，

$$\frac{D}{\partial v}\frac{\partial S}{\partial u}(0, v) = \frac{d}{dv}(\cos v\cdot \boldsymbol{e}_1 + \sin v\cdot \boldsymbol{e}_2) = -\sin v\cdot \boldsymbol{e}_1 + \cos v\cdot \boldsymbol{e}_2 \tag{3.15}$$

を得る．一方

$$S_v = -u\sin v\frac{\partial T}{\partial a} + u\cos v\frac{\partial T}{\partial b}$$

であるから，

$$\lim_{u\to 0} u^{-1}S_v = -\sin v\cdot \boldsymbol{e}_1 + \cos v\cdot \boldsymbol{e}_2 \quad\Longrightarrow\quad \lim_{u\to 0} u^{-1}\|S_v\| = 1$$

を得る．よって

$$\lim_{u\to 0}\frac{1}{\sqrt{G}}\frac{\partial S}{\partial v} = \lim_{u\to 0}\|S_v\|^{-1}S_v = -\sin v\cdot \boldsymbol{e}_1 + \cos v\cdot \boldsymbol{e}_2 \tag{3.16}$$

となる．(3.15), (3.16)を合わせれば，補題の主張を得る．∎

上の補題を考慮して，$\left(\dfrac{\partial}{\partial u}\sqrt{G}\right)_{u=0}=1$ とおく．すると $\dfrac{\partial}{\partial u}\sqrt{G}$ は $(0,v)$ においても連続な関数となる．

頂点 q,r を結ぶ辺の上の点を $S(u,v)$ とすると，u は v の関数と考えることができる．これを $u=u(v)$ と表そう．

補題 3.46　関数 $u(v)$ は次の微分方程式を満たす:

$$2G\frac{d^2u}{dv^2} - 2G_u\left(\frac{du}{dv}\right)^2 - G_v\frac{du}{dv} - GG_u = 0\,.$$

［証明］　頂点 q,r を結ぶ辺は測地線の像であるから，この測地線を $c=c(t)=S(u(t),v(t))$ とすると，$u=u(t)$, $v=v(t)$ は次の微分方程式を満たす:

$$\frac{d^2u}{dt^2} - \frac{1}{2}G_u\left(\frac{dv}{dt}\right)^2 = 0, \tag{3.17}$$

$$\frac{d^2v}{dt^2} + \frac{G_u}{G}\frac{du}{dt}\frac{dv}{dt} + \frac{G_v}{2G}\left(\frac{dv}{dt}\right)^2 = 0\,. \tag{3.18}$$

一方，合成関数の微分法則から

$$\frac{du}{dv} = \frac{du}{dt}\left(\frac{dv}{dt}\right)^{-1}, \quad \frac{d^2u}{dv^2} = \frac{d^2u}{dt^2}\left(\frac{dv}{dt}\right)^{-2} - \frac{d^2v}{dt^2}\frac{du}{dt}\left(\frac{dv}{dt}\right)^{-3}$$

を得るが，この第2式と(3.17), (3.18)から

$$\frac{d^2u}{dv^2} = \frac{1}{2}G_u + \frac{G_u}{G}\left(\frac{du}{dt}\right)^2\left(\frac{dv}{dt}\right)^{-2} + \frac{G_v}{2G}\frac{du}{dt}\left(\frac{dv}{dt}\right)^{-1}.$$

第1式を利用すれば

$$\frac{d^2u}{dv^2} = \frac{1}{2}G_u + \frac{G_u}{G}\left(\frac{du}{dv}\right)^2 + \frac{G_v}{2G}\frac{du}{dv}$$

となり，これは求める微分方程式にほかならない． ∎

曲線 $c_1 = c_1(u) = S(u,v)$，$c_2 = c_2(v) = S(u(v),v)$ の交点において，それらの速度ベクトルのなす角 θ は

$$\cos\theta = \frac{\langle \dot{c}_1, \dot{c}_2 \rangle}{\|\dot{c}_1\|\|\dot{c}_2\|}$$

により求められる．ここで

$$\dot{c}_1 = S_u, \quad \dot{c}_2 = \frac{du}{dv}S_u + S_v$$

であることから

$$\cos\theta = \frac{\dfrac{du}{dv}}{\left(\left(\dfrac{du}{dv}\right)^2 + G\right)^{1/2}} \quad \Longrightarrow \quad \frac{du}{dv} = \sqrt{G}\cot\theta$$

となる．θ は v の関数と考えられるから，これを $\theta = \theta(v)$ としよう．

補題 3.47

$$\frac{d\theta}{dv} = -\frac{\partial\sqrt{G}}{\partial u}.$$

［証明］

$$\frac{du}{dv} = \sqrt{G}\cot\theta \tag{3.19}$$

の両辺を v で微分すれば

$$\frac{d^2u}{dv^2} = \frac{d\sqrt{G}}{dv}\cot\theta - \frac{\sqrt{G}}{\sin^2\theta}\frac{d\theta}{dv}$$

となるが，

$$\frac{d\sqrt{G}}{dv} = \frac{\partial\sqrt{G}}{\partial u}\frac{du}{dv} + \frac{\partial\sqrt{G}}{\partial v} = \frac{1}{2}G_u\cot\theta + \frac{1}{2}\frac{G_v}{\sqrt{G}}$$

であるから，

$$\frac{d^2u}{dv^2} = \frac{1}{2}G_u\cot^2\theta + \frac{1}{2}\frac{G_v}{\sqrt{G}}\cot\theta - \frac{\sqrt{G}}{\sin^2\theta}\frac{d\theta}{dv}. \tag{3.20}$$

一方，補題3.46の方程式に(3.19)を代入すれば

$$\frac{d^2u}{dv^2} = G_u\cot^2\theta + \frac{1}{2}\frac{G_v}{\sqrt{G}}\cot\theta + \frac{1}{2}G_u \tag{3.21}$$

を得るが，(3.20)と(3.21)を比較して

$$\frac{1}{2}G_u(1+\cot^2\theta) = -\frac{\sqrt{G}}{\sin^2\theta}\frac{d\theta}{dv} \quad\Longrightarrow\quad \frac{d\theta}{dv} = -\frac{\partial\sqrt{G}}{\partial u}.$$

∎

［定理3.44の証明］　積分の定義と，ガウス曲率の公式(定理3.40)により

$$\int_\triangle K\,dV = \int_0^{v_2}\int_0^{u(v)} K\sqrt{G}\,dudv = -\int_0^{v_2}\int_0^{u(v)}\frac{\partial^2\sqrt{G}}{\partial u^2}dudv$$

$$= -\int_0^{v_2}\left[\frac{\partial\sqrt{G}}{\partial u}\right]_0^{u(v)}dv.$$

$\left[\dfrac{\partial\sqrt{G}}{\partial u}\right]_{u=0}=1$ であるから

$$\int_\triangle K\,dV = v_2 - \int_0^{v_2}\left[\frac{\partial\sqrt{G}}{\partial u}\right]_{u=u(v)}dv = v_2 + \int_0^{v_2}\frac{d\theta}{dv}dv$$

$$= v_2 + \theta(v_2) - \theta(0).$$

ここで，$v_2 = \angle p$, $\theta(v_2) = \angle q$, $\theta(0) = \pi - \angle r$ に注意すれば定理の主張が得られる．

∎

例3.48　X をポアンカレ計量をもつ単位円板とする．X の測地的3角形 $\triangle$ の頂点を p, q, r とするとき，$\triangle$ の面積は

$$\pi - (\angle p + \angle q + \angle r)$$

に等しい．実際 p は原点と仮定してよく，しかも $\triangle$ は例3.43で与えた極座標表示の像に含まれているから上の証明が適用できる．　□

(b)　ガウス－ボンネの定理

X をコンパクトな2次元リーマン多様体として，測地的3角形による X の分割が与えられているとしよう．もっと正確にいえば，X は有限個の十分

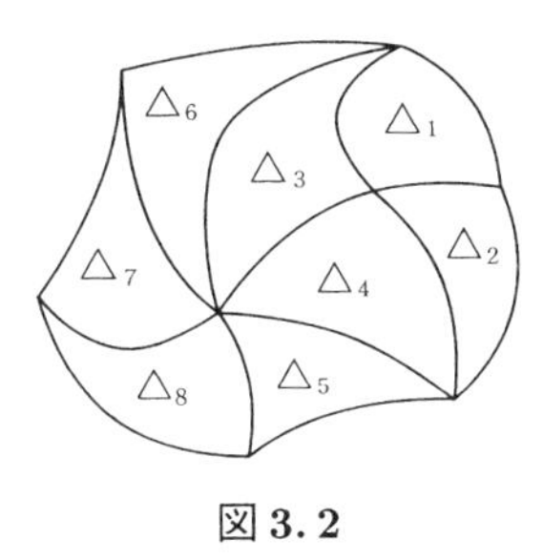

図 3.2

小さい測地的 3 角形 $\triangle_1, \cdots, \triangle_n$ により覆われ，共通部分 $\triangle_i \cap \triangle_j$ $(i \neq j)$ が空でなければ，それは共通の頂点かまたは辺であるとする(図 3.2).

ガウスの定理により

$$\int_{\triangle_i} K\, dV = (\triangle_i \text{ の内角の和}) - \pi$$

が成り立つ．よって

$$\int_X K\, dV = \sum_{i=1}^n \int_{\triangle_i} K\, dV = \sum_{i=1}^n (\triangle_i \text{ の内角の和}) - n\pi.$$

ここで，分割に現れる頂点の数を l，辺の数を m とすると

$$\sum_{i=1}^n (\triangle_i \text{ の内角の和}) = 2\pi \times l$$

である．一方，3 角形の辺が 3 つであり，すべての 3 角形に対してその和 $(= 3n)$ をとるときに，辺が 2 回数えられることを使うと $3n = 2m$ となることがわかる．したがって

$$\int_X K\, dV = 2\pi l - n\pi = \pi(2l - 3n + 2n) = 2\pi(l - m + n).$$

この式から，測地的 3 角形による X の分割によらず，整数 $l-m+n$ は一定であることがわかる．実際，この数 $l-m+n$ は，X の(測地的とは限らない)任意の 3 角形分割について同じ値である．この値を X の**オイラー数**という．また，別の観点から同じ式を見れば，ガウス曲率を積分した値は，X 上のリーマン計量のとり方にはよらないこともわかる．

例 3.49　(単位)球面のオイラー数は 2 である．実際，$K=1$ であるから

$$\int_X K\,dV = 4\pi\,(=\text{単位球面の表面積}).$$

□

例 3.50　トーラス面のオイラー数は 0 である．実際，標準的平坦トーラスでは $K=0$ である．□

コンパクトでかつ向き付け可能な 2 次元多様体は，図 3.3 のような曲面の系列の中の 1 つと微分同型であることが知られている．

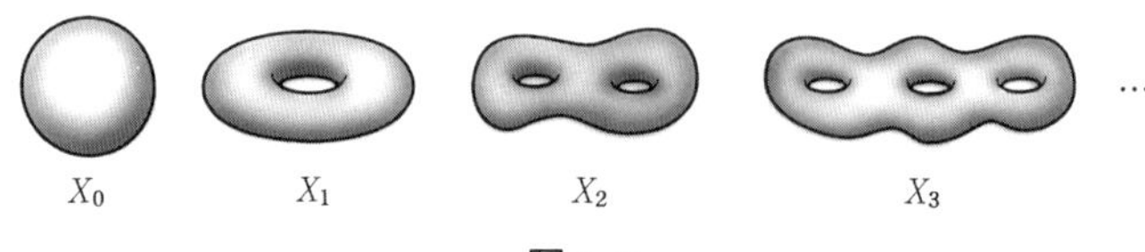

図 3.3

穴の数が g 個の曲面 X_g のオイラー数は $2-2g$ であることを証明しよう．$g=0$(球面の場合)，$g=1$(トーラス面)の場合は正しい．一般に，3 角形分割された図形 K のオイラー数を，$l-m+n$ により定義し(l=頂点の数，m=辺の数，n=3 角形の数)，それを $\chi(K)$ により表すことにする．証明すべきことは，$\chi(X_g)=2-2g$ である．

3 角形分割された曲面 X_g と $X_{g'}$ を考え，それぞれから 1 つの 3 角形の内部を除いた部分を 3 角形の周に沿って張り合わせた曲面は $X_{g+g'}$ になる．元の 3 角形分割をそのまま使えば，$X_{g+g'}$ も 3 角形分割されている(図 3.4)．

X_g に対する頂点，辺，3 角形の数をそれぞれ l,m,n とし，$X_{g'}$ に対するものを l',m',n'，$X_{g+g'}$ に対するものを l'',m'',n'' とすると

$$l''=l+l'-3,\quad m''=m+m'-3,\quad n''=n+n'-2$$

となることは明らかである．したがって，

$$\chi(X_{g+g'})=\chi(X_g)+\chi(X_{g'})-2$$

となる．

さて，X_{g+1} は，X_g から 1 つの 3 角形(の内部)を除いたものに，3 角形分割されたトーラス面から，1 つの 3 角形(の内部)を取り除いたものを除いた

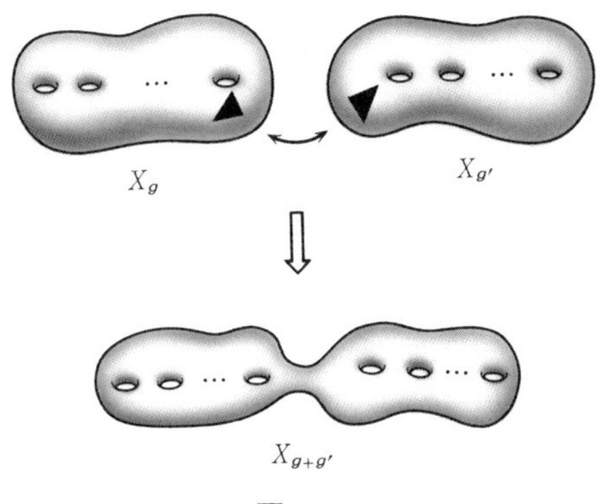

図 3.4

3 角形の周に沿って張り付けたものになっている．このことから，

$$\chi(X_{g+1}) = \chi(X_g) + \chi(X_1) - 2 = \chi(X_g) - 2$$

となる．これを繰り返し使えば，

$$\chi(X_g) = \chi(X_{g-1}) - 2 = \chi(X_{g-2}) - 2 - 2$$
$$= \cdots = \chi(X_0) - 2g = 2 - 2g$$

となって，主張が証明された．

こうして，次の定理を得る．

定理 3.51（ガウス–ボンネの定理）　もし，コンパクトな 2 次元リーマン多様体 X が曲面 X_g と微分同型であれば

$$\int_X K\,dV = 4\pi(1-g)$$

である．　□

《まとめ》

3.1　次の性質を満たす位相空間 X を，n 次元の位相多様体という．

（1）　X はハウスドルフ位相空間である．

（2）　X の開被覆 $\{U_\alpha\}_{\alpha\in A}$ および写像 $\phi^\alpha\colon U_\alpha \longrightarrow \mathbb{R}_n$ $(\alpha\in A)$ で，

（i）$\phi^\alpha(U_\alpha)$ は $\mathbb{R}_n$ の開集合，

（ii）$\phi^\alpha\colon U_\alpha \longrightarrow \phi^\alpha(U_\alpha)$ は同相写像

となるものが存在する.

$\{(U_\alpha,\phi^\alpha)\}_{\alpha\in A}$ を X の座標近傍系といい，$\phi^\alpha(p)=(x_1^\alpha(p),\cdots,x_n^\alpha(p))$ として定義した関数の系 $(x_1^\alpha,\cdots,x_n^\alpha)$ を局所座標系という.

3.2　$U_\alpha\cap U_\beta\neq\emptyset$ であるような任意の $\alpha,\beta\in A$ に対して，$\phi^\beta(\phi^\alpha)^{-1}\colon \phi^\alpha(U_\alpha\cap U_\beta)\longrightarrow\phi^\beta(U_\alpha\cap U_\beta)$ が滑らかであるような座標近傍系 $\{(U_\alpha,\phi^\alpha)\}_{\alpha\in A}$ をもつ位相多様体 X を滑らかな多様体という.

3.3　滑らかな多様体 X の各点 p に対して，$C_p(X)$ を p の近傍で定義された滑らかな関数全体のなす線形空間とする．p における接空間 $T_p(X)$ は，ライプニッツ則を満たす線形写像 $\boldsymbol{\xi}\colon C_p(X)\longrightarrow\mathbb{R}$ の全体からなる線形空間のことである．$T_p(X)$ の元は，p における接ベクトルとよばれる.

3.4　$(x_1,\cdots,x_n)$ を p のまわりの局所座標系とするとき，$f\in C_p(X)$ の p における偏微分係数をとることにより定義される接ベクトルの集合 $\left(\dfrac{\partial}{\partial x_1}\right)_p,\cdots,\left(\dfrac{\partial}{\partial x_n}\right)_p$ は $T_p(X)$ の基底をなす.

3.5　接空間 $T_p(X)$ に内積 $\langle\ ,\ \rangle_p$ が割り当てられ，すべての座標近傍 U における局所座標系 $(x_1,\cdots,x_n)$ に関して関数 $g_{ij}(p)=\left\langle\left(\dfrac{\partial}{\partial x_i}\right)_p,\left(\dfrac{\partial}{\partial x_i}\right)_p\right\rangle_p$ が U 上で滑らかであるとき，$\{\langle\ ,\ \rangle_p\}_{p\in X}$ をリーマン計量という．リーマン計量が与えられた多様体を，リーマン多様体という.

3.6　リーマン多様体上で，共変微分，平行移動，測地線，曲率などの概念を定義することができる．それらは，ユークリッド空間の中の曲面に対して定義された概念の一般化である.

3.7　穴の数が g 個のコンパクトな曲面 X に対して，ガウス曲率の X 上の積分は，$4\pi(1-g)$ に等しい(ガウス–ボンネの定理).

演習問題

3.1

(1) 位相多様体については，連結性と弧状連結性は同値であることを証明せよ.

(2) 滑らかな多様体 X が連結であるとき，X の任意の2点は区分的に滑らかな曲線で結べることを証明せよ(実は，滑らかな曲線でも結べる)．ここで，

曲線 $c\colon [a,b] \longrightarrow X$ が区分的に滑らかとは，c は連続であり，区間 $[a,b]$ の分割 $\Delta\colon a=t_0<t_1<\cdots<t_k=b$ が存在して，制限 $c\,|\,[t_{i-1},t_i]$ $(i=1,2,\cdots,k)$ が滑らかになっていることをいう．

3.2 コンパクトかつ滑らかな多様体 X は，必ずリーマン計量をもつことを示せ．(ヒント．単位の分割を使う．)

3.3

(1) $X=\mathbb{R}_2$ の原点を中心とする極座標表示 $S(u,v)=(u\cos v, u\sin v)$ に関する第1基本形式の係数を求めよ．

(2) 原点を中心とする単位球面 S^2 $(\subset\mathbb{R}_3)$ の，点 $(0,0,1)$ を中心とする極座標表示と対応する第1基本形式の係数を求めよ．

3.4 X を2次元リーマン多様体とし，そのガウス曲率は定数 k とする．このとき，X の任意の点について，その適当な近傍 U をとれば次のことが成り立つことを示せ：

(1) $k=0$ のとき，U は平面(の一部分)と等距離同型である．

(2) $k=1$ のとき，U は単位球面(の一部分)と等距離同型である．

(3) $k=-1$ のとき，U はポアンカレ計量をもつ単位円板(の一部分)と等距離同型である．

3.5 xz-平面における曲線

$$x=e^u, \quad z=\int\sqrt{1-e^{2u}}\,du$$

を z-軸のまわりに回転して得られる回転面のガウス曲率を求めよ．

3.6 リーマン多様体 X の局所座標系 $(x,\cdots,x_n)$ に関して，リーマンの曲率テンソル R の成分 $R^i{}_{jkl}$ を

$$R\left(\frac{\partial}{\partial x_j},\frac{\partial}{\partial x_k}\right)\frac{\partial}{\partial x_l}=\sum_{i=1}^{n}R^i{}_{jkl}\frac{\partial}{\partial x_i}$$

により定義する．次の等式を証明せよ．

$$R^i{}_{jkl}=-\frac{\partial}{\partial x_k}\Gamma^i_{jl}+\frac{\partial}{\partial x_j}\Gamma^i_{kl}+\sum_{a=1}^{n}\Gamma^a_{kl}\Gamma^i_{ja}-\sum_{a=1}^{n}\Gamma^a_{jl}\Gamma^i_{ka}$$

3.7 第1章の例1.28で考察した標準的トーラス面 X に対して，$\int_X K\,dV$ を計算し，これが0に等しいことを示せ．

3.8 位相空間 X で，各点は $\mathbb{R}$ の開集合と同相な近傍を持つが，ハウスドルフ空間ではないような例を作れ．

現代数学への展望

『幾何入門』と『曲面の幾何』を通して，ユークリッド，デカルト，ガウス，リーマン，ヒルベルトたちの業績を中心に述べてきた幾何学の歴史も，一応ここで区切りをつける．そして，20 世紀の後半に華々しく展開する幾何学の「現代史」は，このシリーズ『現代数学への入門』に続く『現代数学の基礎』と『現代数学の展開』において扱われることになる．もし読者がそれに読み進めば，代数学，解析学，さらには物理学が，多様体の概念を要に互いに「相互作用」しながら発展する姿を見ることになるであろう．そう，幾何学は今でも「動いて」いるのだ．そして「空間」に対する人類の知的好奇心が失われない限り，幾何学はさらに発展し続けるだろう．

現代幾何学についての詳細はそれぞれの書に委ねることにして，ここでは概観を簡単に述べてみよう．

モース理論

多様体というものが，空間の「内在性」を表現するのに最も適した概念であることを読者も理解できたと思う．しかし，このような高度に抽象的な空間である多様体を研究する手段は，一体どのようなものなのだろうか．曲面の場合は，その「外」から眺めることによって，(たとえば曲面の「穴」の数のように)その形状を言い表すことができる．しかし，多様体は元々「外」の空間をもっているわけではない．そこで考えられるのは，多様体を(高次元の)ユークリッド空間に実現することにより，高次元の「曲面」のように扱うことである．もちろん，高次元のユークリッド空間自身が直接「目に見える」ものではないが，抽象的な多様体自身よりは，少しは具象化したものと思うことはできるだろう．

このようなことが可能であることは，ホイットニー(H. Whitney，1907–

89)により証明された．実際，n 次元の多様体は(位相についての緩やかな条件の下で)，つねに $2n+1$ 次元のユークリッド数空間 $\mathbb{R}_{2n+1}$ に実現されるのである．このホイットニーの定理は，多様体の構造理論の嚆矢であり，その他の基本的結果とともに

[1] 志賀浩二，多様体論，岩波書店，1990.

に詳しく扱われている．

しかし，多様体がユークリッド空間に実現されたからといって，そのままでは多様体の構造が見えやすくなるものではない(ちょうど，任意の有限群が，置換群の部分群になるからといって，もとの群の構造がわかることにはならないのと同じことである)．では，どうすればよいか．

多様体の構造を「見える」ようにする方法の1つは，モース(H. M. Morse, 1892–1977)により開発され，スメール(S. Smale, 1930–)，ミルナー(J. W. Milnor, 1931–)により整理・発展させられた「モース理論」である．これは，与えられた多様体上に，「よい性質」を満たす1つの滑らかな関数を構成し，それを手掛かりに多様体の構造を研究しようとするものである．モース理論の基本的考え方を説明するのに，次のような図を考える．

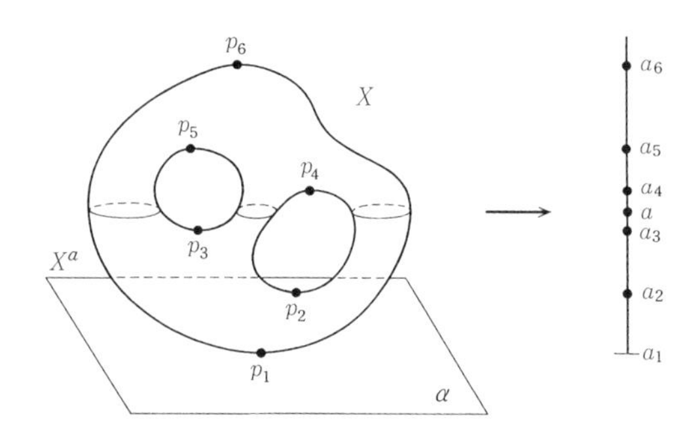

X は平面 α に接している曲面である．$f\colon X \longrightarrow \mathbb{R}$ を平面 α から計った高さにより定義される関数として，

$$f(p_i) = a_i \quad (i = 1, 2, 3, 4, 5, 6),$$

$$X^a = \{p \in X \mid f(p) \leqq a\}$$

とおく．点 p_i たちは局所座標系 (x, y) に関して

$$\frac{\partial f}{\partial x}(p) = 0, \quad \frac{\partial f}{\partial y}(p) = 0$$

を満たす点 p として特徴づけられる(一般にこのような点 p を，f の**臨界点**(critical point)といい，$f(p)$ を**臨界値**(critical value)という)．実数 a を増加させるにしたがって，X^a の形状は変化するが，その「位相構造」が真に変化するのは，a が臨界値 a_i を通過するときである．

臨界値 a_i の前後では，次のような操作により「位相構造」の変化が行われていると考えてよい．

(a_1)　空集合に点を「張り合わせ」それを膨らまして閉円板にする．

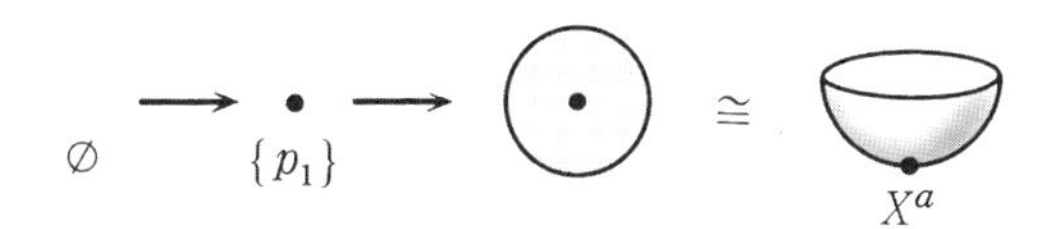

(≅ は同相であることを表す．)

(a_2)　閉円板の境界に線分の両端を張り合わせ，線分の部分を帯状に膨らませて円柱を作る．

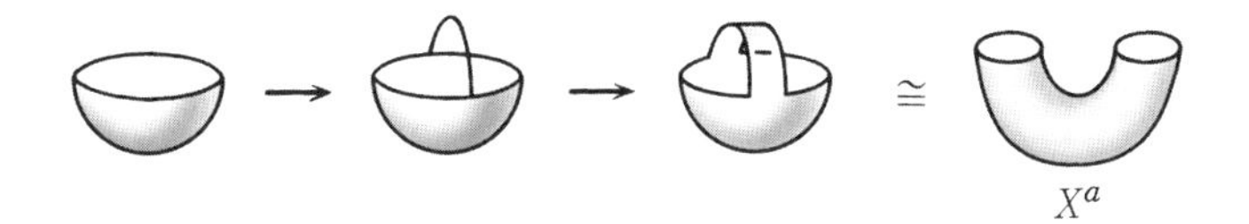

(a_3)　円柱の境界の 1 つの連結成分に，線分の両端を張り合わせ，線分の部分を帯状に膨らませる．

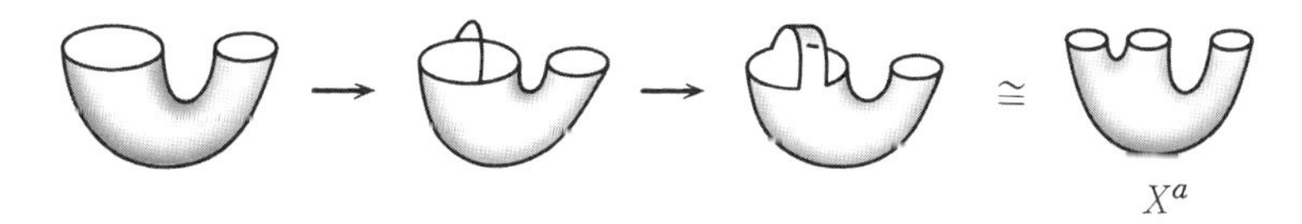

(a_4)　3 つある境界の連結成分の 2 つに線分の両端をそれぞれに張り合わせ，線分の部分を帯状に膨らませる．

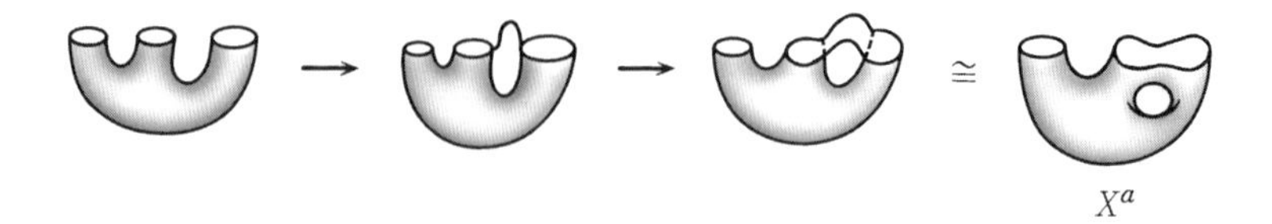

(a_5)　2つある連結成分に，線分の両端をそれぞれ張り合わせ，線分の部分を帯状に膨らませる.

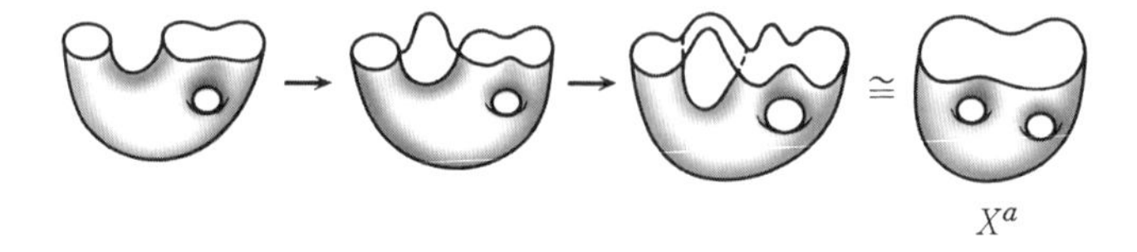

(a_6)　1つの境界に円板の境界を張り合わせる.

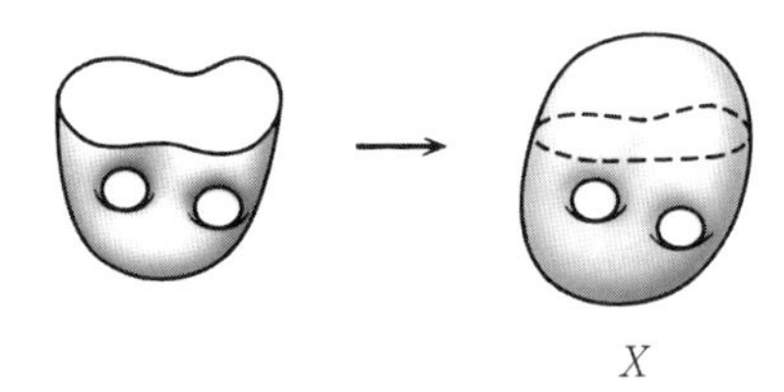

ここで，今述べた臨界点 a_i での操作と関数 f の p_i の近傍での「形」が密接に関連していることを見よう. p_i の座標が $(0,0)$ となるような適当な局所座標系 (x,y) をとることにより

$$
\begin{aligned}
&p_1 \text{ では}\quad f(x,y)=x^2+y^2,\\
&p_2,p_3,p_4,p_5 \text{ では}\quad f(x,y)=a_i+x^2-y^2 \quad (i=2,3,4,5),\\
&p_6 \text{ では}\quad f(x,y)=a_6-x^2-y^2
\end{aligned}
$$

と表すことができる. すると，上の操作において，点，線分，円板のうちどれを張り合わせるかは，$f(x,y)$ における x^2, y^2 の係数に着目したとき，負の符号の個数が関係していることに気づくであろう. すなわち，

負の符号の個数が0のときは，点(0次元),
負の符号の個数が1のときは，線分(1次元),
負の符号の個数が2のときは，円板(2次元)

である．

モース理論では，一般の(コンパクト)多様体 X とその上の「よい性質」をもつ関数 f に対して，上で述べたような事柄を厳密に論じる．次元が高くなれば，それだけ複雑な議論が必要だが，本質的には上で述べたこととは異ならない．モース理論とその応用についての詳細は，

[2] 松本幸夫，Morse 理論の基礎(岩波講座現代数学の基礎)，岩波書店，1997.

[3] J. ミルナー，モース理論，志賀浩二訳，吉岡書店，1968.

を参照されたい．

微分形式

多様体は，幾何学の対象であるとともに，解析学が行われる場にもなりうることは，その定義から想像されるであろう．実際，多様体の概念が形成される歴史の過程では，つねに解析学(微分方程式)との関わりが意識されてきたのである．ここでは，簡単な例を考えることにより，多様体上の解析学(大域的解析学)の入り口まで読者を案内しよう．

開区間 (a,b) 上で，次のような微分方程式を考える．

$$\frac{df}{dx} = g(x), \quad g \in C^\infty(a,b).$$

この方程式はいつでも解けて，その 1 つの解は

$$f(x) = \int_{x_0}^{x} g(\tau)d\tau \quad (x_0 \in (a,b))$$

により与えられる．では，$\mathbb{R}_2$ の連結な開集合 U 上で定義された関数 $g_1, g_2 \in C^\infty(U)$ に対して，偏微分方程式

$$\begin{cases} \dfrac{\partial f}{\partial x} = g_1(x,y) \\ \dfrac{\partial f}{\partial y} = g_2(x,y) \end{cases} \tag{1}$$

はつねに解けるだろうか．もし，解 $f \in C^\infty(U)$ が存在すれば

$$\frac{\partial^2 f}{\partial y \partial x} = \frac{\partial g_1}{\partial y}, \quad \frac{\partial^2 f}{\partial x \partial y} = \frac{\partial g_2}{\partial x}$$

であり，しかも $\dfrac{\partial^2 f}{\partial y \partial x} = \dfrac{\partial^2 f}{\partial x \partial y}$ であるから，

$$\frac{\partial g_1}{\partial y} = \frac{\partial g_2}{\partial x} \tag{2}$$

が成り立たなければならない．すなわち，(2)は方程式(1)が解けるための必要条件である．では，この必要条件が成り立てば，方程式(1)は解けるだろうか．実は，領域 U の形状によっては一般には解けるとは限らない．まず，解ける場合として，U が半径 R の円の内部 $U=\{(x,y)\in\mathbb{R}_2 \mid x^2+y^2<R^2\}$ の場合を考えよう．この場合，(2)を満たす g_1, g_2 に対して

$$f(x,y) = \int_0^x g_1(x,0)dx + \int_0^y g_2(x,y)dy$$

とおけば，f が解である．

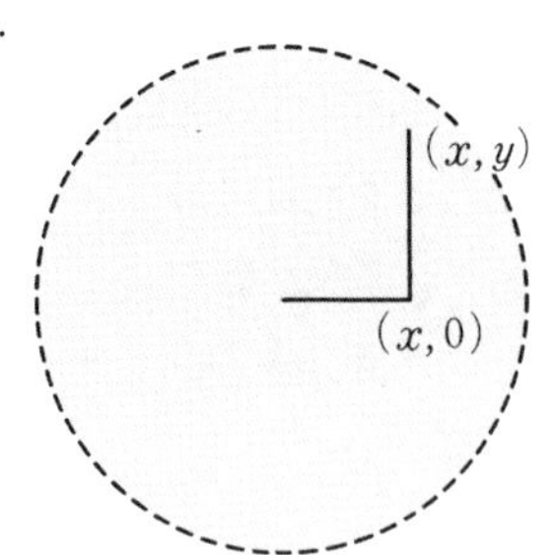

次に，$0<r<R$ として，原点を中心とする半径がそれぞれ r, R の 2 つの円の間に囲まれた集合(円環領域)

$$U = \{(x,y)\in\mathbb{R}_2 \mid r^2 < x^2+y^2 < R^2\}$$

を考えよう．この U 上で

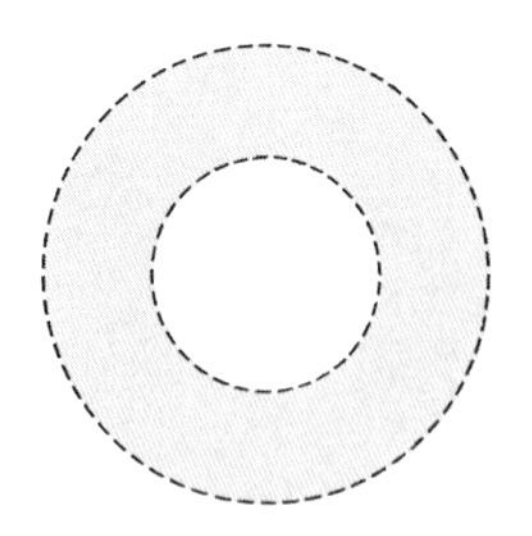

$$g_1 = \frac{-y}{x^2+y^2}, \quad g_2 = \frac{x}{x^2+y^2}$$

とおくと，(2)を満たすことは簡単な計算でわかる．極座標 $x = t\cos\theta$，$y = t\sin\theta$ $(r < t < R)$ を使うと

$$g_1 = -t^{-1}\sin\theta, \quad g_2 = t^{-1}\cos\theta$$

であるから，

$$\int_0^{2\pi}\left(g_1\frac{\partial x}{\partial\theta} + g_2\frac{\partial y}{\partial\theta}\right)d\theta = \int_0^{2\pi} 1\, d\theta = 2\pi\,. \tag{3}$$

一方，(1)が解 f を持てば

$$g_1\frac{\partial x}{\partial\theta} + g_2\frac{\partial y}{\partial\theta} = \frac{\partial f}{\partial x}\frac{\partial x}{\partial\theta} + \frac{\partial f}{\partial y}\frac{\partial y}{\partial\theta} = \frac{\partial f}{\partial\theta}$$

であるから

$$\begin{aligned}\int_0^{2\pi}\left(g_1\frac{\partial x}{\partial\theta} + g_2\frac{\partial y}{\partial\theta}\right)d\theta &= \int_0^{2\pi}\frac{\partial f}{\partial\theta}d\theta \\ &= f(t\cos 2\pi, t\sin 2\pi) - (t\cos 0, t\sin 0) = 0\,.\end{aligned}$$

これは(3)に矛盾するから，(1)は解を持たないことになる．

開集合 U の形で，方程式(1)が解けたり解けなかったりすることが今の例からわかるが，これは何に由来するのだろうか．円の内部と円環領域の違いについてすぐに思いつくことは，円の内部には「穴」がなく，円環領域には「穴」があることである．実はこの問題は，「微分形式」の概念を導入することにより，さらに見やすくなる．微分形式の理論については

[4] 深谷賢治，解析力学と微分形式(シリーズ現代数学への入門)，岩波書店，2004.

[5] 森田茂之，微分形式の幾何学 1, 2(岩波講座現代数学の基礎)，岩波書店，1996，1997.

を参照してほしい．

指数定理——ガウス–ボンネの定理の一般化

さて，第3章の最後の節に現れた曲面のオイラー数は位相幾何学的不変量

の原型となるものである．それは，曲面の「穴」の数に関連していた．このような量の多くは，位相空間の特異(コ)ホモロジー群に関連して構成される．この方面を知るには，

［6］ 佐藤肇，位相幾何学(岩波講座現代数学の基礎)，岩波書店，1996.

を参考にするとよい．

ガウス–ボンネの定理は，微分幾何学的量であるガウス曲率の積分が，位相幾何学的量であるオイラー数の 2π 倍であることを主張する定理であった．自然な問題として，ガウス–ボンネの定理を一般のコンパクトなリーマン多様体に拡張することが考えられる．すなわち，リーマンの曲率テンソルを使って表した式を積分して，位相幾何学的量を表すことができないかと考えるのである．このような問題意識は，ガウス–ボンネの定理の直接の一般化がチャーン(S. S. Chern)により得られて以来(1944年)，大域的解析学という新しい分野を誕生させるのに大いに与ったのである．そして，この問題に対する決定的とも言える結果がアティヤ(Atiyah)–シンガー(Singer)による指数定理である．この定理は，ガウス–ボンネの定理はもちろん，それまでに知られていた類似の定理(ヒルツェブルフの指標定理，リーマン–ロッホの定理など)を含み，その結果とともに，証明において使われた方法が現代幾何学に与えた影響はきわめて大きい．興味のある読者は，アティヤ–シンガーの理論の全体像を紹介した次の文献に挑戦してもらいたい．

［7］ 古田幹雄，指数定理1,2(岩波講座現代数学の展開)，岩波書店，1999, 2002.

*　　*　　*

読者は，すでに現代幾何学へ向かう旅の出発点に立っている．そして，幾何学のすべての世界に通じる切符さえ手にしているのである．

> 「こいつをお持ちになりゃあ，なるほど，こんな不完全な幻想第四次の銀河鉄道なんか，どこまででも行けるはずでさあ．あなたがたたいしたもんですね．」
>
> ——宮沢賢治『銀河鉄道の夜』

参考書

現代数学への展望において，すでに文献をいくつか挙げたが，ここでは本書に直接関連のある基本的文献を提示しよう．

1. フランク・モーガン，リーマン幾何学——ビギナーズガイド，時田節訳，トッパン，1993.
2. H. Hopf, Differential geometry in the large, *Springer Lecture Notes in Mathematics 1000*, Springer-Verlag, 1983.
3. D. J. Struik, *Lectures on classical differential geometry* (2nd ed.), Dover, 1988.
4. 小林昭七，曲線と曲面の微分幾何(改訂版)，裳華房，1995.
5. 丹野修吉，空間図形の幾何学，培風館，1994.
6. 長野正，曲面の数学——現代数学入門，培風館，1968.
7. 志賀浩二，曲面(数学が育っていく物語 6)，岩波書店，1994.
8. 酒井隆，リーマン幾何学，裳華房，1992.
9. 村上信吾，多様体(第 2 版)，共立出版，1989.
10. 落合卓四郎，微分幾何入門(上・下)，東京大学出版会，1991.
11. 佐々木重夫，微分幾何学 I, II，岩波書店，1977.
12. S. Kobayashi-K. Nomizu, *Foundation of differential geometry* I, II, Interscience, 1963, 1969.
13. 松島与三，多様体入門，裳華房，1965.

演習問題解答

第1章

1.1　成分を使って $\langle \boldsymbol{a}\times\boldsymbol{b}, \boldsymbol{c}\rangle$ を表せば

$$
\begin{aligned}
\langle \boldsymbol{a}\times\boldsymbol{b}, \boldsymbol{c}\rangle &= (a_{21}a_{32}-a_{31}a_{22})a_{13}+(a_{31}a_{12}-a_{11}a_{32})a_{23}+(a_{11}a_{22}-a_{21}a_{12})a_{33} \\
&= a_{11}a_{22}a_{33}-a_{11}a_{23}a_{32}+a_{13}a_{21}a_{32}-a_{12}a_{21}a_{33}+a_{12}a_{23}a_{31}-a_{13}a_{22}a_{31}\,.
\end{aligned}
$$

最後の式は，3次の正方行列 $(\boldsymbol{a}, \boldsymbol{b}, \boldsymbol{c})$ の行列式 $\det(\boldsymbol{a}, \boldsymbol{b}, \boldsymbol{c})$ にほかならない(『行列と行列式』の第3章参照).

1.2　(1)から(3)までは容易. (4)は

$$[[A,B],C]+[[B,C],A]+[[C,A],B]=0$$

に帰着.

1.3　(1)

$$
\begin{aligned}
ST(\boldsymbol{x}) &= S(\psi(q+\boldsymbol{x})-\psi(q)) = \varphi(\psi(q)+(\psi(q+\boldsymbol{x})-\psi(q)))-\varphi(\psi(q)) \\
&= \varphi(\psi(q+\boldsymbol{x}))-\varphi(\psi(q)) = \varphi\psi(q+\boldsymbol{x})-\varphi\psi(q)\,.
\end{aligned}
$$

(2) φ^{-1} の線形部分を T とすれば，$\boldsymbol{E}$ の恒等変換の線形部分は $\boldsymbol{L}$ の恒等変換であることと(1)により，$TS=ST=I$ が成り立つ.

1.4　(1)

$$
\begin{aligned}
\varphi_{(A,\boldsymbol{a})}(\varphi_{(B,\boldsymbol{b})}(p)) &= \varphi_{(A,\boldsymbol{a})}(o+B(p-o)+\boldsymbol{b}) = o+A(B(p-o)+\boldsymbol{b})+\boldsymbol{a} \\
&= o+AB(p-o)+A\boldsymbol{b}+\boldsymbol{a} = \varphi_{(AB,\,A\boldsymbol{b}+\boldsymbol{a})}(p)\,.
\end{aligned}
$$

(2) $q=o+A(p-o)+\boldsymbol{a} \Longleftrightarrow (q-o)-\boldsymbol{a}=A(p-o)$. よって，$\varphi_{(A,\boldsymbol{a})}$ が全単射なら，A は全単射. 逆は明らか.

(3) $A=I$ ($\boldsymbol{L}$ の恒等変換)，$\boldsymbol{a}=\boldsymbol{0}$ とすると，$\varphi_{(A,\boldsymbol{a})}$ は $\boldsymbol{E}$ の恒等変換であることに注意して(1)を使えばよい.

1.5　$g(u,v)$ に対して2回合成関数の微分法則を使うと

$$
\begin{aligned}
g_{uu} &= f_{xx}(x_u)^2+f_{xy}x_uy_u+f_xx_{uu}+f_{yx}y_ux_u+f_{yy}(y_u)^2+f_yy_{uu}, \\
g_{uv} &= g_{vu} = f_{xx}x_ux_v+f_{xy}x_uy_v+f_xx_{uv}+f_{yx}x_vy_u+f_{yy}y_uy_v+f_yy_{uv}, \\
g_{vv} &= f_{xx}(x_v)^2+f_{xy}x_vy_v+f_xx_{vv}+f_{yx}y_vx_v+f_{yy}(y_v)^2+f_yy_{vv}
\end{aligned}
$$

を得る. ここで $(u,v)=(0,0)=o$ とすると，$f_x=f_y=0$ であるから

$$g_{uu} = f_{xx}(x_u)^2+f_{xy}x_uy_u+f_{yx}y_ux_u+f_{yy}(y_u)^2,$$

$$g_{uv} = g_{vu} = f_{xx}x_u x_v + f_{xy}x_u y_v + f_{yx}x_v y_u + f_{yy}y_u y_v,$$
$$g_{vv} = f_{xx}(x_v)^2 + f_{xy}x_v y_v + f_{yx}y_v x_v + f_{yy}(y_v)^2$$

である．これは，行列の言葉では次のように表される．

$$\begin{pmatrix} x_u & y_u \\ x_v & y_v \end{pmatrix}\begin{pmatrix} f_{xx} & f_{xy} \\ f_{xy} & f_{yy} \end{pmatrix}\begin{pmatrix} x_u & x_v \\ y_u & y_v \end{pmatrix} = \begin{pmatrix} g_{uu} & g_{uv} \\ g_{uv} & g_{vv} \end{pmatrix}$$

これは求める変換公式にほかならない．

1.6　点 z が接平面上にあるための条件は $z-p=\alpha S_u+\beta S_v$ となる α, β が存在することである．これは，ベクトル $z-p, S_u, S_v$ が線形従属であることと同値である．$z-p, S_u, S_v$ が線形従属であることと，

$$\det(z-p, S_u, S_v) = \det({}^t(z-p, S_u, S_v)) = 0$$

となることは同値であるから，主張が得られる．

1.7　定理 1.23 の証明において，

$$P = \begin{pmatrix} \alpha & \gamma \\ \beta & \delta \end{pmatrix}$$

とおけば，

$$P\begin{pmatrix} E & F \\ F & G \end{pmatrix}{}^tP = I_2$$

であるから，

$$\begin{pmatrix} E & F \\ F & G \end{pmatrix} = P^{-1}({}^tP)^{-1} = ({}^tPP)^{-1},$$
$$\Longrightarrow \quad {}^tPP = \begin{pmatrix} E & F \\ F & G \end{pmatrix}^{-1} = (EG-F^2)^{-1}\begin{pmatrix} G & -F \\ -F & E \end{pmatrix}.$$

一方，$\mathrm{Hess}_o(f) = P\begin{pmatrix} L & M \\ M & N \end{pmatrix}{}^tP$ であるから，

$$\begin{aligned} H = \mathrm{tr}(\mathrm{Hess}_o(f)) &= \mathrm{tr}\left(\begin{pmatrix} L & M \\ M & N \end{pmatrix}{}^tPP\right) \\ &= (EG-F^2)^{-1}\,\mathrm{tr}\left(\begin{pmatrix} L & M \\ M & N \end{pmatrix}\begin{pmatrix} G & -F \\ -F & E \end{pmatrix}\right) \\ &= (EG-F^2)^{-1}(EN+GL-2FM). \end{aligned}$$

1.8　$f(x+yi) = u(x,y)+v(x,y)i$ とおくと，正則性により，$f'(x+yi) = u_x + v_x i$ およびコーシー–リーマンの条件

$$u_x = v_y, \quad u_y = -v_x$$

が成り立つ．よって

$$|f'(z)|^2 = a^2+b^2 = u_x v_y - u_y v_x = \det \frac{D(u,v)}{D(x,y)}$$

となる．$f'(z_0)\neq 0$ $(z_0=x_0+y_0 i)$ としよう．逆関数定理により $\varphi(x,y)=(u(x,y), v(x,y))$ として定義される写像 φ は (x_0,y_0) の近傍から $(u(x_0,y_0),v(x_0,y_0))$ の近傍への逆写像をもつ．平面の第1基本形式の係数として，$E=G=1$，$F=0$ を選べば

$$\frac{D(u,v)}{D(x,y)}\begin{pmatrix}1&0\\0&1\end{pmatrix}{}^t\!\left(\frac{D(u,v)}{D(x,y)}\right)=\begin{pmatrix}u_x&v_x\\u_y&v_y\end{pmatrix}\begin{pmatrix}1&0\\0&1\end{pmatrix}\begin{pmatrix}u_x&u_y\\v_x&v_y\end{pmatrix}$$

$$=\begin{pmatrix}(u_x)^2+(v_x)^2 & u_xu_y+v_xv_y\\ u_yu_x+v_yv_x & (u_y)^2+(v_y)^2\end{pmatrix}=|f'(z)|^2\begin{pmatrix}1&0\\0&1\end{pmatrix}$$

となるから，$\lambda(z)=|f'(z)|$ とすることにより，写像 φ は (x_0,y_0) の近傍で共形写像であることがわかる．

1.9 (1) E_i,F_i,G_i を S_i $(i=1,2)$ に対する第1基本形式の係数とすると

$$E_1=1,\quad F_1=0,\quad G_1=\cos^2 u,\quad E_2=1,\quad F_2=0,\quad G_2=1\,.$$

(2) φ の局所座標表示は $z=f(u)$, $w=v$ である．φ の共形性の条件は

$$\lambda^2\begin{pmatrix}1&0\\0&\cos^2 u\end{pmatrix}=\begin{pmatrix}f'(u)^2&0\\0&1\end{pmatrix}$$

であるから，

$$f'(u)=\frac{1}{\cos u}\quad\Longrightarrow\quad f(u)=\log\tan\left(\frac{u}{2}+\frac{\pi}{4}\right).$$

この関数 f を使った球面から円柱(=平面)への共形写像はメルカトール図法による地図の構成に使われる．

1.10 $E=1$, $F=0$, $G=p(u)^2$.

第2章

2.1 (1) $\Longrightarrow$ (2) は明らか．(1) を否定すると，任意の正数 ε に対して，$U(x,\varepsilon)$ は A に属さない点を含む．とくに，任意の自然数 n に対して，

$$d(x,x_n)<1/n,\quad x_n\notin A$$

を満たす点 x_n が存在する．このとき，点列 $\{x_n\}$ は x に収束するが，どのような番号 n に対しても $x_n\notin A$ である．対偶を考えれば (2) $\Longrightarrow$ (1)．

2.2 (1)は明らか．(2) $\{f_n\}_{n=1}^{\infty}$ を $C(X,Y)$ における基本列とする．D の定義から，各 $x\in X$ に対して $\{f_n(x)\}_{n=1}^{\infty}$ は Y における基本列である．よって，(Y,d') の完備性により，

$$f(x)=\lim_{n\to\infty}f_n(x)$$

が存在する．f が連続であることを示せば十分(補題 2.22 の証明参照)．任意の $x\in X$ と任意の正数 ε に対して，

$$\sup_{x\in X}d'(f(x),f_{n_0}(x))<\varepsilon$$

を満たすような n_0 をとる．$x\in X$ を任意にとる．f_{n_0} は連続であるから，

$$d(x,y)<\delta \implies d'(f_{n_0}(x),f_{n_0}(y))<\varepsilon$$

となる正数 δ が存在する．このとき，$d(x,y)<\delta$ であれば

$$d'(f(x),f(y))\leqq d'(f(x),f_{n_0}(x))+d'(f_{n_0}(x),f_{n_0}(y))+d'(f_{n_0}(y),f(y))<3\varepsilon$$

となるから，f は x において連続である．

2.3 (2)の条件の中身の対偶を考えると，(2)は条件

(2′) $\bigcap C_\alpha=\emptyset \Longrightarrow C_{\alpha_1}\cap C_{\alpha_2}\cap\cdots\cap C_{\alpha_n}=\emptyset$ となる $\alpha_1,\alpha_2,\cdots,\alpha_n\in A$ が存在する．

と同値である．補集合を考えれば，これは

$$「\bigcup(C_\alpha)^c=X \implies (C_{\alpha_1})^c\cup(C_{\alpha_2})^c\cup\cdots\cup(C_{\alpha_n})^c=X」$$

と同値となるが，$(C_\alpha)^c=O_\alpha$(開集合)とおき直してみれば，コンパクト性の条件にほかならない．

2.4 $\{C_\alpha\}_{\alpha\in A}$ を X の有限部分集合族で，$\bigcap C_\alpha=\emptyset$ を満たすものとする．A が有限集合であるか，1つでも $C_\alpha=\emptyset$ となるものがあれば，前問の条件(2′)は成り立つ．α_1 を1つ選ぼう．このとき，$C_{\alpha_1}\cap C_{\alpha_2}\neq C_{\alpha_1}$ となる α_2 が存在する(もしこれを否定すると，すべての α に対して $C_{\alpha_1}\subset C_\alpha$ となり，$\bigcap C_\alpha=\emptyset$ に反する．同様に $C_{\alpha_1}\cap C_{\alpha_2}\cap C_{\alpha_3}\neq C_{\alpha_1}\cap C_{\alpha_2}$ となる C_{α_3} が存在するが，これを続ければ，

$$|C_{\alpha_1}|>|C_{\alpha_1}\cap C_{\alpha_2}|>|C_{\alpha_1}\cap C_{\alpha_2}\cap C_{\alpha_3}|>\cdots$$

($|\ |$ は元の個数を表す)となるように，$\alpha_1,\alpha_2,\cdots$ をとっていくことができて，いつかは $C_{\alpha_1}\cap C_{\alpha_2}\cap\cdots\cap C_{\alpha_n}=\emptyset$ となる．

2.5 (1)$\Longrightarrow$(2)：$(x,y)\notin\triangle_X$ とする．このとき $x\neq y$ である．仮定により，x,y の開近傍 U,V で $U\cap V=\emptyset$ となるものが存在する．$U\times V$ は $X\times X$ の開集合であり，(x,y) を含む．さらに，$\triangle_X\cap(U\times V)=\emptyset$ であるから (x,y) は $\triangle_X$ の閉包には含まれない．よって $\triangle_X$ の閉包はそれ自身であり，$\triangle_X$ は閉集合である．

(2) $\Longrightarrow$ (1): $x \neq y$ とすると $(x,y) \notin \triangle_X$ である．仮定により (x,y) の開近傍 W で，$W \cap \triangle_X = \phi$ となるものが存在する．積位相の定義により，x, y の開近傍 U, V で，$U \times V \subset W$ となるものが存在する．このような U, V は $U \cap V = \phi$ を満たす．

2.6 $\varepsilon > 0$ を十分小さくとれば $\left(0 < \varepsilon < \dfrac{1}{2}|f(x) - f(y)|\right)$，$U = f^{-1}((f(x)-\varepsilon,\ f(x)+\varepsilon))$，$V = f^{-1}((f(y)-\varepsilon,\ f(y)+\varepsilon))$ は X の開集合であり，しかも $x \in U$，$y \in V$，$U \cap V = \phi$ を満たす．

2.7 (1) $\Longrightarrow$ (2): x のすべての近傍の共通部分が y を含んでいるとする．x は $\{y\}$ の閉包に含まれるから，(1)の仮定により，$x = y$ である．

(2) $\Longrightarrow$ (3): 自明．

(3) $\Longrightarrow$ (1): $x \neq y$ であるとき，条件(3)は，y が $\{x\}$ の閉包には含まれないということを意味する．よって $\{x\}$ の閉包は $\{x\}$ であり，$\{x\}$ は閉集合である．

2.8 A_1 が連結でなければ，

$$A_1 \subset U \cup V, \quad A_1 \cap U \cap V = \phi, \quad A_1 \cap U \neq \phi, \quad A_1 \cap V \neq \phi$$

となる X の開集合 U, V が存在する．$x \in A_1 \cap U$ とすると，U は x の近傍となり，しかも $x \in A_1 \subset \overline{A}$ であるから，$A \cap U \neq \phi$．同様にして $A \cap V \neq \phi$．$A \subset U \cup V$，$A \cap U \cap V = \phi$ は成り立っているから，これは A が連結でないことを意味する．よって矛盾．

2.9 x を含む連結部分集合 A_λ の和集合を A とする．y を A の任意の点とすれば，ある λ に対して $y \in A_\lambda$ となるから $x \sim y$．ゆえに $y \in C$ であり，$A \subset C$．また C の任意の点 y' に対して，$x \sim y'$ であるから，x, y' を含む A_λ が存在する．ゆえに $y' \in A$ であり，$C \subset A$．こうして $A = C$ となる(前半の証明の終わり)．

補題 2.60 により C は連結である．また，C を含む任意の連結部分集合は x を含むから，$A\,(=C)$ に含まれる．これは C が X の連結部分集合として極大であることを意味する．さらに前問の結果を使えば，C の閉包は連結であるから，C の極大性により，C は閉集合となる．

第3章

3.1 (1) 証明は曲面の場合と同様．

(2) (1)により，与えられた 2 点を結ぶ連続曲線が存在する．それを $c\colon [a,b] \longrightarrow X$ とする．c の像のコンパクト性により，有限個の連結な座標近傍 $\{U_1, \cdots, U_k\}$ と，

区間 $[a,b]$ の適当な分割 Δ: $a=t_0<t_1<\cdots<t_k=b$ により，$c([t_{i-1},t_i])\subset U_i$ $(i=1,2,\cdots,k)$ とすることができる．

$c(t_{i-1})$ と $c(t_i)$ は U_i の中の滑らかな曲線で結ぶことができるから，それらをつなげた曲線を考えればよい．

3.2 X の座標近傍系 $\{(U_1,\phi^1),\cdots,(U_k,\phi^k)\}$ をとり，$\{f_1,\cdots,f_k\}$ を $\{U_1,\cdots,U_k\}$ に従属する単位の分割とする．各 $\alpha\in\{1,\cdots,k\}$ に対して，U^α 上の局所座標系を $(x_1^\alpha,\cdots,x_n^\alpha)$ とするとき，U^α の点 p における接ベクトル $\boldsymbol{\xi},\boldsymbol{\eta}$ について

$$\langle\boldsymbol{\xi},\boldsymbol{\eta}\rangle_p^{(\alpha)}=\sum_{i=1}^n a_ib_i$$

(a_i,b_i はそれぞれ $\boldsymbol{\xi},\boldsymbol{\eta}$ の成分)と定める．次に，X の任意の点 p における接ベクトル $\boldsymbol{\xi},\boldsymbol{\eta}$ に対して

$$\langle\boldsymbol{\xi},\boldsymbol{\eta}\rangle_p=\sum_{\alpha=1}^k f_\alpha(p)\langle\boldsymbol{\xi},\boldsymbol{\eta}\rangle_p^{(\alpha)}$$

と定義すれば，$\langle\ ,\ \rangle_p$ は $T_p(X)$ における内積であり，しかも，定義の仕方から，対応する第1基本形式は滑らかである．

3.3 (1)については，$E=1$, $F=0$, $G=u^2$．(2)は

$$S(u,v)=(\sin u\cos v,\ \sin u\sin v,\ \cos u),$$
$$E=1,\ F=0,\ G=\sin^2 u\,.$$

3.4 与えられた点のまわりの極座標系 (u,v) をとると

$$-\frac{1}{\sqrt{G}}\frac{\partial^2\sqrt{G}}{\partial u^2}=k \qquad \cdots\cdots①$$

である．

(1) $k=0$ のときは，①により $\sqrt{G}=a(v)u+b(v)$ と表されるが，

$$\frac{\partial\sqrt{G}}{\partial u}(0,v)=1,\quad G(0,v)=0 \qquad \cdots\cdots②$$

であるから，$a(v)=1$, $b(v)=0$．よって，$G=u^2$ である．一方，$E=1$, $F=0$ であるから，第1基本形式の係数は，平面の(極座標に関する)第1基本形式の係数に等しい．

(2) $k=1$ のときは，①を解いて $\sqrt{G}=a(v)\cos u+b(v)\sin u$ を得るが，②により，$\sqrt{G}=\sin u$．よって第1基本形式の係数は，$E=1$, $F=0$, $G=\sin^2 u$ であり，これは球面の(極座標に関する)第1基本形式の係数に等しい．

(3) $k=-1$ の場合もまったく同様に，$E=1$, $F=0$, $G=\sinh^2 u$ であり，ポア

ンカレ計量をもつ単位円板の(極座標に関する)第1基本形式の係数に等しい.

3.5 第1基本形式の係数は，$E=1$, $F=0$, $G=e^{2u}$ であるから

$$K=-\frac{1}{\sqrt{G}}\frac{\partial^2\sqrt{G}}{\partial u^2}=-1.$$

(よって，リーマン多様体としての非ユークリッド平面は，局所的にはユークリッド空間の中の曲面として実現される.)

3.6 曲率テンソルの定義を使って計算すればよい.

3.7 $K=\dfrac{\cos v}{r(R+r\cos v)}$, $\sqrt{EG-F^2}=r(R+r\cos v)$ であるから,

$$\begin{aligned}\int_X K\,dV &= \int_0^{2\pi}\int_0^{2\pi}\frac{\cos v}{r(R+r\cos v)}r(R+r\cos v)dudv\\ &= 2\pi\int_0^{2\pi}\cos v\,dv\\ &= 0.\end{aligned}$$

3.8 数平面 $\mathbb{R}_2$ における2つの直線

$$L_+=\{(t,1)\mid t\in\mathbb{R}\},\quad L_-=\{(t,-1)\mid t\in\mathbb{R}\}$$

を考え，$L_+\cup L_-$ における同値関係 $\sim$ を

$0<s<1$, $0<t<1$ のとき

$$(s,1)\sim(t,-1)\iff s=t$$

その他の場合

$$(s,i)\sim(t,j)\iff s=t,\ i=j\ (i,j=1,-1)$$

として定義する. このとき商位相空間 $X=(L_+\cup L_-)/\sim$ が求める例になる. 実際, $[t,i]$ により $(t,i)\in L_+\cup L_-$ $(i=1,-1)$ を含む同値類を表すとき，$[0,1]\neq[0,-1]$ であるが，$[0,1]$ を含む開集合と $[0,-1]$ を含む開集合はつねに交わるから，X はハウスドルフ空間ではない. 一方，X が多様体の定義3.1における条件(ii)を満たすことは，容易に確かめられる.

索　引

サ 行

タ 行

ナ 行

ハ 行

砂田利一
1948年生まれ
1972年東京工業大学理学部数学科卒業
現在　東北大学名誉教授，明治大学名誉教授
専攻　大域解析学

現代数学への入門 新装版
曲面の幾何

2004年 7 月 6 日　第1刷発行
2009年 9 月 4 日　第4刷発行
2024年10月17日　新装版第1刷発行

著　者　砂田利一（すなだ としかず）

発行者　坂本政謙

発行所　株式会社 岩波書店
〒101-8002 東京都千代田区一ツ橋 2-5-5
電話案内 03-5210-4000
https://www.iwanami.co.jp/

印刷製本・法令印刷

ISBN978-4-00-029933-6　　Printed in Japan